普通高等学校“十一五”省级规划教材

单片机原理与应用

(第2版)

主　编　黄友锐

副主编　孙　力　胡云龙

胡社教　程志友

合肥工业大学出版社

图书在版编目(CIP)数据

单片机原理与应用/黄友锐主编.—2版.—合肥:合肥工业大学出版社,2014.7(2017.1重印)
ISBN 978-7-5650-1859-6

Ⅰ.单… Ⅱ.①黄… Ⅲ.①单片微型计算机—高等学校—教材 Ⅳ.①TP368.1

中国版本图书馆CIP数据核字(2014)第123527号

单片机原理与应用(第2版)

主编 黄友锐　　责任编辑 陆向军 吴毅明

出 版	合肥工业大学出版社	版 次	2006年11月第1版
地 址	合肥市屯溪路193号		2014年7月第2版
邮 编	230009	印 次	2017年1月第8次印刷
电 话	综合编辑部:0551-62903028	开 本	787毫米×1092毫米 1/16
	市场营销部:0551-62903198	印 张	16.25 字 数 382千字
网 址	www.hfutpress.com.cn	印 刷	安徽昶颉包装印务有限责任公司
E-mail	hfutpress@163.com	发 行	全国新华书店

ISBN 978-7-5650-1859-6　　定价:32.00元

如果有影响阅读的印装质量问题,请与出版社市场营销部联系调换。

第2版　说　明

《单片机原理与应用》一书自2006年11月初版以后，承蒙学术界同行和广大读者的厚爱，纷纷采用本书作为电气信息类专业本科生的教材，使本书发行量迅速增加。虽然如此，本书出版使用以来的实践表明仍存在许多不足之处，为了保证本书的先进实用性，进行修订是十分必要的。为此，我们对初版进行了认真讨论，增加了一些课后练习，调整部分章节内容和图表，力求使本书趋于完美。

本书虽然经我们认真的修订、补充和校正，但由于我们理论水平、研究能力和知识深广度的限制，书中难免还存在缺点和错误，真诚希望同行专家和广大读者指教和帮助。

编　者

2014年7月

前　　言

单片机自 20 世纪 70 年代问世以来，作为微计算机的一个很重要的分支，应用广泛，发展迅速，已对人类社会产生了巨大的影响。尤其是 MCS-51 系列单片机，由于其具有集成度高、处理功能强、可靠性好、系统结构简单、价格低廉、易于使用等优点，在我国已经得到广泛的应用并取得了令人瞩目的成果。尽管目前世界各大公司研制的各种高性能的、不同型号的单片机在不断问世，但由于 MCS-51 单片机易于学习、掌握，性价比高，并且以 MSC-51 单片机基本内核为核心的各种扩展型、增强型的单片机不断推出，所以在今后若干年内，MCS 51 系列单片机仍是我国在单片机应用领域的首选机型。

本书可作为高等院校电气信息类专业学生的教科书，也可作为从事单片机应用的广大科技人员的参考书。编者力图使本书有助于读者采用单片机为各自所从事的学科解决实际问题。因此，在编写本书时，力求深入浅出，通俗易懂，并注重理论联系实际，着重实际应用。书中提供了大量实用电路和程序，供读者引用和参考。

本书共分为 8 章，第 1 章介绍了单片机的发展趋势和应用。第 2 章介绍了 MCS-51 单片机的硬件结构。第 3 章介绍了 MCS-51 单片机指令系统及汇编语言程序设计。第 4 章介绍了 MSC-51 的中断系统及应用。第 5 章介绍了定时/计数器的结构、工作方式和应用。第 6 章介绍了串行通信的基本知识和应用。第 7 章介绍了单片机系统扩展技术及应用。第 8 章以具体的实例介绍了 MCS-51 应用系统设计和开发。

本书由黄友锐担任主编，具体分工如下：第 1 章、第 2 章、第 5 章、第 8 章中的单片机最小系统设计制作由黄友锐编写，第 3 章由孙力编写，第 4 章由胡社教编写，第 6 章、第 7 章由程志友编写，第 8 章由胡云龙编写。

在本书的编写过程中，得到了许多同志的大力支持和帮助，合肥工业大学出版社为本书的出版给予了大力支持和帮助，作者在这里一并表示衷心的感谢。

由于编者水平有限，错漏和不妥之处在所难免，敬请各位读者批评指正。

编　者

2006 年 11 月

目　录

第1章 绪 论

1.1 单片机的发展历史及趋势

1.1.1 单片机的发展历史

单片机根据其基本操作处理的位数可分为8位单片机、16位单片机和32位单片机。

1971年微处理器研制成功不久，就出现了单片机。单片机的发展历史可分为三个阶段：

第一阶段(1976～1978)：低性能单片机阶段。以Intel公司制造的MCS-48单片机为代表，这种单片机内集成有8位的CPU、并行I/O口、8位定时器/计数器、RAM和ROM等，但是不足之处是无串行口，中断处理比较简单，片内程序存储器和数据存储器的容量较小，且寻址范围不大于4K字节。

第二阶段(1978～1982)：高性能单片机阶段。这个阶段推出的单片机普遍带有串行I/O口，多级中断系统，16位定时器/计数器，片内ROM、RAM容量加大，且寻址范围可达64K字节，有的片内还带有A/D转换器。这类单片机的典型代表是Intel公司的MCS-51系列和Motorola公司的6801和Zilog公司的Z8等。由于这类单片机的性能价格比高，已被广泛应用，是目前应用数量较多的单片机。

第三阶段(1982～现在)：8位单片机巩固发展及16位单片机、32位单片机推出阶段。16位单片机的典型产品如Intel公司生产的MCS-96系列单片机，其集成度已达120 000管子/片，主频为12MHz，片内RAM为232字节，ROM为8K字节，中断处理为8级，而且片内带有多通道10位A/D转换器和高速输入/输出部件(HSI/HSO)，实时处理能力很强。32位单片机除了具有更高的集成度外，其数据处理速度比16位单片机提高许多，性能比8位、16位单片机更加优越。

1.1.2 单片机的发展趋势

单片机的发展趋势将向大容量、高性能化、外围电路内装化等方向发展。为满足不同用户的要求，各公司竞相推出能满足不同需要的产品。

1. CPU的改进

(1)采用双CPU结构，以提高处理能力。

(2)增加数据总线宽度，单片机内部采用16位数据总线，其数据处理能力明显优于一般8位的单片机。

2. 存储器的发展

(1)加大存储容量。单片机片内程序存储容量可达28K字节，甚至达128K字节。

(2)片内程序存储器采用闪烁(Flash)存储器。闪烁存储器能在+5V下读写，既有静态RAM读写操作简便，又有掉电时数据不会丢失的优点。片内闪烁存储器的使用，大大简化了应用系统结构。

3. 片内 I/O 口的改进

(1)增加并行口的驱动能力。这样可以减少外部驱动芯片。有的单片机能直接输出大电流和高电压,以便能直接驱动 LED 和 VFD(荧光显示器)。

(2)有些单片机设置了一些特殊的串行接口功能,为构成分布式、网络化系统提供了方便条件。

4. 外围电路内装化

随着集成电路技术及工艺的不断发展,所需的众多的外围电路被装入单片机内,即系统的单片机化是目前单片机发展趋势之一。

5. 低功耗化

8 位的单片机中有二分之一的产品已 CMOS 化,CMOS 芯片的单片机具有功耗小的优点,而且为了充分发挥低功耗的特点,这类单片机普遍配置有 Wait 和 Stop 两种工作方式。例如采用 CHMOS 工艺的 MCS-51 系列单片机 8031/80C51/87C51 在正常运行(5V,12MHz)时,工作电流为 16mA,同样条件下 Wait 工作方式时,工作电流为 3.7mA,而在 Stop 方式(2V)时,工作电流仅为 50nA。

综观单片机的发展历程,单片机今后将向多功能、高性能、高速度、低电压、低功耗、低价格、外围电路内装化及片内存储器容量增加和 Flash 存储器化方向发展。

1.2 单片机的应用

单片机以其卓越的性能,在下述的各个领域得到了广泛的应用。

1. 工业自动化

在自动化技术中,无论是过程控制技术、数据采集还是测控技术,都离不开单片机。在工业自动化的领域中,机电一体化技术将发挥越来越重要的作用,在这种集机械、微电子和计算机技术为一体的综合技术(例如机器人技术)中,单片机将发挥非常重要的作用。

2. 智能仪器仪表

目前对仪器仪表的自动化和智能化要求越来越高。在智能仪器仪表中,单片机应用十分普及。单片机的使用有助于提高仪器仪表的精度和准确度,简化结构,减少体积而便于携带和使用,加速仪器仪表向数字化、智能化、多功能化方向发展。

3. 消费类电子产品

该应用主要反映在家电领域。目前,家电产品的一个重要发展趋势是不断提高其智能化程度,例如,洗衣机、电冰箱、空调器、电视机、微波炉、手机、IC 卡、汽车电子设备等。在这些设备中使用了单片机后,其功能和性能大大提高,并实现了智能化、最优化控制。

4. 通信方面

在调制解调器、程控交换技术以及各种通信设备中,单片机得到了广泛的应用。

5. 武器装备

在现代化的武器装备中,如飞机、军舰、坦克、导弹、鱼雷制导、智能武器装备中,航天飞机导航系统等,都有单片机嵌入其中。

6. 终端及外部设备控制

计算机网络终端设备,如银行终端,以及计算机外部设备,如打印机、硬盘驱动器、绘图机、传真机、复印机等,其中都使用了单片机。

7. 多机分布式系统

可用多片单片机构成分布式测控系统,它使单片机的应用提高到了一个新的水平。

综上所述,在工业自动化、智能仪器仪表、家用电器以及国防尖端技术等领域,单片机都发挥着十分重要的作用。

1.3　MCS-51系列单片机

20世纪80年代以来,单片机的发展非常迅速,世界上一些著名厂商投放市场的产品就有几十个系列,数百个品种,其中有Motorola公司的6801、6802,Zilog公司的Z8系列,Rockwell公司的6501、6502等。此外,荷兰的PHILIPS公司、日本NEC公司及日立公司等也不甘落后,相继推出了各自的单片机品种。

尽管单片机的品种很多,但是在我国使用最多的是Intel公司的MCS-51系列单片机。MCS是Intel公司生产的单片机的系列符号,例如MCS-48、MCS-51、MCS-96系列单片机。MCS-51系列是在MCS-48系列的基础上于20世纪80年代初发展起来的,是最早进入国内的单片机主流品种之一。

MCS-51系列单片机既包括三个基本型8031、8051、8751,也包括对应的低功耗型80C31、80C51、87C51,虽然它是8位的单片机,但是具有品种全、兼容性强、性能价格比高等特点,且软硬件应用设计资料丰富齐全,已为我国广大工程技术人员所熟悉。因此,MCS-51系列单片机在我国得到了广泛的应用。

MCS-51系列单片机的使用温度范围见表1-1所列。

表1-1　MCS-51的使用温度

民品	0℃～＋70℃
工业品	－40℃～＋85℃
军品	－65℃～＋125℃

设计者可以根据不同的应用环境温度的需要来选择不同的品种。20世纪80年代中后期,Intel公司以专利转让的形式把8051内核技术转让给了许多半导体芯片生产厂家,如ATMEL、PHILIPS、ANALOGDEVICES、DALIAS公司等。这些厂家生产的芯片是MCS-51系列的兼容产品,准确地说是与MCS-51指令系统兼容的单片机。这些兼容机与8051的系统结构(主要是指令系统)相同,采用CMOS工艺,因而常用80C51系列来称呼所有具有8051指令系统的单片机。它们对8051一般都做了扩充,使其更有特点,且功能和市场竞争力更强,不应该直接称之为MCS-51系列单片机,因为MCS只是Intel公司专用的单片机系列符号。近年来,世界上单片机芯片生产厂商推出的与8051兼容的主要产品见表1-2所列。

表1-2　与80C51兼容的主要产品

生产厂家	单片机型号
美国ATMEL公司	AT89系列(89C51、89C52、89C55等)
荷兰PHILIPS(菲利浦)公司	80C51、8×C552系列
Cygnal公司	C80C52F系列高速SOC单片机

（续表）

生产厂家	单片机型号
LG公司	GMS90/97系列低价高速单片机
ADI公司	AD$_{\mu}$C8××系列高精度单片机
美国 Maxim 公司	DS89C420 高速(50MIPS)单片机系列
华邦公司	W78C51、W77C51系列高速低价单片机

目前，MCS-51系列单片机衍生机型仍为我国单片机应用的主流系列，在最近的若干年内仍是工业检测、控制应用领域内的主角。

MCS-51系列单片机有多种品种。它们的指令系统相互兼容，主要在内部硬件结构上有些区别。目前，使用的MCS-51系列单片机及其兼容产品通常分成以下几类。

1. 基本型

典型产品：8031/8051/8751。8031内部包括一个8位的CPU，128字节的RAM，21个特殊功能寄存器(SFR)，4个8位并行I/O口，1个全双工串行口，2个16位定时器/计数器，但片内无程序存储器，需外扩EPROM芯片。

8051是在8031的基础上，片内又集成有4K字节的ROM，是一个程序存储器不超过4K字节的小系统。ROM内的程序是公司制作芯片时为用户烧制的，所以8051被广泛用于批量大的单片机产品中。

8751是在8031的基础上，增加了4K字节的EPROM，它构成了一个程序不大于4K字节的系统。用户可以将程序固化在EPROM中，EPROM中的内容可反复擦写修改。但其价格相对于8031较高。8031外扩一片4K字节的EPROM就相当于8751。

2. 增强型

Intel公司在MCS-51系列三种基本型号产品基础之上，又推出增强型系列产品，即52子系列，典型产品：8032/8052/8752。它们内部RAM增到256字节，8052、8752的内部程序存储器扩展到8K字节，16位定时/计数器增至3个，6个中断源，串行口通信速率提高5倍。

3. 低功耗型

代表性产品为：80C31/87C51/80C51，均采用CMOS工艺，功耗很低。例如，8051的功耗为630mW，而80C51的功耗只有120mW，它们用于低功耗的便携式产品或航天技术中。此类单片机有两种掉电工作方式：一种是CPU停止工作，其他部分仍继续工作；另一种是除片内RAM继续保持数据外，其他部分都停止工作。此类单片机的功耗低，非常适于电池供电或其他要求低功耗的场合。

4. 专用型

如Intel公司的8044/8744，它们在8051的基础上，又增加一个串行接口部件，主要用于利用串行口进行通信的总线分布式多机测控系统。

再如美国Cypress公司最近推出的EZUSR-2100单片机，它是在8051单片机内核的基础上，又增加了USB接口电路，可用于USB串行接口通信。

5. 超8位型

在8052的基础上，采用CHMOS工艺，并将MCS-96系列(16位单片机)中的一些I/O部件，如高速输入/输出(HSI/HSO)、A/D转换器、脉冲宽度调制(PWM)、看门狗定时器等移植进来构成新一代的MCS-51产品，其功能介于MCS-51和MCS-96之间。PHILIPS公司生产的80C552/87C552/83C552系列单片机即为此类产品。目前此类单片机在我国已得到了较为广泛的使用。

6. 片内闪烁存储器型

随着半导体存储器制造技术和大规模集成电路制造技术的发展，片内带有闪烁(Flash)存储器的单片机在我国已得到广泛的应用。例如，美国ATMEL公司推出的AT89C51单片机。

在众多的MCS-51单片机及各种增强型、扩展型等衍生品种的兼容机中，PHILIPS公司生产的80C552/87C552/83C552系列单片机和美国ATMEL公司的AT89C51单片机在我国使用较多，尤其是美国ATMEL公司推出AT89C51单片机。它是一个低功耗、高性能的含有4K字节闪烁存储器的8位CMOS单片机，时钟频率高达20MHz，与MCS-51的指令系统和引脚完全兼容。闪烁存储器允许在线(+5V)电擦除、电写入或使用。

编程器对其重复编程。此外，AT89C51还支持由软件选择的两种掉电工作方式，非常适于电池或有低功耗要求的场合。由于片内带EPROM的87C51价格偏高，AT89C51芯片内的4K字节闪烁存储器可在线编程或使用编程器重复编程，且价格较低，因此，AT89C51受到了应用设计者的欢迎。此外，PHILIPS公司生产的80C58单片机，内部集成有32K字节的闪烁存储器，可满足具有较大规模测控程序的场合。

尽管MCS-51系列单片机有多种类型，但是掌握好MCS-51基本型(8031、8051、8751或80C31、80C51、87C51)十分重要，因为它们是具有MCS-51内核的各种型号单片机的基础，也是各种增强型、扩展型等衍生品种的核心。

1.4 8位单片机的主要生产厂家和机型

目前世界上较为著名的部分8位单片机的生产厂家和部分主要机型如下：

Intel(美国英特尔)公司：MCS-51/96及其增强型系列。

NS(美国国家半导体)公司：NS8070系列。

RCA(美国无线电)公司：CDP1800系列。

TI(美国得克萨斯仪器仪表)公司：TMS7000系列。

Cypress(美国Cypress半导体)公司：CYXX系列。

Rockwell(美国洛克威尔)公司：6500系列。

Motorola(美国摩托罗拉)公司：6805系列。

Fairchild(美国仙童)公司：FS系列和3870系列。

Zilog(美国齐洛格)公司：Z8系列及SUPER8系列。

Atmel(美国Atmel)公司：AT89系列。

National(日本松下)公司：MN6800系列。

Hitachi(日本日立)公司：HD6301、HD65L05、HD6305系列。

NEC(日本电气)公司：μCOM87、(μPD7800)系列。

Philips(荷兰菲利浦)公司：P89C51XX系列。

其中Intel公司的MCS-51系列及其增强型系列在8位单片机市场中占的份额最大，达50%左右。由于 MCS-51 系列单片机比 MCS-48 系列的性价比要高得多，所以自 1980 年 MCS-51 系列单片机推出至现在，其市场仍很坚挺，这已是我国在工业检测、控制领域中的优选机种和机型。

80C51 系列单片机是在 Intel 公司 MCS-51 基础上发展起来的，它以 MCS-51 系列中的 8051 为基础，发展了各种功能不同、结构不同、性能各异的各种单片机型号。许多半导体公司、电气厂商，如 Philips、Atmel、华邦、LG 都在发展 80C51 型号系列。不同厂家在发展 80C51 系列时，都保证所有型号的产品具有良好的兼容性，包括指令兼容、总线兼容和引脚兼容。

80C51 单片机按总线型式分类，可分为总线型和非总线型两类。总线型是指具有并行总线接口（P_0、P_2）可以向外扩展总线，引脚与 8051 一致。非总线型是指芯片已具有大量存储器，不向外送出并行扩展总线，适用于不需要并行扩展和不需要大量 I/O 口的场合。表 1-3 给出了 Philips、Atmel 公司的一些非总线型单片机型号及主要性能，图 1-1 给出了它们的 DIP 封装引脚图。

8XC748/750/(751)

引脚名	引脚	引脚	引脚名
$P_{3.4}$	1	24	V_{CC}
$P_{3.3}$	2	23	$P_{3.5}$
$P_{3.2}$	3	22	$P_{3.6}$
$P_{3.1}$	4	21	$P_{3.7}$
$P_{3.0}$	5	20	$P_{1.7}$/T0
$P_{0.2}$	6	19	$P_{1.6}$
(SDA)/$P_{0.1}$	7	18	$P_{1.5}$
(SCL)/$P_{0.0}$	8	17	$P_{1.4}$
RST	9	16	$P_{1.3}$
X_2	10	15	$P_{1.2}$
X_1	11	14	$P_{1.1}$
V_{SS}	12	13	$P_{1.0}$

8XC749(752)

引脚名	引脚	引脚	引脚名
$P_{3.4}$	1	28	V_{CC}
$P_{3.3}$	2	27	$P_{3.5}$
$P_{3.2}$	3	26	$P_{3.6}$
$P_{3.1}$	4	25	$P_{3.7}$
$P_{3.0}$	5	24	$P_{0.4}$/PNT
$P_{0.2}$	6	23	$P_{0.3}$
(SDA)/$P_{0.1}$	7	22	$P_{1.7}$/T0
(SCL)/$P_{0.0}$	8	21	$P_{1.6}$/$\overline{INT_1}$
RST	9	20	$P_{1.5}$/$\overline{INT_0}$
X_2	10	19	AV_{CC}
X_1	11	18	AV_{SS}
V_{SS}	12	17	$P_{1.4}$/ADC_4
ADC0/$P_{1.0}$	13	16	$P_{1.3}$/ADC_3
ADC0/$P_{1.1}$	14	15	$P_{1.2}$/ADC_2

8XC754

引脚名	引脚	引脚	引脚名
RXD/T0/$P_{3.4}$	1	28	$P_{3.3}$
TXD/T1/$P_{3.5}$	2	27	$P_{3.2}$
ECI/$P_{3.6}$	3	26	$P_{3.1}$
$\overline{INT_1}$/$P_{3.7}$	4	25	$P_{3.0}$
RST	5	24	$\overline{INT_0}$/P_{10}
X_2	6	23	CEX/P_{11}
X_1	7	22	V_{CC}
V_{SS}	8	21	P_{12}
ZIN	9	20	XYDAC
YIN	10	19	ZDAC
XIN	11	18	XYSOURCE
XYZRANP	12	17	XYDACBIAS
AV_{SS}	13	16	VREG
AV_{CC}	14	15	DECOUPLE

89C1051/(2051)/4051

引脚名	引脚	引脚	引脚名
RST	1	20	V_{CC}
(RXD)/$P_{3.0}$	2	19	$P_{1.7}$
(TXD)/$P_{3.1}$	3	18	$P_{1.6}$
$XTAL_2$	4	17	$P_{1.5}$
$XTAL_1$	5	16	$P_{1.4}$
INT0/$P_{3.2}$	6	15	$P_{1.3}$
INT1/$P_{3.3}$	7	14	$P_{1.2}$
T0/$P_{3.4}$	8	13	$P_{1.1}$/AIN1
$P_{3.5}$	9	12	$P_{1.0}$/AIN0
GND	10	11	$P_{3.7}$

87LPC764

引脚名	引脚	引脚	引脚名
CMP2/$P_{0.0}$	1	20	$P_{0.1}$/CIN2B
$P_{1.7}$	2	19	$P_{0.2}$/CIN2A
$P_{1.6}$	3	18	$P_{0.3}$/CINIB
$\overline{RST}$/$P_{1.5}$	4	17	$P_{0.4}$/CINIA
V_{SS}	5	16	$P_{0.5}$/COMREF
X_1/$P_{2.1}$	6	15	V_{DD}
X_2/CLKOUT/$_{2.0}$	7	14	$P_{0.6}$/CMP1
$\overline{INT_1}$/$P_{1.4}$	8	13	$P_{0.7}$/T1
SDA/$\overline{INT_0}$/$P_{1.3}$	9	12	$P_{1.0}$/IXD
SCL/T_0/$P_{1.2}$	10	11	$P_{1.1}$/RXD

图 1-1　80C51 系列非总线型单片机

表1-3 80C51系列非总线型单片机

芯片型号	ROM/KB		RAM/B	定时器/计数器	I/O	串行接口	外部中断	时钟频率/MHz	特点
	Mask	OTP或Flash							
8XC748	2	2	64	1(16位)/10位	19	—	2	3.5～16	LED驱动输出
8XC749	2	2	64	1(16位)/1(10位)	21	—	2	3.5～16	与通道8位ADC,8位PWM
8XC750	1	1	64	1(16位)	19	—	2	3.5～40	高速时钟,LED驱动输出
8XC751	2	2	64	1(16位)	19	I^2C位	2	3.5～16	LED驱动输出
8XC752	2	2	64	1(16位)	21	I^2C位	2	3.5～16	与通道8位ADC,8位PWM
8XC754	4	4	256	2(16位)	11	UART	2	3.5～16	PCA、8位DAC、PWM、参考和复用输入端
87LPC764	—	4	128	2(16位)/WDT	15	I^2C、UART	2	0～20	可编程I/O,2个模拟比较器,低电平复位,LED驱动输出
89C1051	—	1	64	1(16位)	15	—	2	0～24	LED驱动输出模拟比较器
89C2051	—	2	128	2(16位)	15	UART	2	0～24	LED驱动输出模拟比较器
89C4051	—	4	128	2(16位)	15	UART	2	0～24	LED驱动输出模拟比较器

复习思考题

1-1 单片机的发展大致可分几个阶段?各阶段的单片机功能特点如何?

1-2 新型8位单片机,主要在哪几方面发展了?使用新型8位单片机能给应用系统带来什么好处?

第2章 MCS-51单片机的结构

2.1 MCS-51单片机内部结构

MCS-51系列单片机产品有8051、8031、8751、80C51、80C31等型号(前三种为CMOS芯片,后两种为CHMOS芯片)。它们的结构基本相同,其主要差别反映在存储器的配置上。8051内部设有4K字节的掩模ROM程序存储器,8031片内没有程序存储器,而8751是将8051片内的ROM换成EPROM。本章将对8051单片机的结构作一介绍。

MCS-51单片机是在一片芯片中集成了CPU,RAM,ROM,定时器/计数器和多种功能的I/O线等一台计算机所需要的基本功能部件。单片机内包含下列几个部件:

(1)一个8位CPU;

(2)一个片内振荡器及时钟电路;

(3)4K字节ROM程序存储器;

(4)128字节RAM数据存储器;

(5)两个16位定时器/计数器;

(6)可寻址64K字节外部数据存储器和64K字节外部程序存储器空间的控制电路;

(7)32条可编程的I/O线(四个8位并行I/O端口);

(8)一个可编程全双工串行口;

(9)具有5个中断源、2个优先级嵌套中断结构。

8051单片机框图如图2-1所示。各功能部件由内部总线连接在一起。图中4K(4096)字节的ROM存储器部分用EPROM替换就成为8751;图中去掉ROM部分就成为8031的结

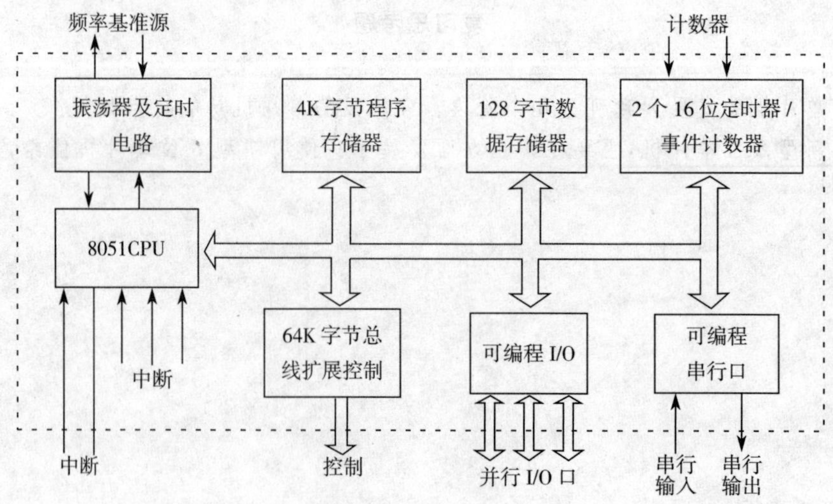

图2-1 8051单片机框图

构图。图 2－2 是 8051 内部结构框图。

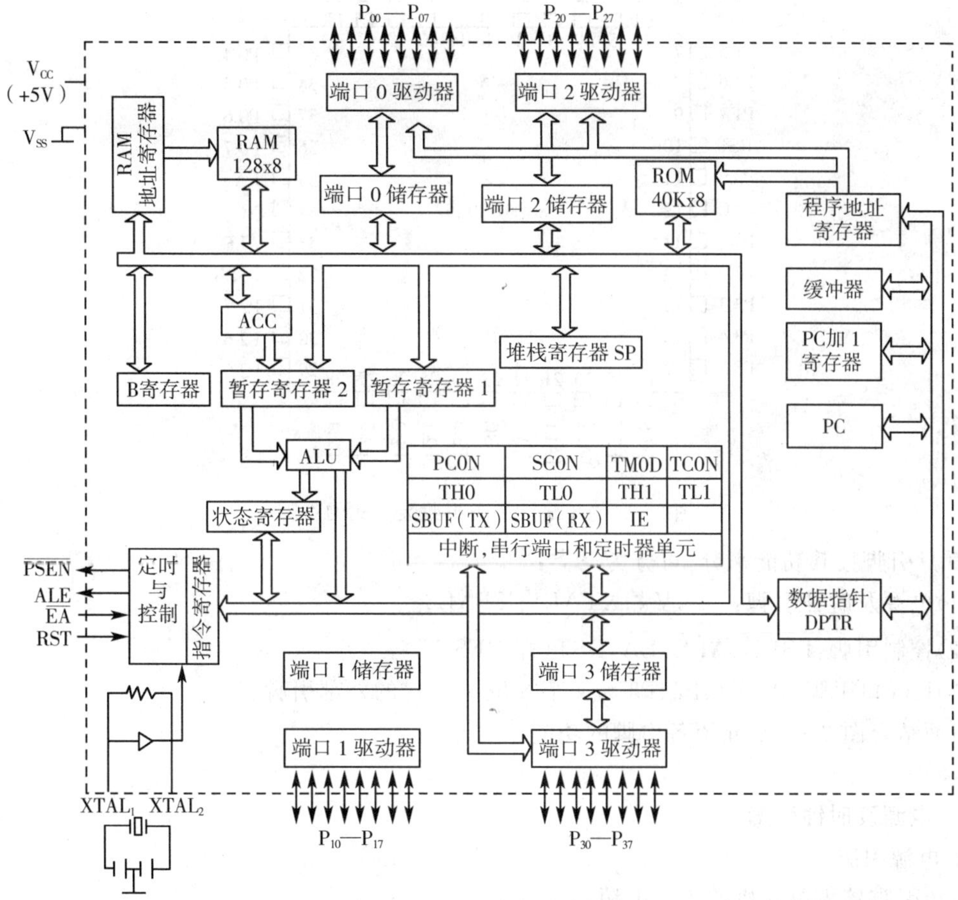

图 2－2　8051 内部结构框图

2.2　MCS-51 的引脚

掌握 MCS-51 单片机，应首先了解 MCS-51 的引脚，熟悉并牢记各引脚的功能。MCS-51 系列中各种型号芯片的引脚是相互兼容的。制造工艺为 HMOS 的 MCS-51 单片机都采用 40 只引脚的双列直插封装(DIP)方式，如图2－3所示。目前大多数为此类封装方式。制造工艺为 CHMOS 的 80C51/80C52 除采用 DIP 封装方式外，还采用方形封装方式，为 44 只引脚，如图 2－4 所示。

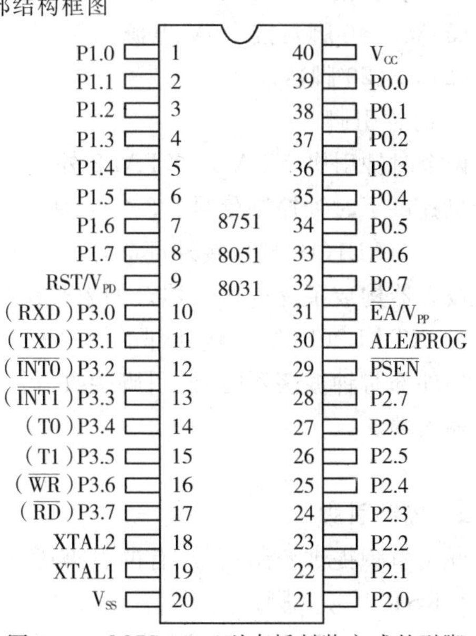

图 2－3　MCS-51 双列直插封装方式的引脚

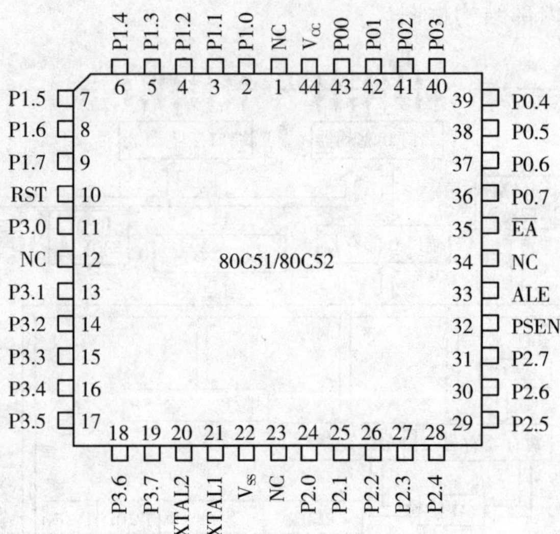

图 2-4　MCS-51 的方形封装方式的引脚

40 只引脚按其功能来分，可分为三类：

(1)电源及时钟引脚：V_{CC}，V_{SS}；XTAL1、XTAL2。

(2)控制引脚：$\overline{PSEN}$、ALE、$\overline{EA}$、RST(即 RESET)。

(3)I/O 口引脚：P0、P1、P2、P3 为 4 个 8 位 I/O 口的外部引脚。

下面结合图 2-3 来介绍各引脚的功能。

2.2.1　电源及时钟引脚

1. 电源引脚

电源引脚接入单片机的工作电源。

(1)V_{CC}(40 脚)：接＋5V 电源；

(2)V_{SS}(20 脚)：接地。

2. 时钟引脚

两个时钟引脚 XTAL1、XTAL2 外接晶体与片内的反相放大器构成了一个振荡器，它为单片机提供了时钟控制信号。2 个时钟引脚也可外接晶体振荡器。

(1)XTAL1(19 脚)：接外部晶体的一个引脚。该引脚是内部反相放大器的输入端。这个反相放大器构成了片内振荡器。如果采用外接晶体振荡器时，此引脚接地。

(2)XTAL2(18 脚)：接外部晶体的另一端，在该引脚内部接至内部反相放大器的输出端。若采用外部时钟振荡器时，该引脚接收时钟振荡器的信号，即把此信号直接接到内部时钟发生器的输入端。

2.2.2　控制引脚

此类引脚提供控制信号，有的引脚还具有复用功能。

1. RST/V_{PD}(9 脚)

RST(RESET)是复位信号输入端，高电平有效。当单片机运行时，在此引脚加上持续时间大于两个机器周期(24 个时钟振荡周期)的高电平时，就可以完成复位操作。在单片机正常工作时，此引脚应为低电平。

V_{PD}为本引脚的第二功能，即备用电源的输入端。当主电源 V_{CC} 发生故障，降低到某一规定值的低电平时，将＋5V 电源自动接入 RST 端，为内部 RAM 提供备用电源，以保证片内 RAM 中的信息不丢失，从而使单片机在复位后能正常运行。

2. ALE/$\overline{\text{PROG}}$(Address Latch Enable/Programming，30 脚)

ALE 为地址锁存允许信号，当单片机上电正常工作后，ALE 引脚不断输出正脉冲信号。当访问单片机外部存储器时，ALE 输出信号的负跳变沿用作低 8 位地址的锁存信号。即使不访问外部锁存器，ALE 端仍有正脉冲信号输出，此频率为时钟振荡频率 fosc 的 1/6。但是，每当访问外部数据存储器时(即执行 MOVX 类指令)，在两个机器周期中 ALE 只出现一次，即丢失一个 ALE 脉冲。因此，严格说来，用户不宜用 ALE 作精确的时钟源或定时信号。ALE 端可以驱动 8 个 LS 型 TTL 负载。如果想判断单片机芯片的好坏，可用示波器查看 ALE 端是否有正脉冲信号输出。如果有脉冲信号输出，则单片机基本上是好的。

$\overline{\text{PROG}}$为本引脚的第二功能。在对内 EPROM 型单片机(例如 8751)编程写入时，此引脚作为编程脉冲输入端。

3. $\overline{\text{PSEN}}$(Program Strobe Enable，29 脚)

程序存储器允许输出控制端。在单片机访问外部程序存储器时，此引脚输出的负脉冲作为读外部程序的选通信号。此脚接外部程序存储器的$\overline{\text{OE}}$(输出允许)端。$\overline{\text{PSEN}}$端可以驱动 8 个 LS 型 TTL 负载。

如果检查一个 MCS-51 单片机应用系统上电后，CPU 能否正常到外部程序存储读取指令码，也可用示波器查$\overline{\text{PSEN}}$端有无脉冲输出，如有则说明单片机应用系统基本工作正常。

4. $\overline{\text{EA}}$/V_{pp}(Enable Address/Voltage Pulse of Programing，31 脚)

$\overline{\text{EA}}$功能为内外程序存储器选择控制端。当$\overline{\text{EA}}$为高电平时，单片机访问内部程序存储器，但在 PC(程序计数器)值超过 0FFFH 时(对于 8051、8751 为 4KB)，将自动转向执行外部程序存储器内的程序。当保持低电平时，则只访问外部程序存储器，不论是否有内部程序存储器。对于 8031 来说，因其无内部程序存储器，所以该脚必须接地，选择外部程序存储器。

V_{PP}为本引脚的第二功能。在对 EPROM 型单片机 8751 片内 EPROM 固化编程时，用于施加较高编程电压(例如＋21V 或＋12V)的输入端，对于 89C51 则 V_{PP}电压为＋12V 或＋5V。

2.2.3　I/O 口引脚

(1)P0 口：双向 8 位三态 I/O 口，此口为地址总线(低 8 位)及数据总线分时复用口，可驱动 8 个 LS 型 TTL 负载。

(2)P1 口：8 位准双向 I/O 口，可驱动 4 个 LS 型 TTL 负载。

(3)P2 口：8 位准双向 I/O 口，与地址总线(高 8 位)复用，可驱动 4 个 LS 型 TTL 负载。

(4)P3 口：8 位准双向 I/O 口，双功能复用口，可驱动 4 个 LS 型 TTL 负载。

P1 口、P2 口、P3 口各 I/O 口线片内均有固定的上拉电阻，当这 3 个准双向 I/O 口作输入口使用时，要向该口写“1”，另外准双向 I/O 口无高阻的“浮空”状态。P0 口线内无固定上拉电阻，由两个 MOS 管串接，即可开漏输出，有高阻的“浮空”状态，故称双向三态 I/O 口。

2.3 MCS-51 的微处理器

MCS-51 的微处理器是由运算器和控制器所构成的。

2.3.1 运算器

运算器主要用来对操作数进行算术、逻辑运算和位操作的。主要包括算术逻辑运算单元 ALU、累加器 A、寄存器 B(见图 2-2)、位处理器、程序状态字寄存器 PSW 以及 BCD 码修正电路等。

1. 算术逻辑运算单元 ALU

ALU 的功能十分强,它不仅可对 8 位变量进行逻辑"与"、"或"、"异或"、循环、求补和清零等基本操作,还可以进行加、减、乘、除等基本算术运算。ALU 还具有一般的微计算机 ALU 所不具备的功能,即位处理操作,它可对位(bit)变量进行位处理,如置位、清零、求补、测试转移及逻辑"与"、"或"等操作。由此可见,ALU 在算术运算及控制处理方面能力是很强的。

2. 累加器 A

累加器 A 是一个 8 位的累加器,是 CPU 中使用最频繁的一个寄存器,也可写为 A_{CC}。

累加器的作用是:

(1)累加器 A 是 ALU 单元的输入之一,因而是数据处理源之一。但它又是 ALU 运算结果的存放单元。

(2)CPU 中的数据传送大多都通过累加器 A,故累加器 A 又相当于数据的中转站。由于数据传送大多通过累加器 A,故累加器容易产生"堵塞"现象,也即累加器结构具有的"瓶颈"现象。MCS-51 单片机增加了一部分可以不经过累加器的传送指令,这样,既可加快数据的传送速度,又减少了累加器的"瓶颈堵塞"现象。

累加器 A 的进位标志 Cy 是特殊的,因为它同时又是位处理机的位累加器。

3. 寄存器 B

寄存器 B 是为执行乘法和除法操作设置的。

乘法中,ALU 两个输入分别为 A、B,运算结果存放在 BA 寄存器对中。B 中放乘积的高 8 位,A 中放乘积的低 8 位。

除法中,被除数取自 A,除数取自 B,商存放在 A 中,余数存放于 B 中。

在不执行乘、除法操作的情况下,可把它当作一个普通寄存器使用。

4. 程序状态字寄存器 PSW

MCS-51 单片机的程序状态字寄存器 PSW(Program Status Word),是一个 8 位可读写的寄存器,位于单片机内的特殊功能寄存区,字节地址 D0H。PSW 的不同位包含了程序运行状态的不同信息。PSW 的格式如图 2-5 所示。

	D7	D6	D5	D4	D3	D2	D1	D0	
PSW	C_Y	A_C	F0	RS1	RS0	OV	—	P	D0H

图 2-5 PSW 的格式

PSW 各个位的功能如下：

(1)Cy(PSW.7)进位标志

在执行算术和逻辑指令时，可以被硬件或软件置位或清除，在位处理器中，它是位累加器。Cy 也可写为 C。

(2)Ac(PSW.6)辅助进位标志位

当进行 BCD 码的加法或减法操作而产生的由低 4 位数向高 4 位进位或借位时，Ac 将被硬件置 1，否则被清 0。Ac 被用于十进位调整，同 DA 指令结合起来使用。

(3)F0(PSW.5)标志位

它是由用户使用的一个状态标志位，可用软件来使它置 1 或清 0，也可由软件来测试标志 F0 以控制程序的流向。

(4)RS1、RS0 (PSW.4 、PSW.3)4 组工作寄存器区选择控制位 1 和 0

这两位用来选择 4 组工作寄存器区中的哪一组为当前工作寄存区(4 组寄存器在单片机内的 RAM 区中)，它们与 4 组工作寄存器区的对应关系见表 2－1 所列。

表 2－1　当前工作寄存区与 4 组工作寄存器区的对应关系

RS1	RS0	所选的 4 组工作寄存器
0	0	0 组(内部 RAM 地址 00H—07H)
0	1	1 组(内部 RAM 地址 08H—0FH)
1	0	2 组(内部 RAM 地址 10H—17H)
1	1	3 组(内部 RAM 地址 18H—1FH)

(5)OV (PSW.2)溢出标志位

当执行算术指令时，由硬件置 1 或清 0，以指示运算是否产生溢出。

(6)PSW.1 位

该位是保留位，未用。

(7)P(PSW.0)奇偶标志位

该标志位用来表示累加器 A 中为 1 的位数的奇偶数。

P＝1，则 A 中“1”的位数为奇数；

P＝0，则 A 中“1”的位数为偶数。

此标志位对串行口通讯中的数据传输有重要的意义，常用奇偶检验的方法来检验数据传输的可靠性。

2.3.2　控制器

控制器是单片机的指挥控制部件，控制器的主要任务是识别指令，并根据指令的性质控制单片机各功能部件，从而保证单片机各部分时自动而协调地工作。

单片机执行指令是在控制器的控制下进行的。首先从程序存储器中读出指令，送指令寄存器保存，然后送指令译码器进行译码，译码结果送定时控制逻辑电路，由定时控制逻辑产生各种定时信号和控制信号，再送到单片机的各个部件去进行相应的操作。这就是执行一条指令的全过程，执行程序就是不断重复这一过程。

控制器主要包括程序计数器、程序地址寄存器、指令寄存器 IR、指令译码器、条件转移逻辑电路及时序控制逻辑电路。

1. 程序计数器 PC(Program Counter)

程序计数器 PC 是控制部件中最基本的寄存器，是一个独立的计数器，存放着下一条将要从程序存储器中取出的指令地址。其基本工作过程是：读指令时，程序计数器将其中的数作为所取指令的地址输出给程序存储器，然后程序存储器按此地址输出指令字节，同时程序计数器本身自动加 1，读完本条指令，PC 指向下一条指令在程序存储器中的地址。

程序计数器 PC 中内容的变化决定程序的流程。程序计数器的宽度决定了单片机对程序存储器可以直接寻址的范围。在 MCS-51 单片机中，程序计数器 PC 是一个 16 位的计数器，故可对 64KB($2^{16}=65536=64K$)的程序存储器进行寻址。

程序计数器的基本工作方法有以下几种：

(1)程序计数器自动加 1，这是最基本的工作方式，这也是为何该寄存器被称为计数器的原因。

(2)执行有条件或无条件转移指令时，程序计数器将被置入新的数值，从而使程序的流向发生变化。

(3)在执行调用子程序指令或响应中断时，单片机自动完成如下的操作：

①PC 的现行值，即下一条将要执行的指令地址，即断点值，自动送入堆栈。

②将子程序的入口地址或中断向量的地址送入 PC，程序流向发生变化，执行子程序或中断子程序。子程序或中断子程序执行完毕，遇到返回指令 RET 或 RETI 时，将栈顶的断点值弹到程序计数器 PC 中，程序的流程又返回到原来的地方，继续执行。

2. 指令寄存器 IR、指令译码器及控制逻辑电路

指令寄存器 IR 是用来存放指令操作码的专用寄存器。执行程序时，首先进行程序存储器的读指令操作，也就是根据 PC 给出的地址从程序存储器中取出指令，并送指令寄存器 IR，IR 的输出送指令译码器；然后由指令译码器对该指令进行译码，译码结果送定时控制逻辑电路。定时控制逻辑电路根据指令的性质发出一系列的定时控制信号，控制单片机的各组成部件进行相应的工作，执行指令。

条件转移逻辑电路主要用来控制程序的分支转移。

综上所述，单片机整个程序的执行过程就是在控制部件的控制下，将指令从程序存储器中逐条取出，进行译码，然后由定时逻辑控制电路发出各种定时控制信号，控制指令的执行。对于运算指令，还要将运算的结果特征送入程序状态字寄存器 PSW。

以主频率为基准(每个主振周期称为振荡周期)，控制器控制 CPU 的时序，对指令进行译码，然后发出各种控制信号，它将各个硬件环节的动作组织在一起。

2.4 MCS-51 存储器的结构

MCS-51 单片机存储器采用的是哈佛(Harvard)结构，即程序存储器空间和数据存储器空间截然分开，程序存储器和数据存储器各有自己的寻址方式、寻址空间和控制系统。从物理地址空间看，MCS-51 有 4 个存储器地址空间，即片内程序存储器、片外程序存储器、片内数据存

储器、片外数据存储器。MCS-51 的存储器结构如图 2－6 所示。

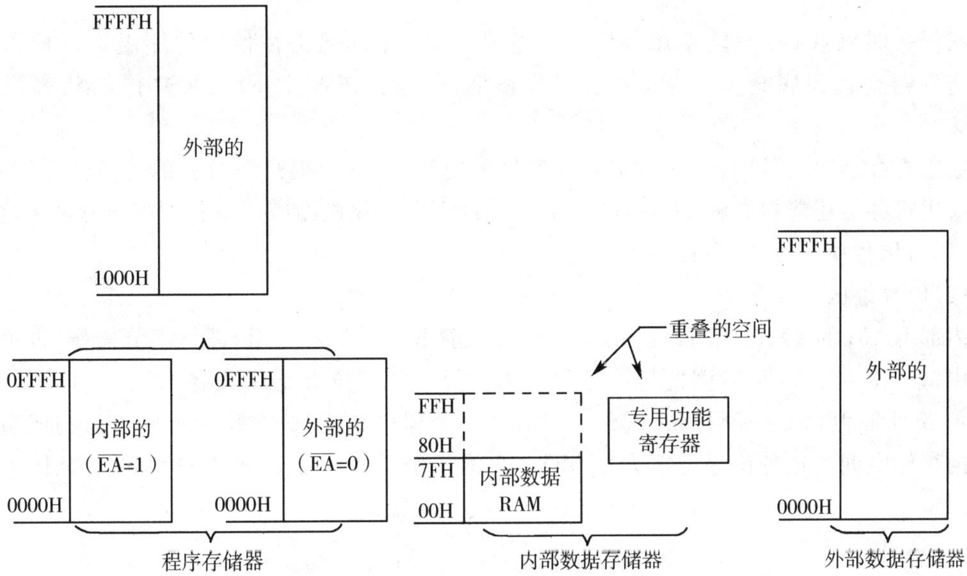

图 2－6　8051 存储器

2.4.1　MCS-51 内部数据存储器

8051 的内部 RAM 共有 256 个单元，通常把这 256 个单元按其功能划分为两部分：低 128 单元（单元地址 00H～7FH）和高 128 单元（单元地址 80H～FFH）。低 128 单元的配置见表 2－2所列。

表 2－2　片内 RAM 的配置

地址	配置
30H～7FH	用户 RAM 区
20H～2FH	位寻址区（00H～7FH）
18H～1FH	工作寄存器 3 区（R7～R0）
10H～17H	工作寄存器 2 区（R7～R0）
08H～0FH	工作寄存器 1 区（R7～R0）
00H～07H	工作寄存器 0 区（R7～R0）

1. 内部数据存储器低 128 单元

低 128 单元是单片机的真正 RAM 存储器，按其用途划分为寄存器、位寻址区和用户 RAM 区三个区域。

（1）寄存器区

8051 共有 4 组寄存器，每组 8 个寄存单元（各为 8 位），各组都以 R0～R7 作寄存单元编号。寄存器常用于存放操作数及中间结果等。由于它们的功能及使用不作预先规定，因此称之为通用寄存器,有时也叫工作寄存器。4 组通用寄存器占据内部 RAM 的 00H～1FH 单元地址。

在任一时刻,CPU 只能使用其中的一组寄存器,并且把正在使用的那组寄存器称之为当前寄存器组。到底是哪一组,由程序状态字寄存器 PSW 中 RS1、RS0 位的状态组合来决定。

通用寄存器为 CPU 提供了就近存储数据的便利,有利于提高单片机的运算速度。此外,使用通用寄存器还能提高程序编制的灵活性,因此,在单片机的应用编程中应充分利用这些寄存器,以简化程序设计,提高程序运行速度。

(2)位寻址区

内部 RAM 的 20H～2FH 单元,既可作为一般 RAM 单元使用,进行字节操作,也可以对单元中每一位进行位操作,因此把该区称之为位寻址区。位寻址区共有 16 个 RAM 单元,计 128 位,位地址为 00H～7FH。MCS-51 具有布尔处理机功能,这个位寻址区可以构成布尔处理机的存储空间。这种位寻址能力是 MCS-51 的一个重要特点。表 2－3 为位寻址区的位地址表。

表 2－3　片内 RAM 位寻址区的位地址

单元地址	MSB			位地址				LSB
2FH	7F	7E	7D	7C	7B	7A	79	78
2EH	77	76	75	74	73	72	71	70
2DH	6F	6E	6D	6C	6B	6A	69	68
2CH	67	66	65	64	63	62	61	60
2BH	5F	5E	5D	5C	5B	5A	59	58
2AH	57	56	55	54	53	52	51	50
29H	4F	4E	4D	4C	4B	4A	49	48
28H	47	46	45	44	43	42	41	40
27H	3F	3E	3D	3C	3B	3A	39	38
26H	37	36	35	34	33	32	31	30
25H	2F	2E	2D	2C	2B	2A	29	28
24H	27	26	25	24	23	22	21	20
23H	1F	1E	1D	1C	1B	1A	19	18
22H	17	16	15	14	13	12	11	10
21H	0F	0E	0D	0C	0B	0A	09	08
20H	07	06	05	04	03	02	01	00

(3) 用户 RAM 区

在内部 RAM 低 128 单元中,通用寄存器占去 32 个单元,位寻址区占去 16 个单元,剩下 80 个单元,这就是供给用户使用的一般 RAM 区,其单元地址为 30H～7FH。

对用户 RAM 区的使用没有任何规定或限制，但在一般应用中常把堆栈设置在此区中。

2. 内部数据存储器高 128 单元

内部 RAM 的高 128 单元是供给专用寄存器使用的，其单元地址为 80H～FFH。因这些寄存器的功能已作专门规定，故称之为专用寄存器(Special Function Register)，也可称为特殊功能寄存器。

(1)专用寄存器(SFR)简介

8051 共有 21 个专用寄存器，现把其中部分寄存器简单介绍如下：

①程序计数器(PC—Program Counter)。PC 是一个 16 位的计数器，它的作用是控制程序的执行顺序。其内容为将要执行指令的地址，寻址范围达 64KB。PC 有自动加 1 功能，从而实现程序的顺序执行。PC 没有地址，是不可寻址的，因此用户无法对它进行读写，但可以通过转移、调用、返回等指令改变其内容，以实现程序的转移。因地址不在 SFR(专用寄存器)之内，一般不计作专用寄存器。

②累加器(ACC－Accumulator)。累加器为 8 位寄存器，是最常用的专用寄存器，功能较多，地位重要。它既可用于存放操作数，也可用来存放运算的中间结果。MCS-51 单片机中大部分单操作数指令的操作数就取自累加器，许多双操作数指令中的一个操作数也取自累加器。

③B 寄存器。B 寄存器是一个 8 位寄存器，主要用于乘除运算。乘法运算时，B 存乘数。乘法操作后，乘积的高 8 位存于 B 中，除法运算时，B 存除数。除法操作后，余数存于 B 中。此外，B 寄存器也可作为一般数据寄存器使用。

④程序状态字(PSW－Program Status Word)。程序状态字是一个 8 位寄存器，用于存放程序运行中的各种状态信息。其中有些位的状态是根据程序执行结果，由硬件自动设置的，而有些位的状态则使用软件方法设定。

⑤数据指针(DPTR)。数据指针为 16 位寄存器。编程时，DPTR 既可以按 16 位寄存器使用，也可以按两个 8 位寄存器分开使用，即：

DPH　　DPTR 高位字节

DPL　　DPTR 低位字节

DPTR 通常在访问外部数据存储器时作地址指针使用。由于外部数据存储器的寻址范围为 64KB，故把 DPTR 设计为 16 位。

⑥堆栈指针(SP—Stack Pointer)。堆栈是一个特殊的存储区，用来暂存数据和地址，它是按“先进后出”的原则存取数据的。堆栈共有两种操作：进栈和出栈。

由于 MCS-51 单片机的堆栈设在内部 RAM 中，因此 SP 是一个 8 位寄存器。系统复位后，SP 的内容为 07H，从而复位后堆栈实际上是从 08H 单元开始的。但 08H～1FH 单元分别属于工作寄存器 1～3 区，如程序要用到这些区，最好把 SP 值改为 1FH 或更大的值。一般在内部 RAM 的 30H～7FH 单元中开辟堆栈。SP 的内容一经确定，堆栈的位置也就跟着确定下来，由于 SP 可初始化为不同值，因此堆栈位置是浮动的。

此处，主要讲述了 6 个专用寄存器，其余的专用寄存器(如 TCON、TMOD、IE、IP、SCON、PCON、SBUF 等)将在以后章节陆续介绍。

(2)专用寄存器中的字节寻址和位地址

MCS-51 系列单片机有 21 个可寻址的专用寄存器，其中有 11 个专用寄存器是可以位寻址的。各寄存器的字节地址及位地址见表 2-4 所列。

表 2-4 MCS-51 专用寄存器地址表

SFR	MSB			位地址/位定义				LSB	字节地址
B	F7	F6	F5	F4	F3	F2	F1	F0	F0H
ACC	E7	E6	E5	E4	E3	E2	E1	E0	E0H
PSW	D7	D6	D5	D4	D3	D2	D1	D0	D0H
	CY	AC	F0	RS1	RS0	OV	F1	P	
IP	BF	BE	BD	BC	BB	BA	B9	B8	B8H
	/	/	/	PS	PT1	PX1	PT0	PX0	
P3	B7	B6	B5	B4	B3	B2	B1	B0	B0H
	P3.7	P3.6	P3.5	P3.4	P3.3	P3.2	P3.1	P3.0	
IE	AF	AE	AD	AC	AB	AA	A9	A8	A8H
	EA	/	/	ES	ET1	EX1	ET0	EX0	
P2	A7	A6	A5	A4	A3	A2	A1	A0	A0H
	P2.7	P2.6	P2.5	P2.4	P2.3	P2.2	P2.1	P2.0	
SBUF									(99H)
SCON	9F	9E	9D	9C	9B	9A	99	98	98H
	SM0	SM1	SM2	REM	TB8	RB8	T1	RI	
P1	97	96	95	94	93	92	91	90	90H
	P1.7	P1.6	P1.5	P1.4	P1.3	P1.2	P1.1	P1.0	
TH1									(8DH)
TH0									(8CH)
TL1									(8BH)
TL0									(8AH)
TMOD	GATE	$C/\overline{T}$	M1	M0	GATE	$C/\overline{T}$	M1	M0	(89H)
TCON	8F	8E	8D	8C	8B	8A	89	88	88H
	TF1	TR1	TF0	TR0	IE1	IT1	IE0	IT0	
PCON	SMOD	/	/	/	GF1	GF0	PD	IDL	(87H)
DPH									(83H)
DPL									(82H)
SP									(81H)
P0	87	86	85	84	83	82	81	80	80H
	P0.7	P0.6	P0.5	P0.4	P0.3	P0.2	P0.1	P0.0	

对专用寄存器的字节寻址问题作如下几点说明：

①21 个可字节寻址的专用寄存器是不连续地分散在内部 RAM 高 128 单元之中，尽管还余有许多空闲地址，推荐用户不要使用。

②程序计数器 PC 不占据 RAM 单元，它在物理上是独立的，因此是不可寻址的寄存器。

③对专用寄存器只能使用直接寻址方式，书写时既可使用寄存器符号，也可使用寄存器单元地址。

表 2—2 中，凡字节地址不带括号的寄存器都是可进行位寻址的寄存器，带括号的是不可位寻址的寄存。全部专用寄存器可寻址的位共 83 位，这些位都具有专门的定义和用途。这样，加上位寻址区的 128 位，在 MCS-51 的内部 RAM 中共有 128＋83＝211 个可寻址位。

2.4.2　MCS-51 程序存储器

MCS-51 的程序存储器用于存放编好的程序和表格常数。MCS-51 的片外最多能扩展 64KB 程序存储器，片内外的 ROM 是统一编址。对于有内部 ROM 的单片机，在正常运行时，应把$\overline{EA}$端保持高电平，使程序从内部 ROM 执行，当 PC 值超出内部 ROM 容量时，会自动转向外部程序存储器空间。因此外部程序存储器地址空间为 1000H－FFFFH。当$\overline{EA}$保持低电平时，只能寻址外部程序存储器，片外存储器可以从 0000H 开始编址。

MCS-51 的程序存储器中有些单元具有特殊功能，使用时应予以注意。

其中一组特殊单元是 0000H～0002H。系统复位后，(PC)＝0000H，单片机从 0000H 单元开始取指令执行程序。如果程序不从 0000H 单元开始，应在这三个单元中存放一条无条件转移指令，以便直接转去执行指定的程序。

还有一组特殊单元是 0003H～002AH，共 40 个单元。这个单元被均匀地分为 5 段，作为 5 个中断源地址区。其中：

0003H～000AH	外部中断 0 中断地址区
000BH～0012H	定时/计数器 0 中断地址区
0013H～001AH	外部中断 1 中断地址区
001BH～0022H	定时/计数器 1 中断地址区
0023H～002AH	串行中断地址区

中断响应后，按中断种类，自动转到各中断地址区首地址去执行程序，因此在中断地址区中理应存放中断服务程序。但通常情况下，8 个单元难以存下一个完整的中断服务程序，因此通常也是从中断地址区首地址开始存放一条无条件转移指令，以便中断响应后，通过中断地址区，再转到中断服务程序的实际入口地址。

2.5　并行 I/O 端口

MCS-51 单片机共有 4 个双向的 8 位并行 I/O 端口(Port)，分别记作 P0～P3，共有 32 根口线，各口的每一位均由锁存器、输出驱动器和输入缓冲器所组成。实际上 P0～P3 已被归入特殊功能寄存器之列。这 4 个口除了按字节寻址以外，还可以按位寻址。由于它们在结构上有一些差异，故各口的性质和功能有一些差异。

2.5.1 P0 口

P0 口的字节地址为 80H，位地址为 80H～87H。P0 口的各位口线具有完全相同但又相互独立的逻辑电路，P0 口某一位的位结构电路原理图如图 2-7 所示。

P0 口的某一位电路包括：

(1)一个数据输出锁存器，用于进行数据位锁存。

(2)两个三态的数据输入缓冲器，分别用于锁存器数据和引脚数据的输入缓冲。

(3) 一个多路的转接开关 MUX，开关的一个输入来自锁存器，另一个输入为“地址/数据”。输入转接由“控制”信号控制。之所以设置多路转接开关，是因为 P0 口既可以作为通用的 I/O 口，又可以作为单片机系统的地址/数据线使用。即在控制信号作用下，由 MUX 实现锁存器输出和地址/数据线之间的接通转接。

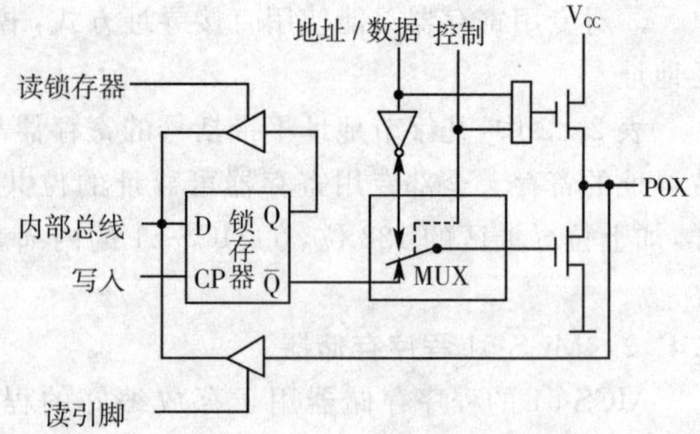

图 2-7　P0 口的位结构的电路原理图

(4) 数据输出的驱动和控制电路，由两只场效应管(FET)组成，上面的那只场效应管构成上拉电路。在实际应用中，P0 口绝大部分多数情况下都是作为单片机系统的地址/数据线使用，当传送地址或数据时，CPU 发出控制信号，打开上面的与门，使多路转接开关 MUX 打向上边，内部地址/数据线与下面的场效应管反相通状态。这时的输出驱动电路由于上下两个 FET 处于反相，形成推拉式电路结构，大大提高了负载能力。而输入数据时，数据信号则直接从引脚通过输入缓冲器进入内部总线。

P0 口也可作为通用的 I/O 口使用。这时，CPU 发来的控制信号为低电平，封锁了与门，并将输出驱动电路的上拉场效应管截止，而多路的转接开关 MUX 打向下边，与 D 锁存器的 $\overline{Q}$ 端接通。

当 P0 口作为输出口使用时，由锁存器和驱动电路构成数据输出通路。由于通路已有输出锁存器，因此数据输出可以与外设直接相接，无需再加数据锁存器电路。进行数据输出时，来自 CPU 的写脉冲加在 D 锁存器的 CP 端，数据写入 D 锁存器，并向端口引脚输出。但要注意，由于输出电路时漏极开路电路，必须外接上拉电阻才能有高电平输出。

当 P0 口作为输入口使用时，应区分读引脚和读端口(或称读锁存器)两种情况。为此，在口电路中有两个用于读入的三态缓冲器。所谓读引脚就是读芯片引脚上的数据，这时，使用下方的缓冲器，由“读引脚”信号把缓冲器打开，引脚上的数据经缓冲器通过内部总线读进来。

读端口是指通过上面的缓冲器读锁存器 Q 端的状态。在端口已处于输出状态的情况下，Q 端与引脚的信号是一致的，这样安排的目的是为了适应对口进行“读—修改—写”操作指令的需要。例如，“ANL P0，A”就是属于这类指令，执行时先读入 P0 口锁存器中的数据，然后与 A 的内容进行逻辑与，再把结果送回 P0 口。对于这类“读—修改—写”指令，不直接读引脚而读锁存器是为了避免可能出现的错误。因为在端口已处于输出状态的情况下，如果端口的负载恰是一个晶体管的基极，导通了的 PN 结会把端口引脚的高电平拉低，这样直接读引脚就会把本来的“1”误读为“0”。但若从锁存器 Q 端读，就能避免这样的错误，得到正确的数据。

2.5.2　P1 口

P1 口的字节地址为 90H，位地址 90H～97H。P1 口某一位的位结构电路原理图如图 2-8所示。

P1 口只能作为通用的 I/O 口使用，所以在电路结构上与 P0 口有一些不同，主要有两点区别：

(1)因为 P1 口只传数据，所以不再需要多路转接开关 MUX。

(2)由于 P1 口用来传送数据，因此输出电路中有上拉电阻，上拉电阻与场效应管共同组成输出驱动电路。这样的电路输出不是三态的，所以 P1 口是准双向口。

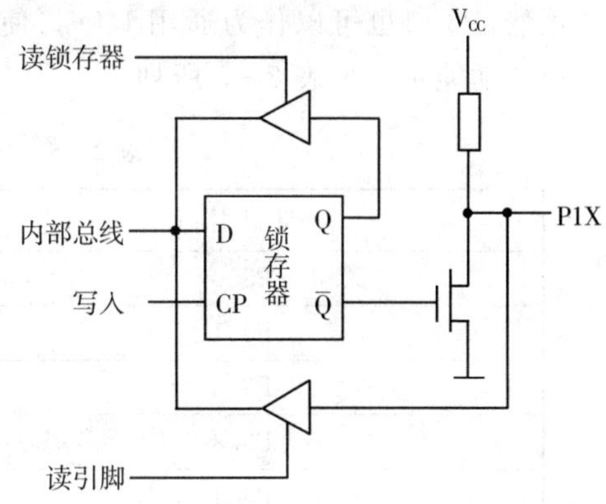

图 2-8　P1 口的位结构电路原理图

因此：

(1)P1 口作为输出口使用时，已能对外提供推拉电流负载，外电路无需再接上拉电阻。

(2)P1 口作为输入口使用时，应先向其锁存器先写入“1”，使输出驱动电路的 FET 截止。

2.5.3　P2 口

P2 口的字节地址为 A0H，位地址为 A0H～A7H。P2 口某一位的位结构电路原理图如图 2-9 所示。

在实际应用中，因为 P2 口用于为系统提供高位地址，因此同 P0 口一样，在口电路中有一个多路转接开关 MUX。但 MUX 的一个输入端不再是“地址/数据”，而是单一的“地址”，这是因为 P2 口只作为地址线使用，而不是作数据线使用。当 P2 口用作为高地址总线使用时，多路转接开关应倒向“地址”端。正因为只作为地址线使用，P2 口的输出用不着是三态的，所以，P2 口也是一个准双向口。

此外，P2 口也可以作为通用 I/O 口使用，这时多路转接开关倒向锁存器 Q 端。

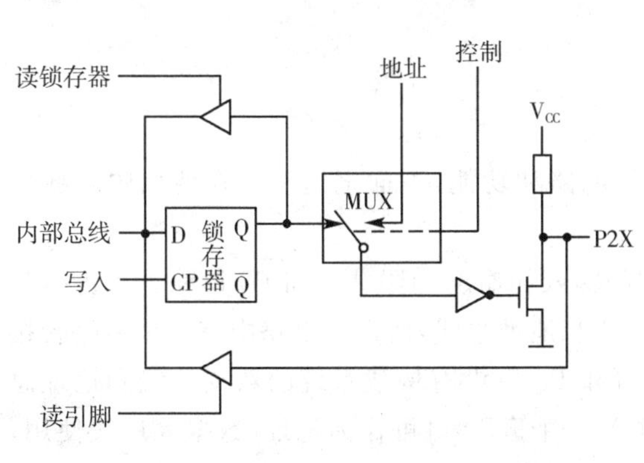

图 2-9　P2 口的位结构电路原理图

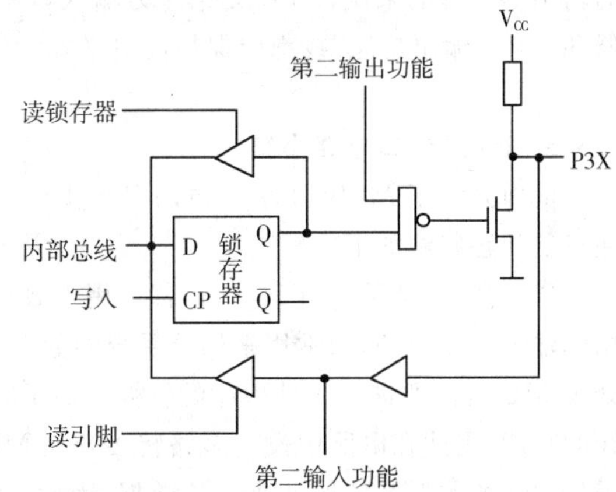

图 2-10　P3 口的位结构电路原理图

2.5.4 P3 口

P3 口的字节地址为 B0H,位地址为 B0H～B7H。P3 口某一位的位结构电路原理图如图 2-10 所示。

虽然,P3 口也可以作为通用 I/O 口使用,但是在实际应用中,常使用它的第二功能。P3 口的第二功能定义见表 2-5 所列。

表 2-5 P3 口的第二功能定义

P3 口引脚	第二功能
P3.0	RXD(串行输入口)
P3.1	TXD(串行输出口)
P3.2	$\overline{INT0}$(外部中断 0)
P3.3	$\overline{INT1}$(外部中断 1)
P3.4	T0(定时器 0 外部计数输入)
P3.5	T1(定时器 1 外部计数输入)
P3.6	$\overline{WR}$(写选通)
P3.7	$\overline{RD}$(读选通)

为适应 P3 口的需要,在口电路中增加了第二功能控制逻辑。由于第二功能信号有输入和输出两类,因此,分两种情况进行说明。

(1)对于输出的第二功能引脚,当作为通用的 I/O 口使用时,电路中的“第二输出功能”线应保持高电平,与非门开通,以维持从锁存器到输出端数据通路的畅通。当输出第二功能信号时,该锁存器应预先置“1”,使与非门对第二功能信号的输出是畅通的,从而实现第二功能信号的输出。

(2)对于第二功能作为输入信号的引脚,在口线的输入通路上增加了一个缓冲器,输入信号就从这个缓冲器的输出端取得。而作为通用的 I/O 口使用的数据输入,仍取自三态缓冲器的输出端。总的来说,P3 口无论作为输入口使用还是第二功能信号的输入,输出电路的锁存器和“第二输出功能”线都应保持高电平。

2.5.5 P0～P3 口电路小结

前面介绍了 MCS-51 单片机的 P0～P3 口的电路和功能,下面把这些口在使用中一些应注意的问题归纳如下。

P0～P3 口都是并行 I/O 口,都可用于数据的输入和输出,但 P0 口和 P2 口除了可进行数据的输入和输出外,通常用来构建系统的数据总线和地址总线,所以在电路中有一个多路转接开关 MUX,以便进行两种用途的转换。而 P1 口和 P3 口没有构建系统的数据总线和地址总线的功能,因此在电路中没有多路转接开关 MUX。由于 P0 口可作为地址/数据复用线使用,需传送系统的低 8 位地址或 8 位数据,因此 MUX 的一个输入端为“地址/数据”信号。而 P2 口仅作为高位地址线使用,不涉及数据,所以 MUX 的一个输入信号为“地址”。

在 4 个口中只有 P0 口是一个真正的双向口,P1～P3 口都是准双向口。原因是在应用系统中，P0 口作为系统的数据总线使用时，为保证数据的正确传送，需要解决芯片内外的隔离问题，即只有在数据传送时芯片才接通；不进行数据传送时，芯片内外应处于隔离状态。为此，要求 P0 口的输出缓冲器是一个三态门。

在 P0 口输出三态门是由两只场效应管(FET)组成，所以说它是一个真正的双向口。而其他的三个口中，上拉电阻代替 P0 口中的场效应管，输出缓冲器不是三态的，因此不是真正的双向口，只能称其为准双向口。

P3 口的口线具有第二功能，为系统提供一些控制信号。因此在 P3 口电路增加了第二功能控制逻辑。这是 P3 口与其他口的不同之处。

2.6 时钟电路与时序

时钟电路用于产生单片机工作所需要的时钟信号，时序研究的是指令执行中各信号之间的相互关系。单片机本身就如一个复杂的同步时序电路，为了保证同步工作方式的实现，电路应在唯一的时钟信号控制下严格地按时序进行工作。

2.6.1 时钟信号的产生

在 MCS-51 芯片内部有一个高增益反相放大器，其输入端为芯片引脚 XTAL1，其输出端为引脚 XTAL2。而在芯片的外部，XTAL1 和 XTAL2 之间跨接晶体振荡器和微调电容，从而构成一个稳定的自激振荡器，这就是单片机的时钟电路，如图 2－11 所示。

时钟电路产生的振荡脉冲经过触发器进行二分频之后，才成为单片机的时钟脉冲信号。请读者特别注意时钟脉冲与振荡脉冲之间的二分频关系，否则会造成概念上的错误。

一般地，电容 C1 和 C2 取 30μF 左右，晶体的振荡频率范围是 1.2MHz～12MHz。晶体振荡频率高，则系统的时钟频率也高，单片机运行速度也就快。MCS-51 在通常应用情况下，使用振荡频率为 12MHz。

2.6.2 引入外部脉冲信号

在由多片单片机组成的系统中，为了各单片机之间时钟信号的同步，应当引入唯一的公用外部脉冲信号作为各单片机的振荡脉冲。这时，外部的脉冲信号是经 XTAL2 引脚注入，其连接如图 2－12 所示。

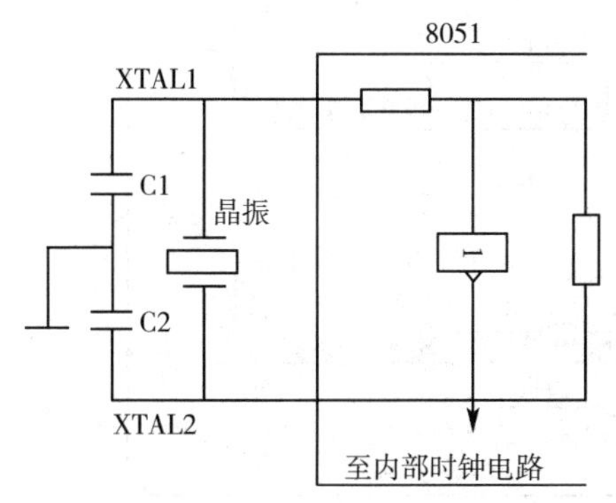

图 2－11　时钟振荡电路

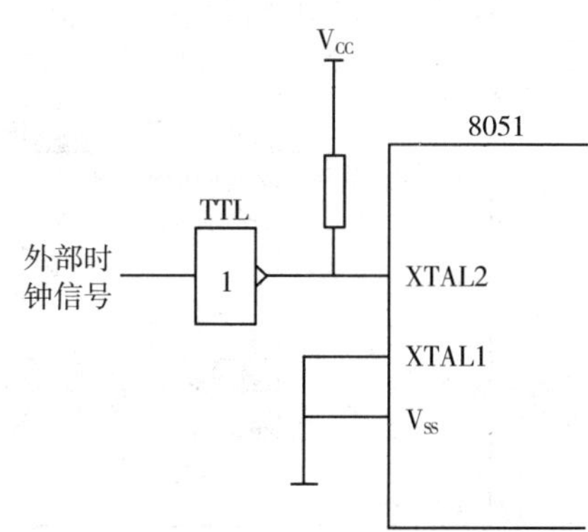

图 2－12　外部脉冲时钟源接法

2.6.3 时序

时序是用定时单位来说明的。MCS-51 的时序定时单位共有 4 个,从小到大依次是:节拍、状态、机器周期和指令周期。下面分别加以说明。

1. 节拍与状态

把振荡脉冲的周期定义为节拍(用 P 表示)。振荡脉冲经过二分频后,就是单片机的时钟信号的周期,其定义为状态(用 S 表示)。

这样,一个状态就包含两个节拍,其前半周期对应的节拍叫节拍 1(P_1),后半周期对应的节拍叫节拍 2(P_2)。

2. 机器周期

MCS-51 采用定时控制方式,因此它有固定的机器周期。规定一个机器周期的宽度为 6 个状态,并依次表示为 $S_1 \sim S_6$。由于一个状态又包含两个节拍,因此,一个机器周期总共有 12 个节拍,分别记作 S_1P_1、S_1P_2、…、S_6P_2。由于一个周期共有 12 个振荡脉冲周期,因此机器周期就是振荡脉冲的十二分频。

当振荡脉冲频率为 12MHz 时,一个机器周期为 1μs;当振荡脉冲频率为 6MHz 时,一个机器周期为 2μs。

3. 指令周期

指令周期是最大的时序定时单位,执行一条指令所需要的时间称为指令周期。它一般由若干个机器周期组成。不同的指令,所需要的机器周期数也不相同。通常,包含一个机器周期的指令称为单周期指令,包含两个机器周期的指令称为双周期指令,等等。

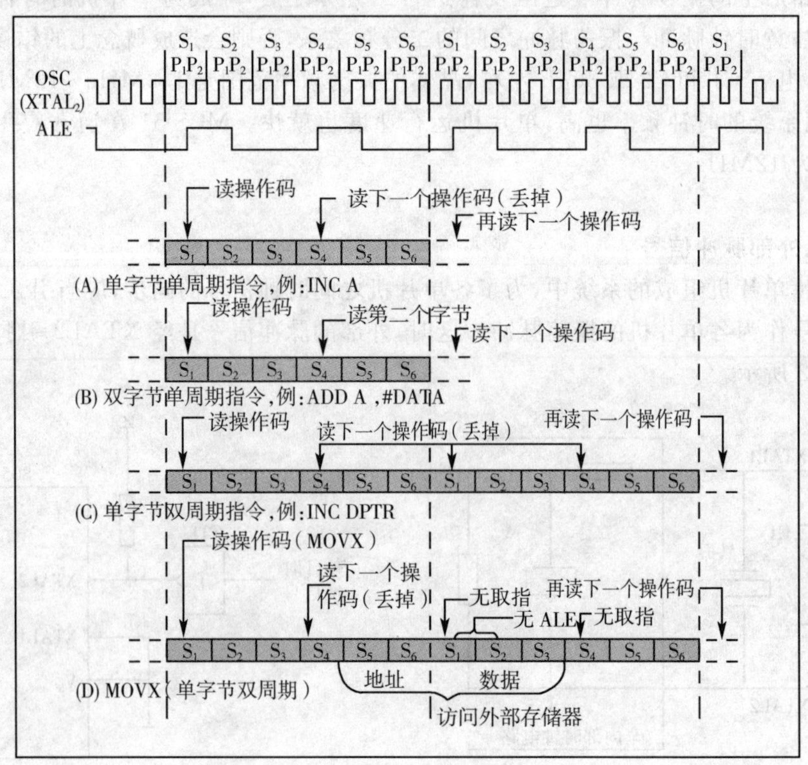

图 2-13 8051 取指令/执行指令的时序

指令的运算速度与指令所包含的机器周期有关，机器周期数越少的指令执行速度越快。MCS-51 单片机通常可以分为单周期指令、双周期指令和四周期指令三种。四周期指令只有乘法和除法指令两条，其余均为单周期和双周期指令。

单片机执行任何一条指令时都可以分为取指令阶段和执行指令阶段。MCS-51 的取指令/执行指令的时序如图 2-13 所示。

由图 2-13 可见，ALE 引脚上出现的信号是周期性的，在每个机器周期内出现两次高电平。第一次出现在 S1P2 和 S2P1 期间，第二次出现在 S4P2 和 S5P1 期间。ALE 信号每出现一次，CPU 就进行一次取指操作，但由于不同指令的字节数和机器周期数不同，因此取指令操作也随指令不同而有小的差异。

按照指令字节数和机器周期数，8051 的 111 条指令可分为 6 类，分别是：单字节单周期指令、单字节双周期指令、单字节四周期指令、双字节单周期指令、双字节双周期指令和三字节双周期指令。

2.7　单片机的复位电路

单片机复位是使 CPU 和系统中的其他功能部件都处在一个确定的初始状态，并从这个状态开始工作，例如复位后 PC＝0000H，使单片机从第一个单元取指令。无论是在单片机刚开始接上电源时，还是断电后或者发生故障后都要复位，必须弄清楚 MCS-51 型单片机复位的条件、复位电路和复位后状态。

单片机复位的条件：必须使 RST/V_{PD}或 RST 引脚加上持续两个机器周期以上（即 24 个振荡周期）的高电平。例如，若时钟频率为 12MHz，每机器周期为 1μs，则只需 2μs 以上时间的高电平，在 RST 引脚出现高电平后的第二个周期执行复位。单片机常见的复位电路如图 2-14(a)、(b)所示。

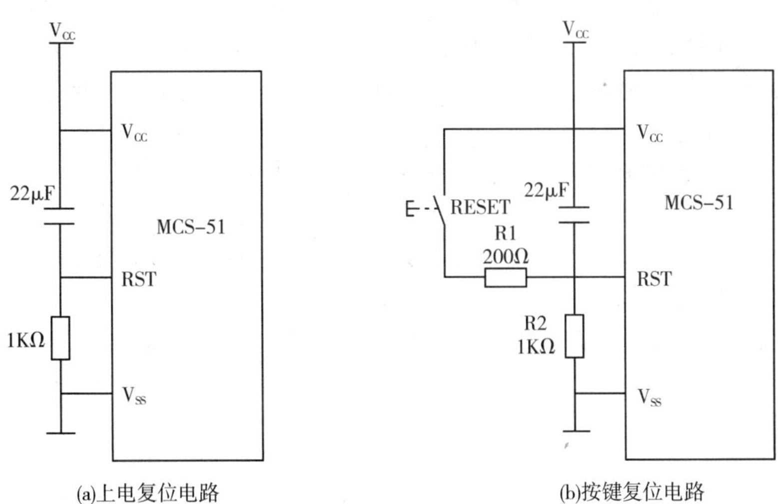

图 2-14　单片机常见的复位电路

图 2-14(a)为上电复位电路，它是利用电容充电来实现的。在接电瞬间，RST 端的电位与 V_{CC}相同，随着充电电流的减少，RST 的电位逐渐下降。只要保证 RST 端为高电平的时间

大于两个机器周期，即能正常复位。

图 2-15(b)为按键复位电路。该电路除具有上电复位功能外，若要复位，只需按图 2-15(b)中的 RESET 键，此时电源 VCC 经电阻 R1、R2 分压，在 RESET 端产生一个复位电平。

单片机复位期间不产生 ALE 和$\overline{PSEN}$信号，即 ALE=1 和$\overline{PSEN}$=1。这表明单片机复位期间不会有任何取指操作。复位后，内部各专用寄存器状态如下：

PC：	0000H	TMOD：	00H
A_{CC}：	00H	TCON：	00H
B：	00H	TH0：	00H
PSW：	00H	TL0：	00H
SP：	07H	TH1：	00H
DPTR：	0000H	TL1：	00H
P0～P3：	FFH	SCON：	00H
IP：	* * *00000B	SBUF：	不定
IE：	0* * *0000B	PCON：	0* * *0000B

其中，*表示无关位。请注意：

(1)复位后 PC 值为 0000H，表明复位后程序从 0000H 开始执行。

(2)SP 值为 07H，表明堆栈底部在 07H。一般需重新设置 SP 值。

(3)P0～P3 口值为 FFH。P0～P3 口用作输入口时，必须先写入"1"。单片机在复位后，已使 P0～P3 口每一端为"1"，为这些端线用作输入口做好了准备。

复习思考题

2-1 MCS-51 系列单片机内部有哪些主要的逻辑部件？

2-2 MCS-51 设有 4 个 8 位并行端口(32 条 I/O 线)，实际应用中 8 位数据信息由哪一个端口传送？16 位地址线怎样形成？P3 口有何功能？

2-3 MCS-51 的存储器结构与一般的微型计算机有何不同？程序存储器和数据存储器各有何功用？

2-4 MCS-51 内部 RAM 区功能结构如何分配？4 组工作寄存器使用时如何选用？位寻址区域的字节地址范围是多少？

2-5 特殊功能寄存器中哪些寄存器可以位寻址？它们的字节地址是什么？

2-6 简述程序状态字 PSW 中各位的含义。

2-7 复位后，各内部寄存器的内容是什么？

第 3 章　MCS-51 单片机指令系统及汇编语言程序设计

在第 2 章中，我们已经对 MCS-51 单片机的内部结构和工作原理有了一个基本的了解，在此基础上，本章将进一步介绍 MCS-51 单片机指令系统中每条指令的功能和特点，最后一节讲述 MCS-51 单片机的汇编语言程序设计。

3.1　指令系统概述

指令是 CPU 用于控制功能部件完成某种指定动作的指示和命令。一台计算机全部指令的集合称为该计算机的指令系统。指令系统体现了计算机的性能，也是应用计算机进行程序设计的基础。MCS-51 指令系统是一个具有 255 种代码的集合（仅用 1 个字节标识操作功能），共有 111 条指令。在这 111 条指令系统中，仅用 42 个助记符表明了 33 种操作功能，其中单字节指令 49 条，双字节指令 45 条，三字节指令 17 条。从指令的执行时间来看，单机器周期指令 64 条，双机器周期指令 45 条，只有乘、除两条指令是 4 个机器周期。由此可知，MCS-51 单片机的指令系统对存储空间和机器运行时间的利用率较高。

3.2　指令格式

3.2.1　MCS-51 单片机指令格式

由于计算机只能识别二进制数，所以计算机的指令均由二进制代码组成。为了阅读和书写方便，常把它写成十六进制形式。通常称这样的指令为机器指令。现在一般的计算机都有几十甚至上百种指令。显然，即便用十六进制去书写和记忆也是极为不方便、不容易的。因而，为了人们记忆和使用方便，制造厂家对指令系统的每一条指令都给出了助记符。助记符是根据机器指令不同的功能和操作对象来描述指令的符号，由于助记符是用英文缩写来描述指令的特征，因此它不但便于记忆，也便于理解和分类。MCS-51 单片机的助记符指令是由操作码和操作数两部分组成。指令格式如下：

操作码　[操作数]　[;注释]

操作码：由助记符组成的字符串，定义了该条指令的操作功能，是指令的核心部分，不可缺少项。操作码与操作数之间必须用空格分隔。

操作数：表示指令操作的对象，可以是参加操作的数据或数据的地址。操作数部分一般有四种表现形式：(1)没有操作数（无操作数）或操作数隐含在操作码中，如：NOP、RET、RETI 指令；(2)只有一个操作数，如：DEC A 指令；(3)有两个操作数，操作数之间以逗号间隔，如：MOV A,＃00H 指令；(4)有三个操作数，操作数之间以逗号间隔，如：CJNE A,＃30H,NEXT1 指令。操作数的表达方式较多，可以是寄存器名、常数、标号名、表达式，或者使用一个特殊的符号“＄”（“＄”表示程序计数器当前值，通常用在转移指令中）。

注释：是对指令的解释说明，方便编程人员或其他人员阅读的，对机器不形成控制作用，是可选项。操作数与注释之间必须有分号间隔。

需要说明的是:上述指令格式中,在方括号内的项是可选项。

3.2.2 符号说明

在 MCS-51 指令系统中,常用一些符号描述指令,现简单作一介绍。

Rn 表示当前选中的工作寄存器区中的 8 个寄存器 R0～R7 (n = 0 ～ 7)。

Ri 表示当前选中的工作寄存器区中的 2 个寄存器 R0、R1 (i = 0、1)。

Direct 表示 MCS-51 单片机片内 RAM 单元的地址(用 8 位二进制编码表示)。它可以是片内 RAM 单元地址 00H～7FH 或特殊功能寄存器 SFR 地址(如 I/O 口,控制寄存器,状态寄存器等)80H～0FFH。

#data 表示指令中含有的立即数(8 位二进制编码)。

#data16 表示指令中含有的立即数(16 位二进制编码)。

addr16 表示目的地址(16 位二进制编码表示,其目的地址范围是 64KB 的程序存储器地址空间),用于 LJMP、LCALL 指令中。

addr11 表示目的地址(11 位二进制编码表示,其目的地址范围是 2KB 的程序存储器空间),用于 AJMP、ACALL 指令中,目的地址必须与下一条指令的第一个字节在同一个 2KB 的程序存储区地址空间内。

rel 表示带符号的偏移量(8 位二进制编码表示)用于 SJMP 和所有条件转移类指令中。偏移量以字节计数,相对于下一条指令的第一个字节计算,在－128～＋127 范围内取值。

bit 表示内部 RAM。20H～2FH 中的 128 个位或特殊功能寄存器 SFR 中的直接寻址位。

DPTR 数据指针。可存放 16 位二进制编码的寄存器。

A 累加器 ACC

B 专用寄存器,用于 MUL 和 DIV 指令中。

C 进位/借位标志;位累加器。

@ 间址寄存器或基址寄存器的前缀。如:@Ri、@A＋DPTR。

/ 位操作数前缀,表示对该位操作数取反。如:/bit。

(X) X 中的内容。

((X)) 由 X 寻址的单元中的内容。

← 表示将箭头右边的内容传送到箭头左边。

3.3 MCS-51 指令系统的寻址方式

所谓寻址方式,就是寻找操作数地址的方式。在用汇编语言编程时,数据的存放、传送、运算都要通过指令来完成。编程者必须十分清楚操作数的位置以及如何将它们传送到适当的寄存器去参与运算。寻址方式的多少是反映指令系统优劣的主要性能指标,也是学习汇编语言程序设计最基本的内容之一。

在 MCS-51 单片机指令系统中,有七种寻址方式:立即寻址、直接寻址、寄存器寻址、寄存器间接寻址、基址寄存器＋变址寄存器的间接寻址、位寻址和相对寻址。

3.3.1　立即寻址

在该寻址方式中，操作数紧跟在操作码的后面，直接由指令给出；由于取指即取得操作数，所以操作数也称为立即数。在 MCS-51 指令中，立即数用符号“＃”表示，以区别直接地址。

如：
```
MOV   A,#00H          ;A←00H
MOV   DPTR,#1234H     ;DPH←12H,DPL←34H
```

第一条指令的功能是将立即数 00H 送入累加器 A 中。第二条指令的功能是将 16 位的立即数 1234H 的高 8 位 12H 送入 DPH 寄存器中，低 8 位立即数 34H 送入 DPL 寄存器中(DPTR←1234H)。

3.3.2　直接寻址

在直接寻址方式中，指令的操作数部分是操作数的地址，即在指令中给出的是操作数的地址。操作数的地址可以是字节地址 direct 或位地址 bit。这种寻址方式可以访问的存储器的空间为：

(1)片内 RAM 空间的低 128 个字节单元(00H～7FH)。

(2)特殊功能 SFR 寄存器(只能用直接寻址方式寻址)(80H～0FFH)。

(3)位地址空间(20H～2FH、SFR 中可寻址的位)。

字节地址 direct 可以用单元地址或 SFR 的符号表示，位地址 bit 可以用位地址或位名称表示。

如：
```
MOV   A,20H      ;A←(20H)
MOV   A,B        ;A←B
MOV   C,10H      ;Cy←(10H),10H 是位地址。
CLR   RS0        ;清零 RS0 位
```

直接寻址示意图如图 3-1 所示。

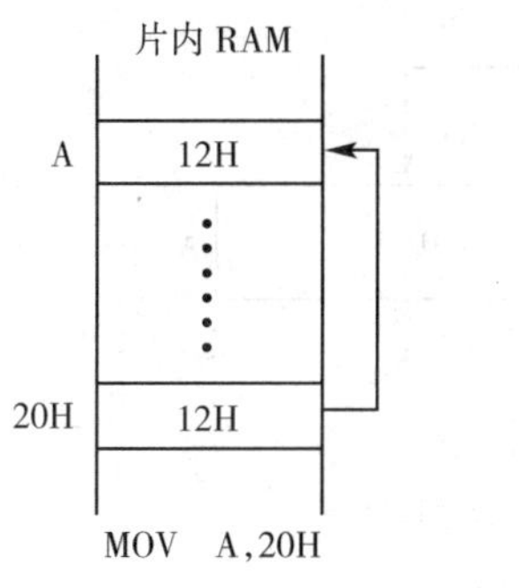

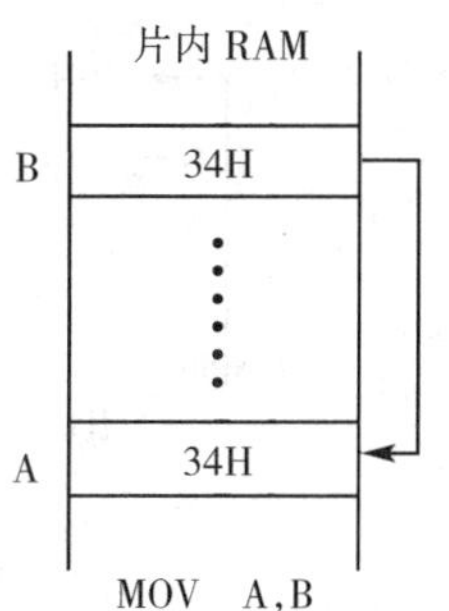

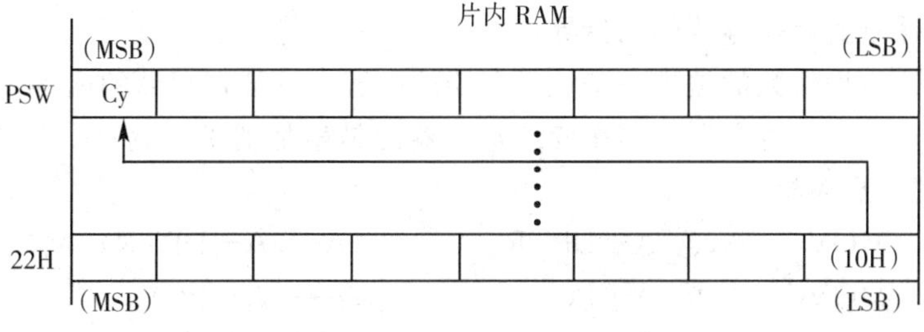

图 3-1　直接寻址示意图

3.3.3 寄存器寻址

在寄存器寻址方式中，操作数存放在寄存器里。能用于寄存器寻址的有8个工作寄存器R0～R7(当前工作寄存器区)，累加器A，寄存器B，数据指针DPTR和进位位Cy(布尔机的累加器)。

如：　MOV　A，R1　;A←R1

寄存器寻址示意图如图3-2所示。

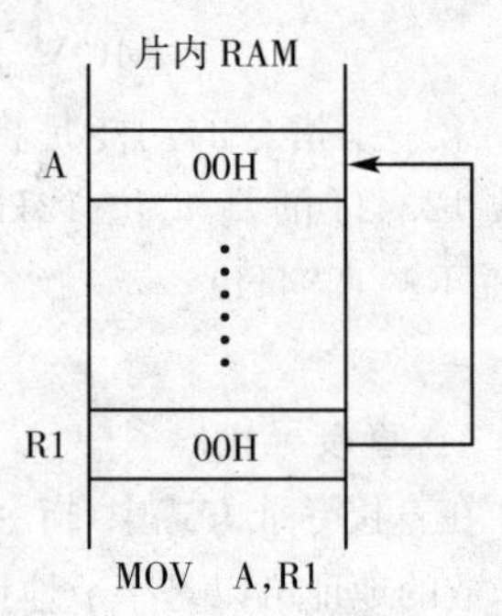

图3-2　寄存器寻址示意图

3.3.4 寄存器间接寻址

在该寻址方式中，寄存器里放的不是操作数而是操作数的地址。可用于间址的寄存器有R0、R1(当前工作寄存器区)和DPTR，寄存器间接寻址符号为@。R0、R1作为地址指针寄存器时，可寻址片内RAM区(256字节)，片外低端RAM区(00H～0FFH)，形式为@R0、@R1；DPTR作为地址指针寄存器时，可寻址片外RAM全部64KB区域，形式为@DPTR。

如：　MOVX　A，@DPTR　;A←(DPTR)
　　　MOV　R1，#50H　;R1←50H
　　　MOV　A，@R1　;A←(R1)

上面第1条指令是把DPTR寄存器内容所指定的片外RAM地址单元的内容送累加器A中，第2条指令是先将地址50H送间址寄存R1中，然后第3条指令是将间址寄存器R1的内容50H单元内的数据送A中。上述后两条指令执行的示意图如图3-3所示。

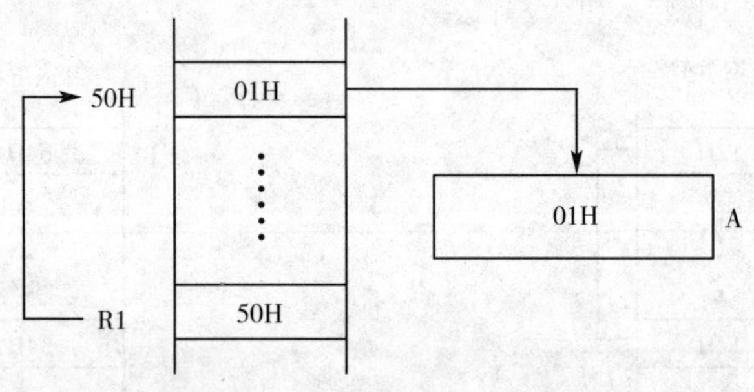

图3-3　寄存器间接寻址示意图

3.3.5 基址寄存器＋变址寄存器的间接寻址

在此寻址方式中，操作数的地址＝基址寄存器的内容＋变址寄存器的内容；用作基址寄存器的有DPTR和PC(16位寄存器)，用作变址寄存器的是累加器A。这种寻址方式可用于访问程序存储器中的数据表格。

如：　MOVC　A，@ A＋DPTR　;A←(A＋DPTR)
　　　MOVC　A，@ A＋PC　;A←(A＋PC)
　　　JMP　@ A＋DPTR　;程序转移的地址为(A＋DPTR)
又如：　MOV　DPTR，#2000H　;DPTR←2000H

```
MOV   A,#10H                ;A←10H
MOVC  A,@A+DPTR             ;A←(10H+2000H)
```

上述第二段指令执行过程如图 3-4 所示。

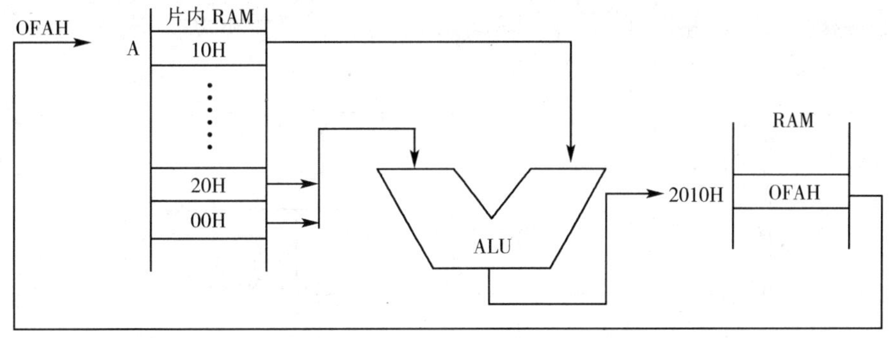

图 3-4　基址寄存器＋变址寄存器的间接寻址示意图

3.3.6　位寻址

在该寻址方式中，操作数的地址是位地址，用 bit 表示；操作数是片内 RAM 中的某一位的信息。寻址的区域在片内，有两个区域：一个是片内 RAM 的位寻址区 20H～2FH 中的 128 个位，其位地址编码为 00～7FH；另一个是片内 SFR 中 11 个可位寻址的寄存器（字节地址可被 8 整除），其位地址编码为 80H～0FFH。

在 MCS-51 单片机中，位地址的表示形式有：

(1)直接位地址方式。如：0D5H　　MOV　C,0D5H　　;Cy←(0D5H)

(2)位名称方式。如：F0　　MOV　C,F0　　;Cy←F0

(3)单元地址加位数的表示方式。如：0D0H.5

MOC　C,0D0H.5　　;Cy←(0D0H.5)

(4)SFR 符号加位数的表示方式。如：PSW.5

MOV　C,PSW.5　　;Cy←(PSW.5)

(5)用户定义名方式。用伪指令 bit 定义。如：USR _ FLG　bit　F0

MOV　C,USR _ FLG　　;Cy←F0

位寻址中的位地址用以上多种表示方式，其目的是方便程序编制。

3.3.7　相对寻址

3.3.1～3.3.6 寻址方式是用于寻址操作数，而相对寻址是为了实现程序的相对转移操作而设计的，主要用于在转移类指令中形成目的地址。所谓相对，即是相对指令执行时的 PC 值，该 PC 值＝相对转移指令的下一条指令操作码所在的地址。以此 PC 值为基准＋指令中给出的偏移量(rel)，形成目的地址。偏移量 rel 是一个 8 位有符号数，其范围是－128～＋127，即目的地址可相对于转移指令下一条指令起始的 PC 值向前 128 字节（地址减小）和向后 127 字节（地址加大）的范围内转移。

如：有 2 字节相对转移指令 SJMP　rel;rel ＝ 54H（或 rel ＝ 0FCH）

①　2000H　80　54　SJMP　rel　;PC←PC+2+rel

② 2000H 80 FC SJMP rel ;PC←PC+2+rel

上述两条指令的执行过程如图 3-5 所示。

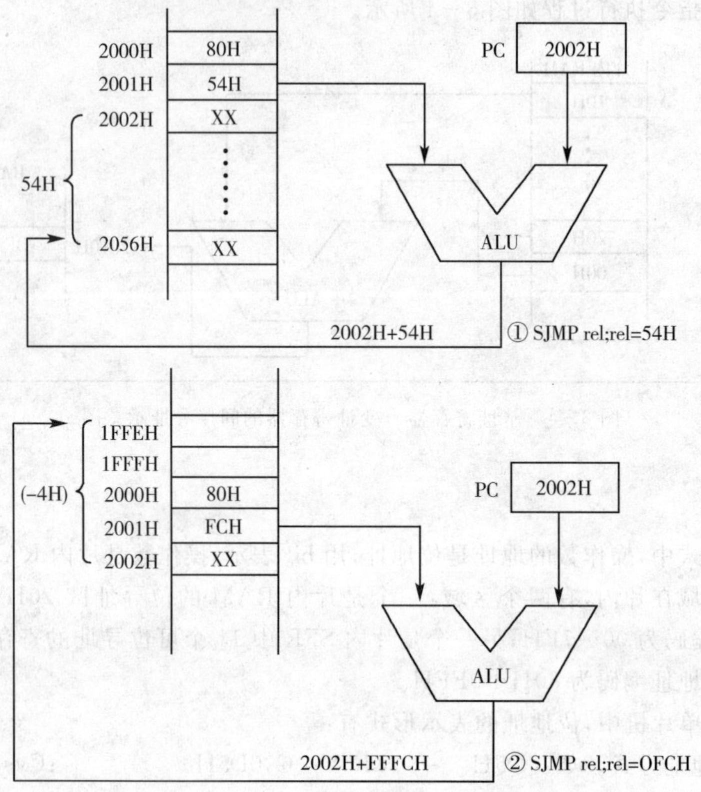

图 3-5 相对转移指令执行过程示意图

其中,0FCH→0FFFCH,即:将 8 位的负数 0FCH 扩展成 16 位的负数 0FFFCH,再与 2002H 相加。

3.3.8 寻址空间

表 3-1 中概括了每种寻址方式下操作数所存储的空间。

表 3-1 寻址方式及操作数所存储的空间

寻址方式	存储空间(寻址空间)
立即寻址	程序存储器
直接寻址	片内 RAM 低 128 个字节单元和 SFR 区
寄存器寻址	R0～R7(工作寄存器区),A,B,Cy(位),DPTR
寄存器间接寻址	片内 RAM(00H～0FFH)、片外 RAM
基址寄存器+变址寄存器的间接寻址	程序存储器
位寻址	片内 RAM 区(20H～2FH),SFR 区(字节地址可被 8 整除的寄存器)
相对寻址	程序存储器 256 个字节单元范围(PC+rel)

3.4　MCS-51 单片机指令系统

MCS-51 单片机指令系统按指令的功能可分为:数据传送类指令(28 条)、算术运算类指令(24 条)、逻辑运算类指令(25 条)、控制转移类指令(17 条)、位操作类指令(17 条),共计 111 条指令。

3.4.1　数据传送类指令

数据传送类指令是编程时使用最频繁的一类指令,也是一种最基本、最主要的操作。其功能是将源操作数传送到目的操作数。指令执行后,源操作数不变,目的操作数被源操作数修改,或源、目的操作数互换。按数据传送的操作方式,传送类指令可分为三种类型:数据传送、数据交换和堆栈操作。使用的助记符:MOV、MOVX、MOVC、XCH、XCHD、SWAP、PUSH、POP。源操作数寻址方式可采用立即寻址、直接寻址、寄存器寻址、寄存器间接寻址和基址寄存器+变址寄存器的间接寻址;目的操作数寻址方式可采用直接寻址、寄存器寻址和寄存器间接寻址方式三种。

在数据传送类指令中,除了以累加器 A 为目的操作数指令会对奇偶校验标志 P 产生影响外,其余指令执行时,均不会影响任何标志。

1. 内部数据传送指令

内部数据传送指令的操作码助记符为 MOV,寻址区为片内 RAM。

(1)数据送累加器指令

```
             ┌ #data       ;A←data
             │ direct      ;A←(direct)
MOV   A,    ┤ Rn          ;A←Rn
             └ @Ri         ;A←(Ri)
```

上述一组指令可实现的操作是:将源操作数的内容送累加器 A。源操作数的寻址方式有:立即寻址、直接寻址、寄存器寻址、寄存器间接寻址。

(2)数据送工作寄存器 Rn 指令

```
             ┌ #data       ;Rn←data
MOV   Rn,   ┤ direct      ;Rn←(direct)
             └ A           ;Rn←A
```

上述一组指令可实现的操作是:将源操作数的内容送工作寄存器 Rn (n = 0～7)。Rn 是当前工作寄存器区的 R0～R7,工作寄存器区可由 PSW 中的 RS1,RS0 两位编码指定。源操作数的寻址方式有:立即寻址、直接寻址和寄存器寻址。

(3)数据送片内 RAM 低端(00H～7FH)或 SFR(80H～0FFH)指令

```
MOV   direct1,direct2        ;(direct1)←(direct2)

                ┌ #data   ;(direct)←data
                │ Rn      ;(direct)←Rn
MOV   direct,  ┤ A       ;(direct)←A
                └ @Ri     ;(direct)←(Ri)
```

上述一组指令的功能是：将源操作数的内容送到片内 RAM 低端（00H～7FH）或 SFR（80H～0FFH）。源操作数的寻址方式有：立即寻址、直接寻址、寄存器寻址和寄存器间接寻址 Ri（i =0，1）。

（4）数据送片内 RAM 高端（80H～0FFH）指令

```
              ┌ #data     ;(Ri)←data
MOV   @Ri,   ┤ direct    ;(Ri)←(direct)
              └ A         ;(Ri)←A
```

上述一组指令的功能是：将源操作数的内容送到片内 RAM 高端（80H～0FFH），片内 RAM 高端（80H～0FFH）的寻址由@Ri 实现；源操作数的寻址方式有：立即寻址、直接寻址和寄存器寻址。

（5）16 位数据传送指令

【例 3-1】
```
MOV   DPTR,#data16    ;DPH←dataH,DPL←dataL
MOV   A,#10H          ;A=10H
MOV   R0,#20H         ;R0=20H
MOV   R1,A            ;R1=10H
MOV   20H,#00H        ;(20H)=00H
MOV   DPTR,#2000H     ;DPTR=2000H
MOV   40H,@R0         ;(40H)=00H
MOV   @R1,40H         ;(10H)=00H
```

程序执行后的结果：

A=10H，R0=20H，R1=10H，(40H)=00H

(10H)= 00H，(20H)= 00H，DPTR=2000H

2. 外部数据传送指令

外部数据传送指令所寻址的区域为片外 RAM 区 64KB（0000H～0FFFFH），指令操作码的助记符为 MOVX，片外 RAM 区的寻址方式为寄存器间接寻址方式（@Ri，@DPTR）。

片外 RAM 区 64KB（0000H～0FFFFH）只能与累加器 A 互传数据，仅有 4 条指令。

```
MOVX   A,@ Ri        ;A ←(Ri)
MOVX   @ Ri,A        ;(Ri)←A
MOVX   A,@ DPTR      ;A ←(DPTR)
MOVX   @ DPTR,A      ;(DPTR)←A
```

上述 4 条指令中，前两条指令实现的操作是：累加器 A 与片外 RAM 区（00H～0FFH）之间的数据传送；后两条指令实现的功能是：累加器 A 与片外 RAM 区 64KB（0000H～0FFFFH）之间的数据传送。

【例 3-2】 编程将片外 1000H 单元的内容传送至 2000H 单元中去。

```
MOV    DPTR,#1000H     ;DPTR = 1000H
MOVX   A,@ DPTR        ;A =(1000H)
MOV    DPTR,#2000H     ;DPTR = 2000H
MOVX   @ DPTR,A        ;(2000H) = A = (1000H)
```

3. 程序存储器传送指令(查表指令)

程序存储器传送指令所寻址的区域是片内、外程序区(0000H～0FFFFH),指令操作码的助记符为 MOVC,“C”是“Code”的第一个字母。程序存储器只能向累加器 A 传送数,且是单方向的(只读不写)。源操作数(程序区)的寻址方式为基址寄存器(PC,DPTR)+变址寄存器(A)的间接寻址方式,仅有两条指令。

```
MOVC  A, { @ A+DPTR        ;A←(A+DPTR)
         { @ A+PC          ;A←(A+PC)
```

上述第一条指令实现的操作是:以 DPTR 的内容为基址+变址寄存器 A 的内容,形成无符号数的地址和,以此作为程序存储单元的地址来寻址操作数,传给累加器 A;第二条指令实现的操作同第一条指令,只不过基址由 PC 提供。第一条指令可以方便地在整个 64KB 的程序存储区寻址操作数送累加器 A,第二条指令只能以当前 PC 中的内容为基址,寻址的操作数虽也在 64KB ROM 区中,但要相对 PC 基地址不超过 256B 的范围内。

上述两条指令是 MCS-51 指令系统专设用于访问程序存储区中的数据表格的指令,因此称查表指令。表的基址存放在 DPTR 或 PC 中,表的大小(长度,以字节个数度量)放在变址寄存器(累加器)A 中。由于变址寄存器 A 是 8 位寄存器(8 位无符号数表示),因此表的大小(长度)受限为 256B。

【例 3-3】 查表求 0～9 的平方值。

```
        ORG    1000H
START:  MOV    DPTR,#2000H
        MOV    A,#NUMB            ;NUMB=0～9
        MOVC   A,@ A+DPTR
        SJMP   $
2000H:  DB     0,1,4,9,16,25,36,49,64,81
```

【例 3-4】 查表将累加器 A 中的 0～9 的二进制数转换成 ASCII 码。

```
        ORG    2000H
START:  MOV    A,#NUMB            ;NUMB=0～9
        ADD    A,#02H             ;修正地址
        MOVC   A,@ A+PC
        SJMP   $
TAB:    DB     '0','1','2','3','4','5','6','7','8','9'
```

4. 堆栈操作指令

MCS-51 单片机中设置了软件堆栈区,在片内 RAM 的低端(00H～7FH)。MCS-51 单片机堆栈的组织方式是:栈底在地址小的单元,栈顶向着地址大的单元方向发展,且单字节操作;栈顶单元地址存放在栈顶指针寄存器 SP 中。因此,对堆栈的操作(入栈/出栈)实际上是对 SP 寄存器的间址操作,通过 SP 的间址进行读/写操作。因为系统中 SP 是唯一的,仅用于标识栈顶单元的地址,所以在指令中把通过 SP 的间址寻址的操作数项隐含了,只给出直接寻址的操作数项。单片机上电或重新复位后,SP 中的内容为 07H。

```
PUSH    direct    ;SP←SP+1,(SP)←(direct)
POP     direct    ;(direct)←(SP),SP←SP-1
```

上述第一条指令实现的是入栈操作,分两步进行。(1)先修改栈顶单元的地址 SP←SP+1,使得栈顶单元地址指针 SP 指向新空单元;(2)将源操作数压入栈顶空单元(SP)←(direct)。第二条指令实现的操作与第一条指令方向相反。出栈操作也分两步进行:(1)先将栈顶单元的内容弹出到目的操作数中(direct)←(SP);(2)修改栈顶单元地址 SP←SP-1,使 SP 指向新栈顶单元。

【例 3-5】 利用堆栈传送参数,其中:(10H)=01H,(20H)=02H

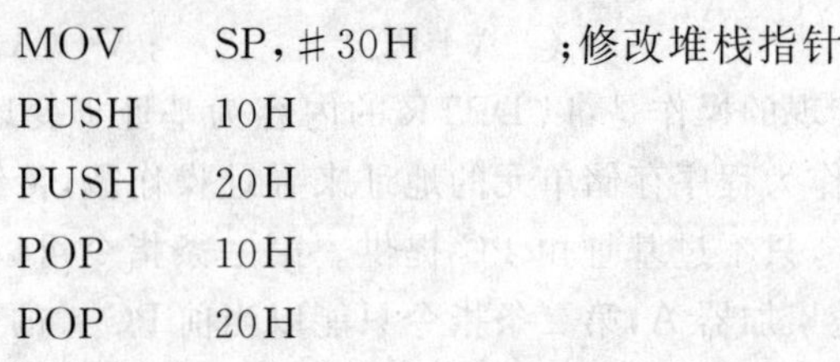

```
MOV     SP,#30H        ;修改堆栈指针
PUSH    10H
PUSH    20H
POP     10H
POP     20H
```

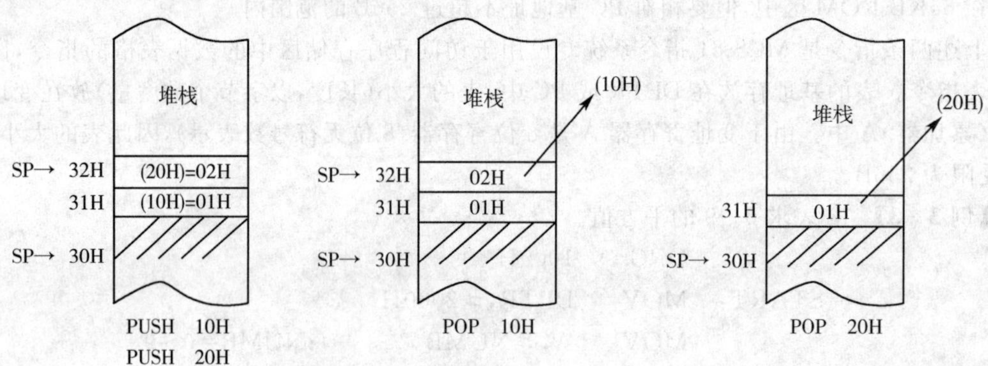

图 3-6 堆栈传送参数示意图

程序执行完毕:(10H)=02H,(20H)=01H,实现了利用堆栈将 10H 单元和 20H 单元互换存储数据。

5. 交换指令

上述指令中的数据传送方向都是将源操作数传送到目的操作数中,在指令执行的过程中源操作数不变,但目的操作数被源操作数取代了。

在交换类指令中,数据传送是双向的,指令执行过程中两个操作数互传对方,并保持操作数不变(两操作数均未被冲掉或丢失),只是互换了位置。

$$\text{XCH A,}\begin{cases}\text{direct} & ;\text{A}\Leftrightarrow(\text{direct})\\ \text{Rn} & ;\text{A}\Leftrightarrow\text{Rn}\\ @\text{Ri} & ;\text{A}\Leftrightarrow(\text{Ri})\end{cases}$$

XCHD A, @Ri ;$A_{3\sim0}\Leftrightarrow(Ri)_{3\sim0}$

SWAP A ;$A_{7\sim4}\Leftrightarrow A_{3\sim0}$

上述一组指令,前三条指令是字节交换类指令,其源操作数与累加器 A 中的数进行字节型交换,源操作数有三种寻址方式:直接寻址、寄存器寻址、寄存器间接寻址,说明累加器 A 中的内容可以与片内 RAM 区中任意一个单元内容作字节型交换。

后两条指令实现的是低半字节数的互换。第 4 条指令实现的是累加器 A 与片内 RAM 256B(00H~0FFH)中任一字节的数据进行低半字节互换,且各自的高半字节内容不变;第 5

条指令实现的是累加器 A 中的数据自身高/低半字节互换。

【例 3-6】 已知片外 RAM 10H 中有一数 NUMB1，内部 RAM 30H 中有一数 NUMB2，试编程互换之。

```
MOV     R0,#10H
MOVX    A,@R0       ;A←(10H),A = NUMB1
XCH     A,30H       ;(30H)⇔A,A = (30H) = NUMB2
                    ;(30H) = NUMB1
MOVX    @R0,A       ;(10H)←A,(10H) = NUMB2
```

程序执行后，片外 RAM(10H)=NUMB2，片内 RAM(30H)=NUMB1。

【例 3-7】 将片内 RAM　20H，21H 单元中的两个以 ASCII 码表示的十进制数(31H，32H)，转换成 BCD 码并压缩存放在累加器 A 中；20H 的十进制数存放在 A 高 4 位，21H 的十进制数存放在 A 低 4 位。

```
MOV     A,#00H
MOV     R0,#20H
MOV     R1,#21H
XCHD    A,@ R0      ;A = 0 1H,(20H) = 30H
SWAP    A           ;A=10H
XCHD    A,@R1       ;A = 12H,(21H) = 30H
```

程序执行后，A = 12H。

3.4.2 算术运算类指令

算术运算类指令有 24 条，可实现加、减、增 1、减 1、乘、除及十进制调整的操作。对 8 位无符号数，可直接进行运算；也可对压缩的 BCD 码进行运算，但结果要进行十进制调整的操作；对有符号数及多精度数的运算要编程实现之。

算术运算类指令对标志位的影响是：加法/减法指令执行后，其结果影响 Cy、AC、OV；乘法/除法指令执行后，Cy=0，OV 受影响；若对累加器 A 进行操作，则影响奇偶校验标志 P；±1 指令的运算不影响标志位。

算术运算类指令使用的助记符有：ADD、ADDC、INC、SUBB、DEC、DA、MUL、DIV。

表 3-2　影响标志位的指令

助记符格式	相应操作	影响的标志位
ADD　A,Rn	A←A+Rn	Cy,OV,AC,P
ADD　A,direct	A←A+(direct)	Cy,OV,AC,P
ADD　A,@Ri	A←A+(Ri)	Cy,OV,AC,P
ADD　A,#data	A←A+data	Cy,OV,AC,P
ADDC　A,Rn	A←A+Rn+Cy	Cy,OV,AC,P
ADDC　A,direct	A←A+(direct)+Cy	Cy,OV,AC,P
ADDC　A,@Ri	A←A+(Ri)+Cy	Cy,OV,AC,P

（续表）

助记符格式	相应操作	影响的标志位
ADDC A,#data	A←A+data+Cy	Cy,OV,AC,P
SUBB A,Rn	A←A−Rn−Cy	Cy,OV,AC,P
SUBB A,direct	A←A−(direct)−Cy	Cy,OV,AC,P
SUBB A,@Ri	A←A−(Ri)−Cy	Cy,OV,AC,P
SUBB A,#data	A←A−data−Cy	Cy,OV,AC,P
DA A	BCD码加法调整指令	Cy,OV,AC,P
INC A	A←A+1	P
DEC A	A←A−1	P
MUL A B	BA←A×B	Cy≡0,OV,P
DIV A B	A←A/B的商;B←A/B的余数	Cy≡0,OV,P

1. 加法指令

(1)不带Cy位加法指令

```
           ⎧ Rn       ;A←A+Rn
ADD  A,    ⎨ @ Ri     ;A←A+(Ri)
           ⎪ direct   ;A←A+(direct)
           ⎩ #data    ;A←A+data
```

这4条指令的功能是把A中的数与右边的源操作数相加，结果保存在累加器A中。在加法运算中，若位3或位7有进位，则将辅助进位标志AC或进位标志Cy置位，否则清“0”。

说明：

①参与运算的两操作数是8位，和也是8位数。

②参与运算的两操作数既可以看作无符号数，也可以看作有符号数，其结果是否正确要根据标志进行判断。若视作无符号数运算，则判Cy，当Cy = 0时，结果正确；当Cy=1时，结果超出8位数范围(0～255)，不正确。若视作有符号数运算，则判OV，溢出表达式$OV=D_{6Cy}\oplus D_{7Cy}$；D_{6Cy}，D_{7Cy}为位6向位7和位7向位Cy的进位。当OV=0时，结果正确；当OV=1时，结果超出8位有符号数表示的范围(−128～+127)，不正确。

③两操作数无论视为无符号数还是有符号数，计算机运算时，对Cy、AC和OV都产生影响。

【例3-8】 设A=4CH，R1=0C5H，执行不带进位加法指令ADD A,R1，计算机操作如下：

```
    0 1 0 0 1 1 0 0
  + 1 1 0 0 0 1 0 1
  -----------------
  1 0 0 0 1 0 0 0 1
```

若把两个数看作无符号数，则结果为111H，AC=1，Cy=1，有溢出，结果不能用(不考虑OV)；若看作有符号数，则结果为11H，且$OV=D_{6Cy}\oplus D_{7Cy}=1\oplus 1=0$，没有溢出，结果是正确的。

(2)带 Cy 的加法指令(ADDC)

```
             ┌ Rn        ;A←A+Rn+Cy
ADDC  A,     │ @Ri       ;A←A+(Ri)+Cy
             │ direct    ;A←A+(direct)+Cy
             └ #data     ;A←A+data+Cy
```

这 4 条指令的功能是把 A 中的数与右边的源操作数及进位标志 Cy 相加,结果保存在累加器 A 中。该组指令一般用于多字节数的加法运算。

说明:

①上述指令中与之相加的 Cy 是指令执行之前的 Cy 值;

②指令执行后对 Cy、AC、OV、P 产生的影响同 ADD 指令;

③ADDC 指令与 ADD 指令联合可实现多字节(多精度)的加法操作。

【例 3-9】 设 A=54H,Cy=1,执行 ADDC　A,#67H,计算机操作如下:

```
   0 1 0 1 0 1 0 0
 + 0 1 1 0 0 1 1 1
 -----------------
   1 0 1 1 1 0 1 1
 +              Cy
 -----------------
   1 0 1 1 1 1 0 0
```

若把两个数看作无符号数,则结果为 0BCH,AC=0,Cy=0,无溢出,结果可用;若看作有符号数,则 $OV=D_{6Cy}\oplus D_{7Cy}=1\oplus 0=1$,表示结果溢出。

(3)加 1 指令(INC)

```
      ┌ A         ;A←A+1
      │ Rn        ;Rn←Rn+1
INC   │ @Ri       ;(Ri)←(Ri)+1
      │ direct    ;(direct)←(direct)+1
      └ DPTR      ;DPTR←DPTR+1
```

上述指令的功能是:自身增 1。

说明:

①加 1 指令不对 Cy、AC、OV 标志产生影响。

②若对累加器 A 增 1 操作时,将影响 P 标志。

③最后一条指令是 MCS-51 指令系统中唯一一条对 16 位数的运算指令。若 DPL+1 产生溢出会使 DPH+1 操作,但不影响 Cy。

【例 3-10】 R1 = 77H,执行 INC　R1 后,R1 = 78H。

2. 减法指令

共 8 条,由带 Cy 减法和减 1 指令组成,其操作符为 SUBB、DEC。

(1)带 Cy 位减法指令(SUBB)

```
             ┌ Rn        ;A←A-Rn-Cy
SUBB  A,     │ @Ri       ;A←A-(Ri)-Cy
             │ direct    ;A←A-(direct)-Cy
             └ #data     ;A←A-data-Cy
```

这几条指令的功能是把 A 减去源操作数及进位标志 Cy,差存在 A 中。

说明：

①两操作数无论是无符号数还是有符号数，单片机将对其进行补码加法运算实现减操作。

②减操作对 PSW 中 Cy,AC,OV,P 产生影响。若最高位在减法操作时有借位，则 Cy＝1，否则 Cy ＝ 0；若低 4 位向高 4 位有借位，则 AC＝1，否则 AC＝0；若最高位有借位而次高位无借位或最高位无借位而次高位有借位时，OV＝1，否则 OV＝0；若对累加器 A 操作，则影响 P 标志。

③MCS-51 指令系统中无不带 Cy 的减法指令，若进行不带 Cy 的减法操作时，可先令 Cy＝0，再使用 SUBB 指令实现之。

【例 3－11】 设 A＝40H，(50H)＝54H，Cy＝0，计算 A－(50H)。

```
CLR    C        ;Cy←0
SUBB   A,50H    ;A←A－(50H)－0,A＝(－14H)补＝0ECH
```

(2)减 1 指令(DEC)

```
     ⎧ A        ;A←A－1
DEC  ⎨ Rn       ;Rn←Rn－1
     ⎪ @Ri      ;(Ri)←(Ri)－1
     ⎩ direct   ;(direct)←(direct)－1
```

上述指令实现自身减 1 功能。

说明：减 1 指令不影响 PSW 中标志，若累加器 A 自身减 1 则影响 P 标志。

3. 十进制调整指令(DA A)

```
DA  A  ;若 AC＝1 或(A3～A0)＞9，则 A←A＋06H，低半字节调整
       ;若 Cy＝1 或(A7～A4)＞9，则 A←A＋60H，高半字节调整
```

说明：

(1)十进制调整指令只影响 Cy。

(2)计算机中所有的算术运算都是二进制运算，没有专门的 BCD 码运算。若要对 BCD 码进行加运算，则先要进行二进制加运算，紧接着对二进制的和进行十进制调整才能完成。

【例 3－12】 设 A＝59H，R1＝18H，计算 BCD 加法：A＋R1。

```
ADD    A,R1    ;A←A＋R1
DA     A       ;对 A 中的结果进行十进制调整
```

操作过程如下：

```
  0 1 0 1 1 0 0 1
＋0 0 0 1 1 0 0 0
─────────────────
  0 1 1 1 0 0 0 1      ∵AC＝1      ∴结果要＋06H 进行调整。

＋0 0 0 0 0 1 1 0  (＋06H)
─────────────────
  0 1 1 1 0 1 1 1      经过修正后，结果为 77H。A＝77H，Cy＝0，OV＝0。
```

(3) BCD 码减法运算的实现可以通过对二进制减法结果进行减 6 调整来实现。但 MCS-51 指令系统中没有十进制减法调整指令。若要实现 BCD 码减法可采用 BCD 补码运算来实现，将 BCD 码的被减数、减数以补数形式表示(十进制的)，然后相加，并对和进行十进制调整，具体实现步骤：

$$\text{BCD1}-\text{BCD2}\rightarrow\text{BCD1}+(-\text{BCD2})_{\text{补数}}$$

①求BCD码减数的补数，即9AH－BCD码减数。由于MCS-51单片机是8位的，不可能用9位二进制数表示三位BCD码100_{BCD}，但可用8位二进制数9AH代替，因为9AH经十进制调整后是10000，0000。

②BCD1－BCD2→BCD1＋$(-BCD2)_{补数}$

③将第2步中的和进行十进制调整，即可得到BCD1－BCD2的运算结果。

【例3-13】 设A＝78H，R1＝56H，求BCD码减法：A－R1；先求－R1的BCD码补数，即9AH－56H＝44H，再求加法A＋$(-R1)_{补数}$；操作过程如下：

```
   0 1 1 1 1 0 0 0(78H)
 + 0 1 0 0 0 1 0 0(44H)
 ----------------------
   1 0 1 1 1 1 0 0(BCH)
 + 0 1 1 0 0 1 1 0(66H)
 ----------------------
 1 0 0 1 0 0 0 1 0(122H)
```

得到的结果为：78H－56H＝22H

4. 乘法、除法指令(MUL、DIV)

MCS-51指令系统中的乘/除法指令均为单字节、4周期指令。指令系统中除了乘法、除法指令外，其余指令执行时间均为1～2机器周期。

乘法、除法指令影响Cy、OV、P标志。指令执行后，Cy≡0；若OV＝1，则表示乘积有溢出(＞255)或除数为0；因为累加器A参与操作，所以影响P标志。

(1)乘法指令(MUL)

MUL　AB　;BA←A×B, B←$(A\times B)_{15\sim8}$，A←$(A\times B)_{7\sim0}$

上述指令的功能是实现两个8位无符号数相乘。

说明：①若积＞255，则OV＝1，否则OV＝0，Cy≡0

②积的高8位送B寄存器，积的低8位送累加器A。

【例3-14】 A＝12H，B＝52H，计算A×B。

```
        0 0 0 1 0 0 1 0
  ×     0 1 0 1 0 0 1 0
  ---------------------
  1 0 1 1 1 0 0 0 1 0 0
```

计算结果为B＝05H，A＝0C4H，OV＝1，Cy＝0。

【例3-15】 利用MUL指令实现双字节乘操作：4054H×2005H，其中R1 ＝ 40H，R0 ＝ 54H，R3 ＝ 20H，R2 ＝ 05H，结果由低到高存放在R4～R7中。

解：程序实现的算法。

		R1	R0
		× R3	R2
		$R0R2_H$	$R0R2_L$
	$R1R2_H$	$R1R2_L$	
	$R0R3_H$	$R0R3_L$	
$R1R3_H$	$R1R3_L$		
$R1R3_H$	$(R1R3_L+R0R3_H+R1R2_H)$	$(R0R3_L+R1R2_L+R0R2_H)$	$R0R2_L$
(R7)	(R6)	(R5)	(R4)

编制程序：

```
        ORG     1000H
        MOV     R4,＃00H
```

```
MOV    R5,#00H
MOV    R6,#00H
MOV    R7,#00H
MOV    A,R0
MOV    B,R2
MUL    AB              ;R0×R2 = 54H×05H
                       ;A←(R0×R2)L,积的低 8 位存入累加器 A
                       ;B←(R0×R2)H,积的高 8 位存入寄存器 B
MOV    R4,A            ;R4←(R0×R2)L
MOV    R5,B            ;R5←(R0×R2)H
MOV    A,R1
MOV    B,R2
MUL    AB              ;R1×R2 = 40H×05H
                       ;A←(R1×R2)L, B←(R1×R2)H
ADD    A,R5            ;A←(R1×R2)L+(R0×R2)H
MOV    R5,A            ;R5←(R1×R2)L+(R0×R2)H
MOV    A,B
ADDC   A,R6            ;A←(R1×R2)H+Cy
MOV    R6,A            ;R6←(R1×R2)H+Cy
MOV    A,#00H
ADDC   A,R7
MOV    R7,A
MOV    A,R0
MOV    B,R3
MUL    AB              ;R0×R3 = 20H×54H
                       ;A←(R0×R3)L, B←(R0×R3)H
ADD    A,R5            ;A←(R0×R3)L+(R1×R2)L+(R0×R2)H
MOV    R5,A            ;R5←(R0×R3)L+(R1×R2)L+(R0×R2)H
MOV    A,B             ;A←(R0×R3)H
ADDC   A,R6            ;A←(R0×R3)H+(R1×R2)H+Cy
MOV    R6,A            ;R6←(R0×R3)H+(R1×R2)H+Cy
MOV    A,#00H
ADDC   A,R7
MOV    R7,A
MOV    A,R1
MOV    B,R3
MUL    AB              ;R1×R3 = 40H×20H
                       ;A←(R1×R3)L,B←(R1×R3)H
ADD    A,R6            ;A←(R1×R3)L+(R0×R3)H+(R1×R2)H
```

```
MOV     R6,A        ;R6←(R1×R3)L+(R0×R3)H+(R1×R2)H
MOV     A,B         ;A←(R1×R3)H
ADDC    A,R7        ;A←(R1×R3)H+Cy
MOV     R7,A        ;R7←(R1×R3)H+Cy
```

(2)除法指令(DIV)

```
DIV  AB    ;A←A/B 的商,B←A/B 的余数
           ;Cy=0
```

上述指令的功能是实现两个 8 位无符号数相除。

说明：

①商送累加器 A,余数送 B 寄存器。

②当除数为 0 时(即 B=0),则 OV=1,除法溢出,否则 OV=0,Cy=0。

【例 3-16】 利用 DIV 指令将工作寄存器 R7 单元的 8 位二进制数转换为 3 位 BCD 码。

解:因为 R7 中的 8 位二进制数最大值:255,所以转换的 BCD 码是 3 位的 BCD 码数。转换的算法:用除法运算先对 R7 的内容除 100(64H),得的商为百位的 BCD 码,再对余数除 10(0AH),其商为十位的 BCD 码,而余数为个位的 BCD 码。百位的 BCD 码数送 R6,十位及个位的 BCD 码数送 R7。

```
MOV     B,#64H      ; B←除数 100
MOV     A,R7        ; A←被除数
DIV     AB          ;A÷B,A←商(百位数 BCD 码),B←余数
MOV     R6,A        ;R6←将百位数 BCD 码
MOV     A,B         ;A←余数作被除数
MOV     B,#0AH      ;B←除数 10
DIV     AB          ;A÷B,A←商(十位数 BCD 码),
                    ;B←余数(个位 BCD 码)
SWAP    A           ;十位 BCD 码调整到 A 中高 4 位
ADD     A,B         ;A 中压缩成 2 位 BCD 码
MOV     R7,A        ; R7←十位、个位 BCD 码
```

3.4.3　逻辑运算及移位类指令

逻辑运算类指令共 20 条,可对两个 8 位二进制数实现与、或、非和异或等的逻辑运算。其中与、或、异或运算是将两个操作数对齐,按“位”操作的。这类指令除了以累加器 A 为目标寄存器外(影响 P 标志),其余指令不会影响 PSW 中标志,指令的操作符是 ANL、ORL、XRL、CPL、CLR。

移位指令有 4 条,均对累加器 A 中的操作数进行移位,可实现带 Cy 和不带 Cy 的左/右环移。操作符为 RL、RR、RLC、RRC。其中除 RLC、RRC 两指令对 Cy 和 P 有影响外,其余指令对 PSW 无影响。

1. 逻辑运算类指令(20 条)

(1)逻辑与指令(ANL)

逻辑与指令也称逻辑乘指令,共 6 条:

```
         ┌     ┌ #data        ;A←A∧data
         │     │ direct       ;A←A∧(direct)
         │ A,  ┤ Rn           ;A←A∧Rn
ANL     ┤     └ @Ri          ;A←A∧(Ri)
         │            ┌ #data     ;(direct)←(direct)∧data
         └ direct,   ┤
                      └ A         ;(direct)←(direct)∧A
```

上述指令可实现两个8位二进制数的按"位"与操作，前4条指令是以累加器A为目的操作数，后2条指令是以direct为目的操作数。

说明：逻辑与指令能够完成将某一单元数的某几位变"0"，而其余位不变的操作。

【例3-17】 设A=26H，执行ANL A，#0A5H，操作过程如下：

```
  0 0 1 0 0 1 1 0
∧ 1 0 1 0 0 1 0 1
-----------------
  0 0 1 0 0 1 0 0      结果为：A=24H，P=0
```

(2)逻辑或指令(ORL)

逻辑或指令也称逻辑加指令，共6条：

```
         ┌     ┌ #data        ;A←A∨data
         │     │ direct       ;A←A∨(direct)
         │ A,  ┤ Rn           ;A←A∨Rn
ORL     ┤     └ @Ri          ;A←A∨(Ri)
         │            ┌ #data     ;(direct)←(direct)∨data
         └ direct,   ┤
                      └ A         ;(direct)←(direct)∨A
```

上述指令可实现两个8位二进制数的按"位"或的操作，其操作类似逻辑与指令。

说明：逻辑或指令能够完成将某一单元中数的某些位变"1"，其余位不变的操作。

【例3-18】 设A=8AH，(40H)=56H，执行指令：ORL A，40H，操作过程如下：

```
  1 0 0 0 1 0 1 0
∨ 0 1 0 1 0 1 1 0
-----------------
  1 1 0 1 1 1 1 0      结果为：A=0DEH，(40H)=56H，P=0
```

(3)逻辑异或指令(XRL)

逻辑异或指令共6条：

```
         ┌     ┌ #data        ;A←A⊕data
         │     │ direct       ;A←A⊕(direct)
         │ A,  ┤ Rn           ;A←A⊕Rn
XRL     ┤     └ @Ri          ;A←A⊕(Ri)
         │            ┌ #data     ;(direct)←(direct)⊕data
         └ direct,   ┤
                      └ A         ;(direct)←(direct)⊕A
```

上述指令功能类似前两类逻辑指令，可实现对两个8位二进制数的按"位"异或操作。

说明：逻辑异或指令能够完成对某一单元的数中几位变反，其余位不变的操作。

【例3-19】 设A=95H，R0=56H，执行指令：XRL A，R0，操作过程如下：

```
  1 0 0 1 0 1 0 1
⊕ 0 1 0 1 0 1 1 0
-----------------
  1 1 0 0 0 0 1 1      ;结果为：A=0E3H，R0=56H，P=0
```

(4)累加器清 0/取反指令

```
        CLR     A           ;A←0
        CPL     A           ;A←按"位"取反 A
```

这两条指令都是单字节、单周期指令。第一条指令是 8 位整体操作;第二条指令是按"位"取反操作。

说明:

①虽然数据传送指令或逻辑异或指令能使累加器清"0",但指令占据 2B 的存储区;

② CPL　A　常用于对某一单元中有符号数的求补操作。

【例 3-20】 设 A=5AH,执行指令　CPL　A　　结果为:A=0A5H

2. 移位类指令(4 条)

移位类指令都是对累加器 A 中的数环移。

(1)不带 Cy 的自身环移(见图 3-7)

上述指令执行后不影响 PSW 的标志。

(2)带 Cy 的大环移(见图 3-8)

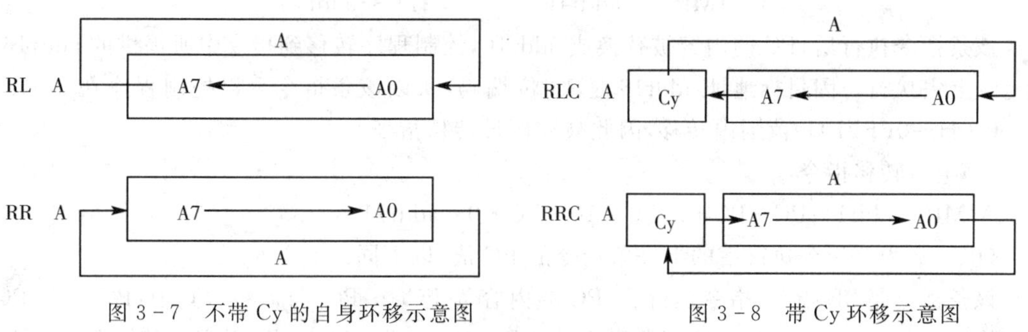

图 3-7　不带 Cy 的自身环移示意图　　　　图 3-8　带 Cy 环移示意图

上述指令执行后,影响 Cy、P 标志。

【例 3-21】 将双字节数扩大一倍(将 16 位数依次左移 1 位,最低位补零)。16 位数低 B_L 地址在 R0 中,扩大后的 16 位数低 B_L 地址在 R1 中。

```
    CLR     C           ;Cy←0
    MOV     A,@R0       ;A←B_L,待扩 16 位数低字节
    RLC     A           ;左环移,将 B_L 的最高位移到 Cy_L 中
    MOV     @R1,A       ;将扩大后的低字节 B_L 放入@R1 中
    INC     R0
    INC     R1          ;修正地址,指向高 B_H
    MOV     A,@R0       ;A←B_H,待扩 16 位数高字节
    RLC     A           ;扩大高字节,将 Cy_L 移入 B_H 最低位
                        ;B_H 的最高位移到 Cy_H 中
    MOV     @R1,A       ;将扩大后的高字节 B_H 放入@R1 中
    SJMP    $
```

上述程序段完成:

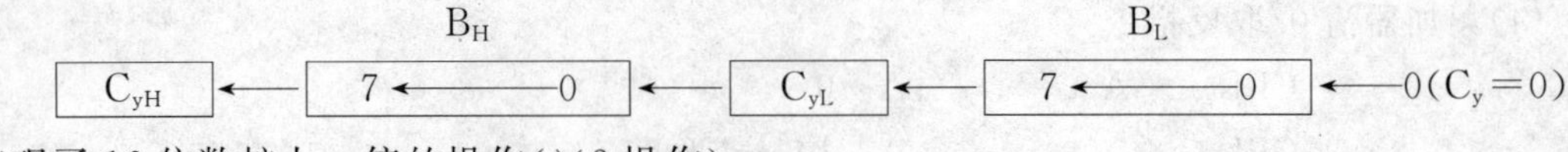

实现了16位数扩大一倍的操作(×2操作)。

3.4.4 控制转移类指令

控制转移类指令其功能是实现对程序流程的控制，通过修改程序计数器PC中的地址实现改变程序顺序执行的方式。控制转移类指令共17条，有无条件转移、条件转移、子程序调用及返回和空操作指令。这类指令可控制程序实现64KB程序存储空间的长调用、长转移、2KB范围内的区域调用、区域转移；有64KB全空间的长相对转移，也有256B范围内的短相对转移。控制转移类指令的助记符有：LJMP、AJMP、JMP、SJMP、LCALL、ACALL、JZ、JNZ、CJNE、DJNZ、RET、RETI。

1. 无条件转移指令

这类指令实现的操作是将程序无条件地转移到指令所提供的目的地址上去。

(1)长转移指令

LJMP　　addr16　　　　;PC←addr16

该条指令执行后，PC的内容被替换成addr16，控制程序转移到指令中所提供的addr16目的地址上去执行。因目标地址addr16是16位编码，所以该条指令可以控制程序在64KB空间(0000H～0FFFFH)范围内转移，因此被称作长转移指令。

(2)绝对转移指令

AJMP　addr11;PC←PC+2,PC·10～PC·0←addr11

(PC+2为该指令执行后的下一条指令的PC值，以下同)

该条指令是2B指令，指令执行后，PC的内容为PC_{15}～PC_{11} a_{10}～a_0，其中：PC.10～PC.0被替换成a·10～a·0(addr11)，PC高5位PC·15～PC·11不变，程序转移的目的地址与AJMP addr11指令的下一条指令的第一个字节在同一2KB区域内。其中：a·10～a·0是一个无符号数，因此转移指令可以在2KB范围内向前/后转移，如图3-9所示。

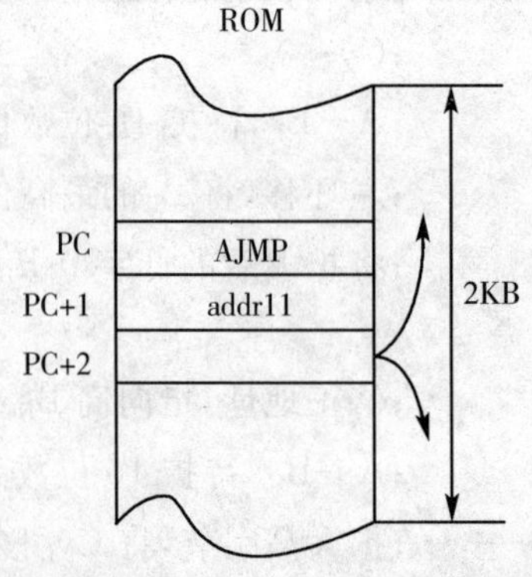

图3-9　AJMP addr11指令转移范围

【例3-22】 若AJMP　addr11指令的地址PC=2500H，addr11= 0FFH

执行指令：2500H：AJMP　0FFH　　;PC←PC+2 = 2502H

;PC.10～PC.0 = 0FFH

;PC • 15～PC • 11 = 00100

结果:目标地址为 PC = 20FFH,程序向前转移至 20FFH 处执行指令。

又如:

【例 3-23】 若 AJMP　addr11 指令的地址 PC=2FFEH

```
执行指令        2FFEH:AJMP   0FFH       ;PC←PC+2 = 3000H
                                        ;PC • 10～PC • 0 = 0FFH
                                        ;PC • 15～PC • 11 = 00110
```

结果:目标地址为 PC = 30FFH,程序相后转移至 30FFH 处执行指令。

若将 MCS-51 单片机 64KB 程序区分成 32 页(每页 2KB),则 PC_{15}～PC_{11}(00000～11111)称为页面地址(即:0 页号～31 页号),a_{10}～a_0称为页内地址。

(3)短转移指令(-128B～+127B 范围内)

```
SJMP   rel       ;PC←(PC+2)+rel
                 ;(PC+2)值为该条指令执行后的下一条指令地址(以下同)
```

该条指令为 2B 指令,第 1 个字节为操作码(80H),第 2 个字节是偏移量 rel,rel 是 8 位有符号数,范围:-128～+127,即实现以本条 SJMP 指令的下一条指令为起点,向前(地址减小)转移 128 字节,向后(地址增大)转移 127 个字节。rel 是 8 位符号数,用补码表示。

在 MCS-51 指令系统中没有停机指令,若想实现此功能,程序可写成 Here:SJMP　Here,其指令的代码是 80FE,其中:80 是 SJMP　rel 指令的操作码,FE 是(-2)的补码,该指令可实现原地踏步的功能,以代替停机指令。

【例 3-24】 请根据如下程序的执行情况,计算出 rel = ?

```
                      ORG 2000H
        2000H:START:MOV      SP,#30H
                    MOV      A,#00H
          •                  •
          •                  •
          •                  •
          •                  •
          •                  •
          •                  •
        2020H:80 rel    SJMP    START   ;rel = 0DEH
                                •
                                •
                                •
                                •
                                •
                                •
                      END
```

rel 是从 SJMP　START 指令下一条指令 2022H 处转向 START 地址 2000H 的偏移量,程序需向前转移 22H 字节,而$(-22H)_{补}$ = 0DEH,所以 rel = 0DEH。

(4)长相对转移指令((基址+变址)转移指令)

```
JMP   @A+DPTR          ;PC←A+DPTR
```

该指令代码只有 1 个字节,转移的目的地址(PC)=基址寄存器 DPTR 的内容+偏移量寄存器 A 中的内容,可实现程序的分支转移。通常将转移指令表的基址放在 DPTR 中,要执行的转移指令在转移指令表中的偏移量放在偏移量寄存器 A 中,该 JMP @A+DPTR 执行后,实现了程序的分支转移,因此,又称之为散转指令。

【例 3-25】 在累加器 A 中存放有待处理的键值编号 0~3,程序中有对这 4 个键值处理的程序段,编程实现根据键值 0~3,转相应程序段的操作。现将转移至 4 个键值程序段的入口地址的长转移指令组成一张散转表,表基址为 Table。

```
STAR:MOV   A,#NUMB          ;A←键值
     MOV   R7,A
     RL    A
     ADD   A,R7             ;A←A×3
     MOV   DPTR,#TABLE      ;DPTR←表基址
     JMP   @ A+DPTR         ;依据键值转相应程序处理
TABEL:LJMP KEY0             ;转入 0#键值程序
     LJMP  KEY1             ;转入 1#键值程序
     LJMP  KEY2             ;转入 2#键值程序
     LJMP  KEY3             ;转入 3#键值程序
```

无条件转移指令使用的说明:

①短转移指令 SJMP　rel 只能在 256B 范围内转移,绝对转移指令 AJMP　addr11 可在 2KB 范围内转移,长转移指令 LJMP　addr16 则可以在 64KB 程序存储空间转移。但在程序编制过程中,转移的范围往往较小,常使用短转移和绝对转移指令。由于采用短转移指令 SJMP　rel 编写程序可以生成浮动代码置于 64KB 的任何地方,只要该转移指令与它的目标地址之间的距离(字节数)不变,无论编程人员对其程序的起始地址怎样修改,均无需修改指令的代码。

②为了方便编程,使用转移类指令时,指令中的地址或偏移量均可使用标号地址(符号地址)代替,待源程序编完后,汇编工具软件可将标号地址译成二进制的目标地址。

③长转移 LJMP,绝对转移 AJMP 和短转移 SJMP 三条指令均可实现相对于下一条指令前后范围内转移,操作示意图如图 3-10 所示。

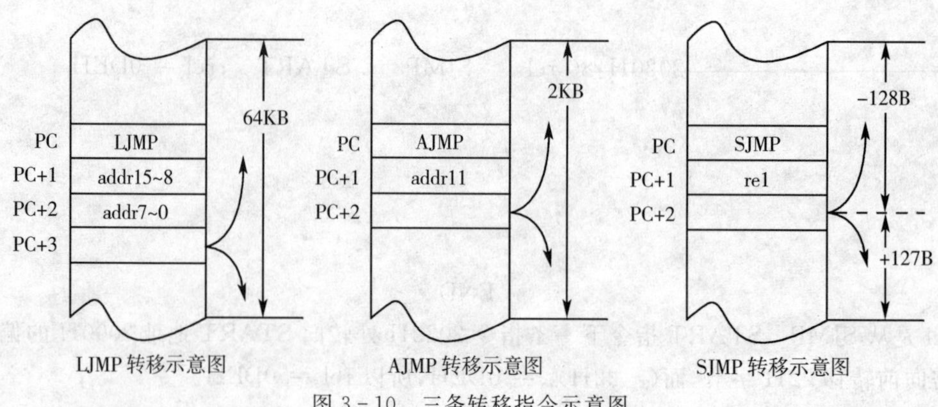

图 3-10　三条转移指令示意图

④长相对转移指令 JMP　@A+DPTR(基址+变址转移指令),偏移量寄存器 A 是 8 位无符号数,转移的范围是以基址寄存器 DPTR 中的内容为基点,向地址加大方向转移,但地址

加大的范围不能超出 256B，如图 3-11 所示。

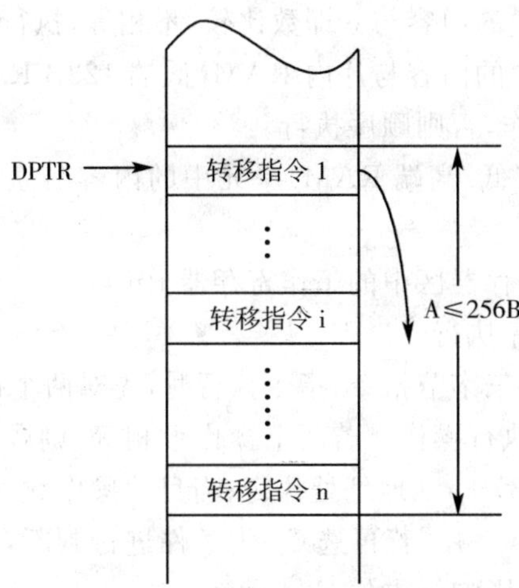

图 3-11　JMP　@A+DPTR 转移图

2. 条件转移指令

条件转移指令的转移操作是有条件的，当条件满足时，程序执行转移操作，当条件不满足时，程序顺序执行。在 MCS-51 指令系统中，条件转移类指令有 8 条，可分为：累加器判零条件转移指令、比较条件转移指令和减 1 条件转移指令。它们都是短相对转移指令，相对于下一条指令第 1 个字节向前（地址减少）－128B，向后（地址加大）＋127B 范围内转移，其目标地址可用标号地址代替；指令的执行不影响标志位。

(1) 累加器判零转移指令

```
JZ   rel      ;若(A) = 0,则 PC←(PC+2)+rel,转移操作
              ;若(A)≠0,则 PC←(PC+2),顺序执行
JNZ rel       ;若(A)≠0,则 PC←(PC+2)+rel,转移操作
              ;若(A) = 0,则 P C←(PC+2),顺序执行
```

【例 3-26】 查找 30H～4FH 区域中的数，将第一个零传至累加器中，并停止查找。编程实现之。

```
            ORG 2000H
START:      MOV   R7,#20H            ;R7←数据区长度
            MOV   R0,#30H            ;R0←数据区基址
LOOP:       MOV   A,@R0
            JZ  DOWN
            INC   R0
            DJNZ  R7,LOOP
DOWN:       SJMP     $
```

(2) 比较转移指令

```
        ⎧A, ⎧ #data,rel        ;若 A≠data        ⎫
        ⎪   ⎩ direct,rel       ;若 A≠(direct)    ⎪  PC←(PC+3)+rel,转移操作
CJNE    ⎨@Ri,#data,rel         ;(Ri)≠data        ⎬  否则 PC←(PC+3),顺序执行
        ⎩Rn,#data,rel          ;Rn≠data          ⎭
```

上述指令组中，实现的操作是：

第一条指令：累加器 A 中的内容与立即数比较，不相等，执行转移操作，否则顺序执行。

第二条指令：累加器 A 中的内容与片内 RAM（低端 128B RAM＋高端 SFR）单元中的内容比较，不相等，执行转移操作，否则顺序执行。

第三条指令：片内 RAM（低/高端 RAM）单元中的内容与立即数比较，不相等，执行转移操作，否则顺序执行。

第四条指令：当前工作寄存器区中的工作寄存器 Rn（n ＝ 0～7）的内容与立即数比较，不相等，执行转移操作，否则顺序执行。

说明：以上四条指令都是三字节指令，指令执行时，先对两个操作数作比较（作不送结果的无符号数减操作），依据结果执行操作。若两个操作数相等，则顺序执行；若两个操作数不等，则将程序转移到 PC＝（PC＋3）＋rel 地址处执行；当目的操作数＞源操作数时，清 Cy＝0；当目的操作数＜源操作数时，置 Cy＝1。若再选 Cy 为条件进行判断，可以判别出两个操作数的大小。因此，这 4 条指令操作后影响标志位 Cy。

【例 3－27】 上例中查找数据区第一个数值“0”，用比较转移指令实现之。

```
        ORG 2000H
START:  MOV   R7,#20H
        MOV   R0,#30H
LOOP:   MOV   A,@R0
        CJNE  A,#00H,NEXT
        SJMP  DOWN
NEXT:   INC   R0
        DJNZ  R7,LOOP
DOWN:   SJMP  $
```

(3)减 1 条件转移指令

```
    DJNZ   direct,rel   ;(direct)←(direct)－1
                        ;若(direct)≠0,则 PC←(PC＋3)＋rel,转移操作
                        ;若 (direct)＝0,则 PC←(PC＋3),顺序执行
    DJNZ   Rn,rel       ;Rn←Rn－1
                        ;若 Rn≠0,则 PC←(PC＋3)＋rel,转移操作
                        ;若 Rn＝0,则 PC←(PC＋3),顺序执行
```

上述两条指令可实现操作数自身减 1 并送回，判其结果为零否？若为零，则程序顺序执行；若不为零，则执行转移操作，转移是短相对寻址，由 rel 给出。rel 是 8 位有符号数，其取值范围为－128B～＋127B；减 1 条件转移指令是相对于下一条指令向前（地址减小）－128B、向后（地址加大）＋127B 范围内转移。这两条指令对于构成循环程序是十分有用的。

3. 子程序调用及返回指令

编写程序时，有一些功能程序段常常被反复使用，为了减少书写和调试的工作量，减少程序占用的存储空间，将这种程序段定义为子程序。需要时，主程序通过调用指令调用子程序段；子程序段执行结束时，通过末尾的返回指令自动返回到主程序调用指令的下一条指令，顺序执行主程序。

(1)长调用指令

LCALL　addr16　　;PC←(PC+3)

;SP←SP+1,(SP)←PC_7～PC_0

;SP←SP+1,(SP)←PC_{15}～PC_8

;PC←addr16(子程序入口地址)

上述指令是无条件长调用(子程序)指令,3 字节。由于指令码中 addr16 是 16 位地址码,故长调用指令是一种 64KB 范围内的调用指令。可实现将主程序转移到指令中所提供的 addr16 目的地址上去执行程序,此 addr16 目的地址是子程序入口地址(第一条指令的第一个字节地址)。指令的执行分两步:首先将 LCALL　addr11 指令的下一条指令地址 PC←(PC+3),压栈保护(SP←SP+1,(SP)←PC_7～PC_0;SP←SP+1,(SP)←PC_{15}～PC_8);其次将调用指令中提供的子程序入口地址 addr16 装入 PC 中(PC←addr16),在下一取指周期到来时,程序成功转到子程序入口处执行。执行该指令不影响标志位。LCALL　addr16 操作如图 3-12 所示。

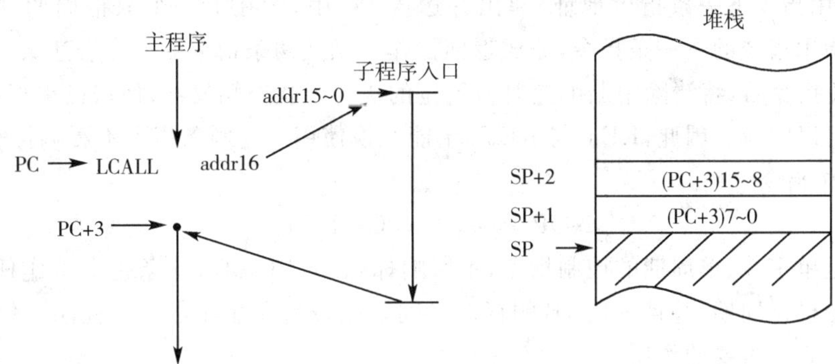

图 3-12　LCALL　addr16 执行示意图

(2)绝对(短)调用指令

ACALL　addr11　　;PC←PC+2

;SP←SP+1,(SP)←PC_7～PC_0

;SP←SP+1,(SP)←PC_{15}～PC_8

;PC_{10}～PC_0←addr11

上述指令是 2B 的调用指令,由于指令中所提供的地址码 addr11 是 11 位编码,故子程序入口地址(addr11)必须与绝对调用指令 ACALL　addr11 的下一条指令的第一个字节同属于 2KB 区域(同 AJMP　addr11 指令定义)。执行该指令,不影响标志位。

该指令的操作也分为两步,其执行的过程同 LCALL 指令,故不再重复,可参见图 3-13 所示。

(3)返回指令

RET　　;$PC_{15～8}$←(SP),SP←SP-1

;$PC_{7～0}$←(SP),SP←SP-1

RETI　　;$PC_{15～8}$←(SP),SP←SP-1

;$PC_{7～0}$←(SP),SP←SP-1

上述两条指令是子程序返回(主程序)指令,放在子程序末尾。其中第一条指令是一般子程序返回(主程序)指令,第二条指令是中断子程序返回(主程序)指令。

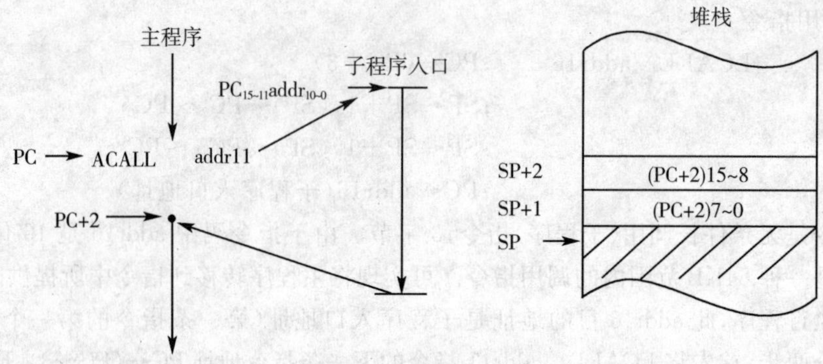

图 3-13　ACALL　addr11 执行示意图

上述两条指令实现的功能是引导 CPU 从子程序(中断子程序)末尾处返回到主程序调用指令的下一条指令处执行程序。实现的过程是:①将堆栈栈顶单元中所保存的主程序断点地址(主程序调用指令下一条指令地址)弹出并送入 PC 中;②在下一个取指周期到来时,CPU 执行主程序调用指令的下一条指令,完成返回操作。虽然两条指令的操作表达式完全一致,但在执行 RETI 指令后,将清除中断响应时所置位的优先级状态触发器,使得已申请的同级或低级中断申请可以响应。因此,RET 与 RETI 不能互换使用。这两条指令不影响标志。

4. 空操作指令

```
NOP        ;PC←PC+1
```

该指令是单字节、单周期的控制指令,不影响标志。CPU 执行这条指令不作任何操作,只是空消耗 1 个机器周期,并且占用 1B 的存储空间。此条指令往往在延时程序中使用,并且在软件抗干扰上起着重要的作用。

3.4.5　位操作指令

MCS-51 单片机的特色之一是:有一个位处理机,配套了 17 条处理位变量的指令,可实现位变量的传送、位变量的逻辑运算及控制程序转移等操作。位处理机的累加器是 Cy(进位标志),位操作指令操作的对象是片内 RAM 区的位寻址区,即 20H～2FH 和 SFR 中 11 个可寻址的寄存器(地址可被 8 整除)。位操作类指令的助记符有:MOV、CLR、SETB、ANL、ORL、CPL、JC、JNC、JB、JNB、JBC。

1. 位传送指令

```
MOV  C,bit  ;Cy←(bit)
MOV  bit,C  ;(bit)←Cy
```

上述第一条指令实现的操作是将位寻址的操作数送到 PSW 中的进位位标志 Cy;第二条指令功能是反向传送。

2. 位清零和置位指令

```
CLR   C     ;Cy←0
CLR   bit   ;bit←0
SETB  C     ;Cy←1
SETB  bit   ;bit←1
```

上述指令中,前两条指令的功能是将 Cy 或寻址的位清“0”,后两条指令的功能是将 Cy 或寻址的位置“1”。

3．位运算指令

```
ANL    C,bit      ;Cy←Cy∧(bit)
ANL    C,/bit     ;Cy←Cy∧(/bit)
ORL    C,bit      ;Cy←Cy∨(bit)
ORL    C,/bit     ;Cy←Cy∨(/bit)
CPL    C          ;Cy←/Cy
CPL    bit        ;bit←(/bit)
```

上述指令实现的功能分三种：第 1、2 条指令实现的是逻辑“与”操作；第 3、4 条指令实现的是逻辑“或”操作；第 5、6 条指令实现的是逻辑“非”操作。需要注意的是第 2、4 两条指令是复合操作：先实现寻址位自身的“非”操作($\overline{bit}$)，再与 Cy 进行逻辑“与”或逻辑“或”操作，并将结果送 Cy。

4．位控制转移指令

(1)以 Cy 为条件的转移

```
JC     rel     ;若 Cy = 1,则 PC←(PC+2)+rel,转移操作
               ;否则 PC←(PC+2),顺序执行
JNC    rel     ;若 Cy = 0,则 PC←(PC+2)+rel,转移操作
               ;否则 PC←(PC+2),顺序执行
```

上述两条指令都是以 Cy 中的值来决定程序执行的流向，是相对转移指令，rel 中为 8 位有符号数，其转移范围为－128B ～＋127B，这两条指令常与 CJNE 指令连用，比较两数的大小。

(2)以位地址中的内容为条件的转移指令

```
JB     bit,rel    ;若(bit) =1,则 PC←(PC+3)+rel,转移操作
                  ;否则 PC←(PC+3),顺序执行
JNB    bit,rel    ;若(bit) =0,则 PC←(PC+3)+rel,转移操作
                  ;否则 PC←(PC+3),顺序执行
JBC    bit,rel    ;若(bit) =1,则 PC←(PC+3)+rel,(bit) ←0,转移操作
                  ;否则 PC←(PC+3),顺序执行
```

上述三条指令都是根据寻址位的内容控制程序的流向，第 3 条指令可实现两条指令的功能：①先判 bit 的值，决定程序转移否；②当程序转移操作时，还要将 bit 清“0”。

【例 3－28】 用位操作类指令实现逻辑方程：$P1\cdot7 = ACC\cdot0\times(B\cdot0+P2\cdot1)+\overline{P3\cdot2}$

```
        ORG   1000H
START:  MOV   C,B·0       ;Cy←B·0
        ORL   C,P2·1      ;Cy←B·0+P2·1
        ANL   C,ACC·0     ;Cy←ACC·0×(B·0+P2·1)
        ORL   C,/P3·2     ;Cy←( ACC·0×(B·0+P2·1))+/P3·2
        MOV   P1·7,C      ;P1·7←Cy
```

以上介绍了 MCS-51 单片机的指令系统，有关 111 条指令的助记符、操作功能、字节数及指令执行时间(周期数)等参见附录。附录 1 是按指令代码顺序排列的指令表，附录 2 是按字

母顺序排列的指令表。

3.5 汇编语言程序设计

计算机所能执行的每条指令都对应一组二进制代码。为了方便理解、阅读和记忆计算机的指令，人们用一些英语的单词、字符以及数字作为助记符来描述每一条指令的功能。用助记符描述的指令系统称为机器的汇编语言系统，简称汇编语言，用汇编语言编写的程序，称为汇编语言程序。汇编语言的可执行指令与机器语言的指令一一对应，因此汇编语言可直接利用和指挥机器的硬件系统，提高了编程的质量和程序运行的速度，并且占用的存储空间小。一般来说，某些对时间、存储空间要求较高的程序常用汇编语言编写，如：系统软件，实时控制软件，智能化仪器、仪表软件，嵌入式系统软件等。在单片机应用系统中主要用汇编语言编写程序。

3.5.1 汇编语言格式与伪指令

1. 汇编语言格式

汇编语言源程序是由汇编语句构成的。MCS-51 单片机汇编语言的语句常由四部分组成：

[标号:]操作码 [操作数];[注释]

下面将每一部分的定义作一简单介绍。

标号：也称作指令的符号地址。通常由 1~6 个字符组成，第一个字符必须是英文字母，其后可由数字或其他符号组成，标号后面必须用冒号与操作码分开。但不能用汇编语言所规定的保留字、寄存器名和伪指令做标号。“[ ]”表示是可选项，即：标号项可有可无，通常在子程序入口或转移指令的目标地址处才赋予标号。

操作码：是由指令或伪指令的助记符组成的字符串，定义指令的操作功能，是指令的核心部分，不可缺少项。操作码与操作数之间必须用空格分隔。

操作数：表示指令操作的对象，操作数可以是具体的数据，或是数据所在的地址。操作数部分一般有四种表现形式：(1)没有操作数(无操作数)或操作数隐含在操作码中，如：NOP、RET、RETI 指令；(2)只有一个操作数，如：DEC　A 指令；(3)有两个操作数，操作数之间以逗号间隔，如：MOV　A,#00H 指令；(4)有三个操作数，操作数之间以逗号间隔，如：CJNE A,#30H,NEXT1 指令。

注释：是对指令的解释说明，方便编程人员或其他人员阅读的，对机器不形成控制作用，操作数与注释之间必须有分号间隔。

2. 伪指令

在汇编源程序的过程中，要用到一些控制汇编过程的特殊指令，这些指令不属于 MCS-51 单片机的指令系统，没有对应的机器码，不影响程序的执行，仅仅控制汇编程序如何对源程序进行汇编，如：规定汇编生成的目标代码在内存中的存放区域、为源程序中的符号和标号赋值及指示汇编结束等。

在 MCS-51 单片机的汇编语言中，常用的伪指令有如下几条，现分别介绍如下：

(1)ORG(Origin)汇编起始地址

功能：指定程序或数据在程序存储器中存放的起始地址。

格式:[标号] ORG 16 位地址

说明:括号内的标号部分是选择项。16 位地址是绝对地址。在汇编语言源程序的开始,通常都使用 ORG 伪指令定义程序存放的起始地址。如不用 ORG 定义,则汇编得到的目标程序将从 0000H 开始存放。在一个源程序中,可以多次使用 ORG 伪指令,以定义不同程序段的起始位置,但地址应从小到大顺序排列,不允许有重叠。

【例 3-29】 ORG 2000H

```
START:MOV   A,#00H
       ……
```

上例中,以 START 开始的程序存放在 2000H 开始的程序存储区中,指令的代码顺序存放。

(2)END 汇编结束伪指令

功能:提供汇编源程序结束的标志。

格式:END

说明:用它来告诉汇编程序,源程序至此结束,END 以后的内容不再是要汇编的源程序了。因此,一个源程序只能有一个 END 命令,并放在所有程序最后,否则,就会有一部分指令不能被汇编。

(3) EQU(Equate)赋值伪指令

功能:将伪指令右边的值赋给左边符号名称。

格式:字符名称 EQU 数或汇编符号

说明:使用 EQU 伪指令时,必须先赋值,后使用。该指令通常放在程序开头,赋值后的"符号",其值在整个程序中不改变,可多次使用。

【例 3-30】

```
ABC    EQU    01H         ;ABC = 01H
DEL    EQU    20H         ;DEL = 20H
MOV    A,ABC              ; A←01H
MOV    R7,DEL             ;R7←20H
```

(4) DB(Define Byte)定义字节伪指令

功能:为字节型数据在内存中开辟存储单元并定义数据。字节型数据可以是数值或 ASCII 码字符。

格式:[标号:] DB 字节型数据项或项表

说明:括号内的标号部分是选择项。伪指令 DB 右边的数据项或项表用","号分开各项,ASCII 码要用单引号标识,所有数据项从标号地址开始顺序存放。

【例 3-31】 ORG 2000H

```
TABLE:DB  12,12H,'A','B'
```

上述伪指令汇编后,字节型数据项依次存放为(2000H)=0CH,(2001H)=12H,(2002H)=41H,(2003H)=42H

(5)DW(Define word)定义字伪指令

功能:为字型数据在存储区开辟存储单元,并定义数据。

格式:[标号:] DW 16 位数据项或项表

说明:括号内的标号部分是选择项。伪指令 DW 右边的数据项表中各项用","号分开,ASCII 码要用单引号标识,所有数据项都是 16 位的,占据 2B 存储单元,其中高 8 位放低地址单元,低 8 位放高地址单元。数据项可以是数值,也可以是 ASCII 字符。

【例 3-32】 ORG 2000H

TABLE: DW 1234H,78,'A','CD'

上述伪指令经汇编后,程序存储单元的内容定义为:

(2000H)=12H,(2001)=34H,(2002H)=00H,(2003H)=4EH,(2004H)=00H,(2005H)=41H,(2006H)=43H,(2007H)=44H

(6)BIT 定义位地址伪指令

功能:将位地址赋给所指定的符号名称,常用来定义位符号地址。

格式:字符名称 BIT 位地址

说明:一旦将位地址用 BIT 伪指令赋给某一名称,以后程序中可随意引用。

【例 3-33】

```
AB   BIT   P1.1
C4   BIT   P2.6
```

汇编后,位地址 P1.1、P2.6 分别赋给变量 AB 和 C4,在程序中可以将 AB 和 C4 作为位地址使用。

(7)DS(Define Storage)定义存储区伪指令

功能:在存储区开辟若干个字节型的存储单元(可以不定义),以备程序使用。

格式:[标号:] DS 表达式

说明:括号内的标号部分是选择项。汇编程序汇编时,按伪指令中表达式所规定的数目从标号地址开始预留存储单元。

【例 3-34】

```
ORG   1500H
DS    20H
DB    12H,34H
DW    5678H,'AB'
```

汇编后,从 1500H 开始,预留 32 个存储单元备程序使用,然后从 1520H 开始,按照后二条伪指令的功能赋值,即:(1500H)=XXH ~(151FH)=XXH,(1520H)=12H、(1521H)=34H、(1522H)=56H、(1523H)=78H、(1524H)=41H、(1525H)=42H。

上面介绍了 MCS-51 单片机汇编语言中常用的伪指令,编程中必须严格按照汇编语言的规范书写。

3.5.2 MCS-51 单片机汇编语言程序设计

在汇编语言程序设计中,一般都采用结构化程序设计方法。这种设计方法是基于任何复杂的程序都可由顺序结构、分支结构及循环结构等构成。三种结构如图 3-14 所示。每种结构只有一个入口和一个出口,由此组成的应用程序也只有一个入口和一个出口。

汇编语言程序设计步骤:

(1)明确任务要求及技术指标。

(2)画出程序流程图。编写较复杂的程序时,画出流程图可使程序清晰、结构合理,方便调试。

(3)分配存储区及相关的端口地址。根据任务要求,合理分配程序与数据等存储区。

(4)编写源程序。

(5)调试,修改源程序,确定源程序。

(6)固化程序。

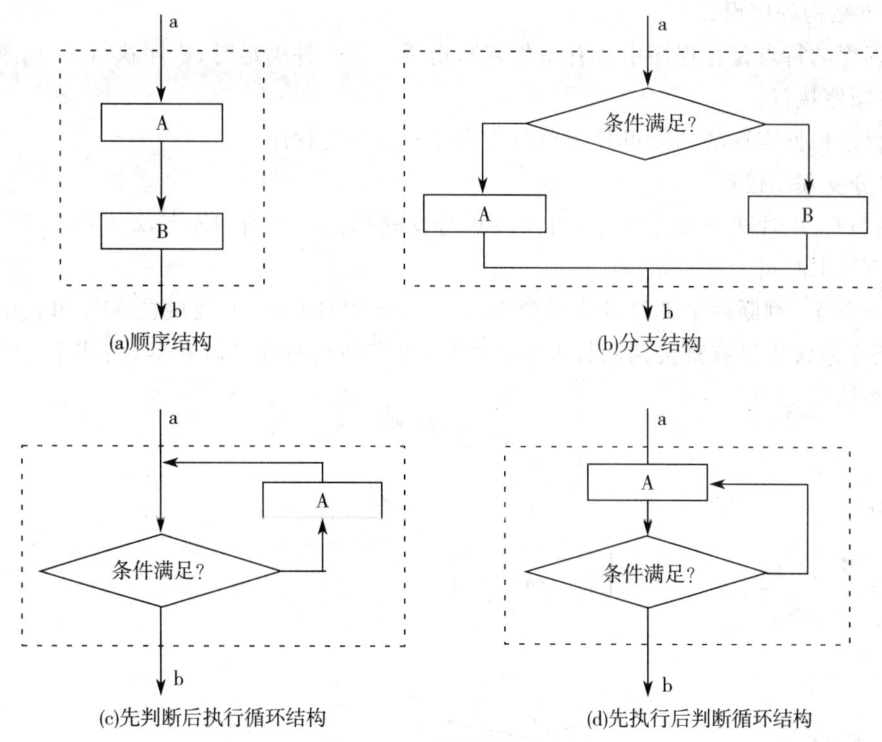

图 3-14　程序结构示意图

1. 顺序(简单)结构程序设计

顺序程序(也称简单程序)设计是最基本、最简单的程序设计,程序中无判断转移类指令,程序的执行是按指令的顺序执行的,从第一条指令开始一条接一条地按序执行,直到最后。程序结构简单,但也是构成复杂程序的基础。

【例 3-35】 将 MCS-51 单片机片外 RAM 区 2000H 单元中的 8 位二进制数拆开,其中高 4 位放入片内 30H 中,低 4 位放入片内 31H 中,并将 2000H 单元清“0”。

```
ORG     1000H
MOV     DPTR,#2000H     ;DPTR←片外 2000H 单元地址
MOV     R0,#30H         ;R0←片外 30H 单元地址
MOVX    A,@DPTR         ;A←片外(2000H)
ANL     A,#0F0H         ;取(2000H)的高 4 位
SWAP    A               ;A 的低 4 位←将(2000H)的高 4 位
MOV     @R0,A           ;(30H)的低 4 位←将(2000H)的高 4 位
MOVX    A,@DPTR         ;
ANL     A,#0FH          ;  (31H)的低 4 位←将(2000H)的低 4 位
INC     R0              ;
MOV     @R0,A           ;
MOV     A,#00H
```

```
        MOVX    @DPTR,A              ;将片外(2000H)单元清 0
        END
```

2. 分支结构程序设计

分支程序的特点是在程序中含有条件判断指令。当条件满足时,程序执行转移,条件不满足时,程序顺序执行。

分支程序根据实现的功能可分为单分支程序和多分支程序。

(1)单分支程序设计

在 MCS-51 单片机指令系统中,可实现单分支转移的指令有:JZ、JNZ、CJNE、DJNZ、JC、JNC、JB、JNB、JBC 等。

【例 3-36】 判断两个无符号 8 位数 Num1、Num2 的大小,大数放在 MX 单元中。因为 MCS-51 指令系统中没有直接判两数大小的指令,可借助判两数是否相等,再用 JC、JNC 判两数大小。参见图 3-15。

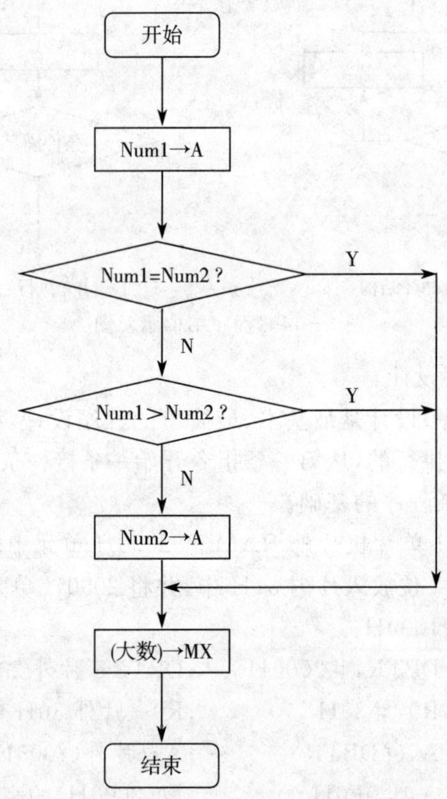

图 3-15 判 Num1、Num2 大小流程图

```
        ORG     1000H
        MOV     A,#Num1          ;A←将数 Num1
        CJNE    A,#Num2,NEXT     ;比较 Num1=Num2?
        SJMP    DOWN             ;Num1=Num2,转 DOWN 处执行
NEXT:   JNC     DOWN             ;判 Num1>Num2? 若 Num1>Num2,转 DOWN
        MOV     A,#Num2          ;A←将 Num2,Num2 大
```

```
DOWN: MOV    MX,A            ;MX单元←大数
      END
```

(2)多分支程序设计

在程序设计中,常常要根据运算结果和输入的数据控制程序转向多个处理程序段。如在按键处理程序中对输入键值的判断,即要根据按键的键值,使程序转向各个键值处理程序段,这种多分支程序也称作散转程序。如图 3-16所示。在 MCS-51 指令系统中有一条指令:JMP　@A+DPTR　可实现散转功能。

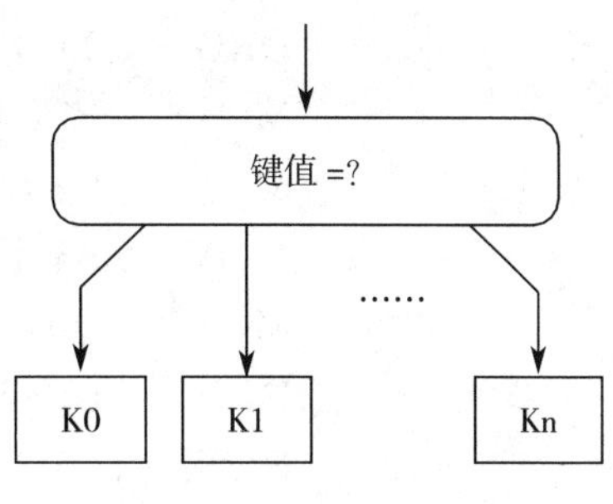

图 3-16　多分支程序流程图

【例 3-37】 根据 Num 单元中的数,使程序转入相应的处理程序段。

解:要用 AJMP(或 LJMP)指令转向各个处理程序段,将所有的 AJMP(或 LJMP)指令组成一张转移指令表,将表的基址→DPTR 中,每条转移指令在表中的偏移量→A 中。由于 AJMP 指令为 2B 的,所以每条 AJMP 指令在转移表中的偏移量要进行×2 的修正;同理,LJMP 为 3B 指令,在由此组成的转移表中的偏移量要进行×3 的修正。若:

(Num)= 0,对应的分支程序的标号地址为 PN0

(Num)= 1,对应的分支程序的标号地址为 PN1

……

(Num)= n,对应的分支程序的标号地址为 PNn

散转程序:

```
      MOV    DPTR,#TAB       ;DPTR ← 散转表的首址
      MOV    A,#Num          ;A ← 转移指令的偏移量
      ADD    A,#Num          ;AJMP 为 2B,修正偏移量
      JNC    LOP
      INC    DPH             ;偏移量×2>255 时,DPH+1
LOP:  JMP    @A+DPTR
             ……
TAB:  AJMP   PN0             ;散转表
      AJMP   PN1
             ……
      AJMP   PNn
```

3. 循环程序设计

在程序设计过程中,如果为了某一功能的实现,需要对一段程序反复多次重复执行时,可采用循环编程方法。循环结构程序一般包括下面几部分。

(1)置循环初值:即设置循环次数值、循环的初始状态(各变量、存储单元、地址指针)等。

(2)循环体:是反复执行的程序段。

(3)循环控制部分:修改循环参数,循环体执行结束与否的判断;若终值条件不满足,继续循环体的执行,若终值条件满足,则跳出循环体,顺序执行后面程序。

(4)循环结构的程序有单循环和多重循环形式。在循环体中不再包含有循环程序,称为单循环;若在循环体中还包含有循环程序,则称作循环嵌套,构成多重循环。

【例 3-38】 单重循环程序设计。试将 MCS-51 单片机片外 1000H～10FFH 区域清"0"。

```
      ORG    2000H
      MOV    R7,#00H          ;置循环计数器初值
      MOV    DPTR,#1000H      ;置片外 RAM 区首地址
      MOV    A,#00H           ;A←00H
LOP:  MOVX   @DPTR,A          ;将片外 RAM 1000H～10FFH 区清"0"
      INC    DPTR             ;修改片外 RAM 区地址
      DJNZ   R7,LOP           ;判循环执行结束否?
      SJMP   $
      END
```

【例 3-39】 多重循环程序设计。试设计延时 1 秒钟的程序。

解:若用指令执行的时间实现 1 秒钟的延时,则延时时间与指令执行的时间有关,而指令的执行时间又与单片机的机器周期(振荡频率)有关。若选择单片机的晶振频率为 6MHz,则一个机器周期为 2μs,根据每条指令的执行时间以及一个循环体中指令的执行时间,得到所需的循环次数。

1 秒钟延时程序如下:

```
       ORG    2000H
       MOV    R5,#2
LOP3:  MOV    R6,#250
LOP2:  MOV    R7,#250
LOP1:  NOP               ;
       NOP               ;
       DJNZ   R7,LOP1    ;
       DJNZ   R6,LOP2
       DJNZ   R5,LOP3
       RET
```

(LOP1 循环:(2μs+2μs+4μs)×250=2ms;LOP2 循环:2ms×250=500ms;LOP3 循环:500ms×2=1s)

上述程序的延时时间,若严格计算,其延时时间大于 1 秒钟,请读者思考为什么?

还有一点需要说明的:循环结构可以大大简化程序,但程序的执行时间并没减少。

4. 子程序结构设计

在实际应用中,往往会遇到这样一种情况:在不同的程序或在同一程序的不同地方,要求实现同一种操作功能,如代码转换、输入/出操作等。如果每次实现这种功能时,都重复地编写同一种程序段,则程序不仅繁琐,而且也浪费了大量的存储空间。为此,引入了子程序设计的概念,将需要重复执行的同一功能程序段设计成可供反复调用的公共的独立程序段,称作子程序。而能反复调用子程序的程序称作主程序。在 MCS-51 单片机指令系统中能实现调用子程序的指令有 LCALL、ACALL,从子程序末尾返回主程序的指令为 RET。

(1)主程序与子程序之间的调用、被调用与返回二者之间的关系如图 3-17 所示。

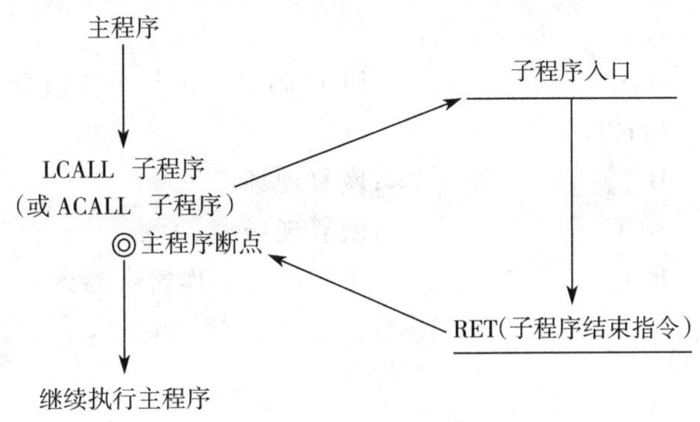

图 3-17　子程序调用图

(2)主程序与子程序的参数传递

主程序传递给子程序要求其加工处理的信息称之为入口参数，经子程序加工处理完毕传递给主程序的结果信息称之为出口参数。同高级语言不同，MCS-51 指令系统中的调用(LCALL、ACALL)和返回指令(RET)没有传递入口/出口参数的功能，其入口/出口参数的传递要求事先放在某些约定(设计好的)的存储单元中，也可通过堆栈，巧妙地传递参数。

(3)现场保护

执行子程序时，有时所使用的寄存器或存储器会与主程序所使用的寄存器或存储器是同一个存储单元，为了避免子程序在执行过程中破坏主程序同一存储单元的内容，可用的方法是在子程序入口处，将这些单元的内容保存起来(称之为保护现场)，子程序的功能实现后在返回主程序前还原被保护的内容并送给主程序(称之为恢复现场)。

现场的保护与恢复工作常常在子程序中利用堆栈来完成。现场的保护放在子程序入口处，由若干条 PUSH 指令实现；现场的恢复放在子程序末尾 RET 指令之前，由 POP 指令实现，注意一组 PUSH 指令与一组 POP 指令的执行顺序应符合堆栈中数据的操作原则。

【例 3-40】 试将累加器 A 中的八位二进制数转换成 BCD 码，编制子程序实现之。

解：因为 A 中的 8 位二进制数值范围 0～0FFH(0～255)，将其转换成 BCD 码需要二个存储单元 20H、21H 存放，设：其中 BCD 码的个位数、十位数放在 21H 中，百位数在 20H 中，程序设计如下：

```
        ORG     1000H
        PUSH    ACC             ;保护现场
        PUSH    B               ;保护现场
        SETB    RS0             ;子程序选工作寄存器区 1
        MOV     R0,#20H         ;BCD 码百位数存储单元地址
        MOV     B,#100          ;⎫
        DIV     AB              ;⎬ 先分离转换百位数值→20H 单元中
        MOV     @R0,A           ;⎭
        INC     R0              ;修正地址指针，指向 21H 单元
        MOV     A,B             ;⎫
        MOV     B,#10           ;⎬ 数值≤99 部分继续被转换
        DIV     A,B             ;⎭
```

```
        SWAP    A
        ADD     A,B             ;BCD码的十位与个位值合并存储在21H中
        MOV     @R0,A
        POP     B               ;恢复现场
        POP     ACC             ;恢复现场
        CLR     RS0             ;主程序选工作寄存器区0
        RET
```

3.5.3 实用程序举例

1. 运算程序

MCS-51 单片机的指令系统中只提供有单字节二进制数的加、减、乘、除运算指令，但在实际设计中，往往需要对多字节的二进制数进行加、减、乘、除的运算。以下举例说明如何使用单字节的加、减、乘、除指令，实现多字节的加、减、乘、除运算。

(1)多字节无符号数加法

【例 3-41】 已知有两个多字节二进制数 X1 和 X2，X1 的存储地址为 M1(被加数 X1 的低字节地址)，X2 的存储地址为 M2(加数 X2 的低字节地址)，字节数存储在 L 中，试编程序求 Y＝X1＋ X2，其和 Y 存储地址为 M1(和的低字节地址)。

解：多字节加法运算从低字节到高字节依次进行，如同手写运算。最低两字节相加，若用"ADDC"指令实现时，因无低位进位，进位位要清"0"；其他字节相加时，要考虑低字节向高字节的进位，可用"ADDC"实现之；最高两字节相加时，若有进位，其和 Y 要比加数(或被加数)多一个字节。程序流程图如图 3-18 所示。

```
        ORG     1000H
START:  MOV     R0,# M1         ;置被加数地址指针
        MOV     R1,# M2         ;置加数地址指针
        MOV     R7,# L          ;置字节数计数器
        CLR     C               ;清进位位
LOOP1:  MOV     A,@R0           ;取被加数
        ADDC    A,@R1           ;两数相加
        MOV     @R0,A           ;存和
        INC     R0              ;修改被加数(和)地址指针
        INC     R1              ;修改加数地址指针
        DJNZ    R7,LOOP1        ;未加完,继续加
        MOV     @R0,#0
        JNC     LOOP2           ;加完,无最高进位位转LOOP2
        MOV     @R0,#1
LOOP2:  SJMP    $
        END
```

(2)多字节无符号数减法

【例 3-42】 已知有两个多字节二进制数 X1 和 X2，X1 的存储地址为 M1(被减数 X1 低

字节地址)，X2 的存储地址为 M2(减数 X2 的低字节地址)，字节数存储在 L 中，试编程求 Y = X1－X2，其差 Y 的存储地址为 M1(差的低字节地址)。

解：若两个无符号数 X1≥X2，，则差值为正数(够减)；若 X1＜X2，则差值为负数(不够减)；设置一标志 F0，若够减，F0＝0；若不够减，别 F0＝1。程序流程图如图 3－19 所示。

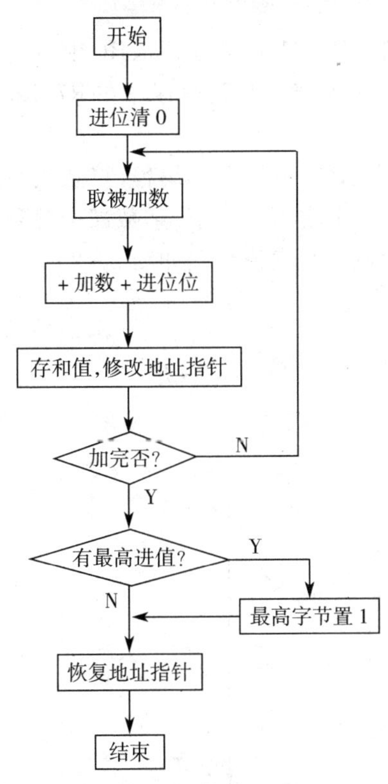

图 3－18　多字节无符号数加法程序流程图

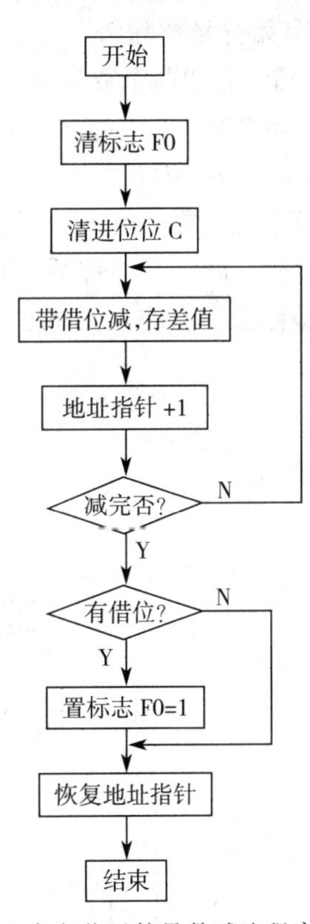

图 3－19　多字节无符号数减法程序流程图

```
        ORG     2000H
START:  MOV     R0,# M1        ;置被减数地址指针
        MOV     R1,# M2        ;置减数地址指针
        MOV     R7,# L         ;置字节数计数器
        CLR     F0             ;清标志
        CLR     C              ;清进位(借位)标志
LOOP1:  MOV     A,@R0          ;取被减数
        SUBB    A,@R1          ;两数相减
        MOV     @R0,A          ;存差值
        INC     R0             ;修正被减数(差)地址指针
        INC     R1             ;修正减数地址指针
        DJNZ    R7,LOOP1       ;没减完，转 LOOP1
        MOV     @R0,#0
        JNC     LOOP2          ;判断是否够减
        SETB    F0             ;不够减(若 X1<X2)置标志 F0=1
```

```
LOOP2:  SJMP    $
        END
```

(3)多字节无符号数乘法

参看“例 3-15,利用 MLU 指令实现双字节乘操作”。

(4)多字节无符号数除法

【例 3-43】 已知两个双字节二进制数 X1 和 X2,X1 存储在 R7、R6 中(R7 为高字节);X2 存储在 R5、R4 中(R5 为高字节),试编程求 Y = X1÷X2,其商存储在 R7、R6 中(R7 为高字节),余数存储在 R3、R2 中(R3 为高字节)。

解:多字节除法,常常使用的算法是“移位相减法”。为了方便编程,将余数和被除数组合在一起向左移位。每一次移位后,判余数是否大于除数。若大于,余数减去除数,商上 1;否则,商上 0。被除数左移空出的低位空间用来存放商。程序流程图如图 3-20 所示。

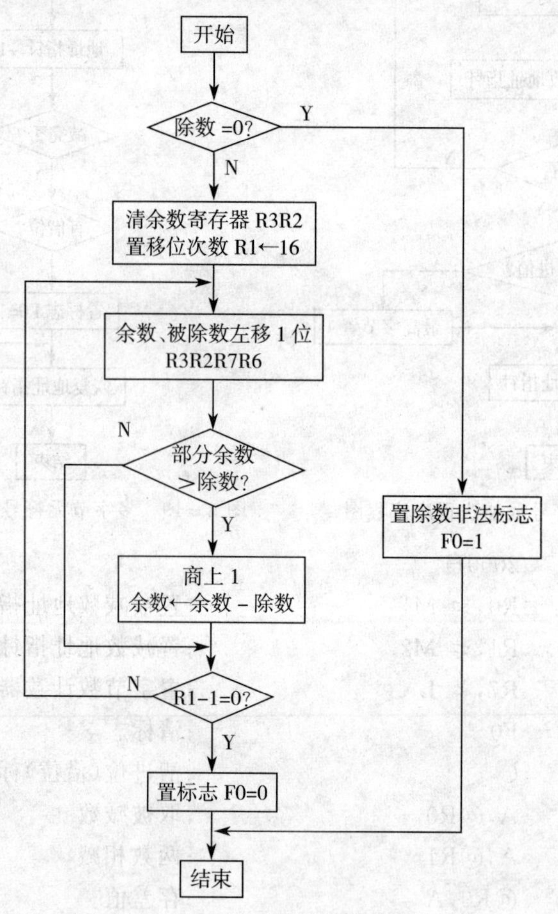

图 3-20 双字节无符号数除法程序流程

```
        ORG     3000H
START:  MOV     A,R4            ;判断除数是否为 0?
        ORL     A, R5
        JZ      ERR             ;除数为 0,转 ERR,置标志
DOWN0:  MOV     R2,# 0
```

```
        MOV     R3,#0          ;余数寄存器清"0"
        MOV     R1,#16         ;置移位次数
DOWN1:  CLR     C              ;余数被除数(R3R2R7R6);左移一位
        MOV     A,R6
        RLC     A
        MOV     R6,A
        MOV     A,R7
        RLC     A
        MOV     R7,A
        MOV     A,R2
        RLC     A
        MOV     R2,A
        MOV     A,R3
        RLC     A
        MOV     R3,A
        MOV     A,R2           ;部分余数减除数,
                               ;先减低 8 位
        SUBB    A,R4
        MOV     R0,A           ;相减结果,暂存 R0
        MOV     A,R3           ;再减高 8 位
        SUBB    A,R5
        JC      DOWN2          ;部分余数<除数,
                               ;转 DOWN2
        INC     R6             ;部分余数>除数,商为 1
        MOV     R3,A           ;相减结果送 R3、R2
        MOV     A, R0
        MOV     R2,A
DOWN2:  DJNE    R1,DOWN1       ;没除完,
                               ;转 DOWN1
        CLR     F0             ;除完, F0=0
        SJMP    DOWN3
ERR:    SETB    F0             ;除数为 0 时,F0=1
DOWN3:  STMP    $
        END
```

2. 代码转换程序

人们日常习惯使用十进制数,而计算机能识别的是二进制数,计算机输入/输出数据常使用 BCD 码、ASCⅡ码和其他代码。因此,代码之间转换是经常碰到和常常使用的。

(1)8 位二进制数转换成 BCD 码

参看例 3－16。

(2)双字节二进制数转换成 BCD 码

【例 3-44】 已知 16 位无符号二进制整数存放在 R3、R2 中(R3 为高 8 位),转换后的 BCD 码数存放在 R6(万位)、R5(千位、百位)、R4(十位、个位)中。编程所采用的算法:因为 (b15b14…b1b0)2 =(…(0×2+b15)×2+b14…)×2+b0,所以,将二进制数从最高位逐次左移入 BCD 码寄存器的最低位,并且,每次都实现(……)×2+bi 的运算。共左移 16 次,由 R7 控制。程序流程图如图 3-21 所示。

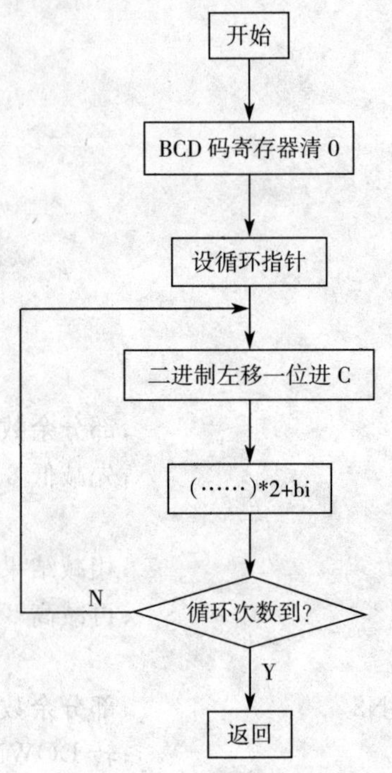

图 3-21 双字节二进制数转换成 BCD 码

```
        ORG     0100H
START:  CLR     A
        MOV     R4,A            ;BCD 码寄存器清"0"
        MOV     R5,A
        MOV     R6,A
        MOV     R7,#16          ;置移位次数
LOOP1:  CLR     C
        MOV     A,R2
        RLC     A
        MOV     R2,A
        MOV     A,R3
        RLC     A
        MOV     R3,A
        MOV     A,R4            ;实现(……)×2+bi 运算
        ADDC    A,R4
```

```
        DA      A
        MOV     R4,A
        MOV     A,R5
        ADDC    A,R5
        DA      A
        MOV     R5,A
        MOV     A,R6
        ADDC    A,R6
        DA      A
        MOV     R6,A
        DJNZ    R7,LOOP1
        SJMP    $
        END
```

(3)BCD 码转换成二进制数

【例 3-45】 将 A 中压缩的 BCD 码(其值 0～99)转换成二进制数。

解:采用的算法是,将 A 中高半字节数(BCD 码十位数)×10,再加上 A 中低半字节数(BCD 码个位数)。

```
        ORG     0200H
START:  MOV     R2,A                ;暂存待转换数
        ANL     A,#0F0H             ;取 BCD 码十位数
        SWAP    A
        MOV     B, #10
        MUL     AB                  ;A 中高半字节数(BCD 码十位数)×10
        MOV     R3,A
        MOV     A,R2
        ANL     A,#0FH              ;取 A 中低半字节数(BCD 码个位)
        ADD     A,R3                ; BCD 码个位+BCD 码十位
        SJMP    $
        END
```

(4)将 ASCⅡ码转换成十六进制数

【例 3-46】 将存在 R0 中的 ASCⅡ码转换成十进制数,并将结果仍存于原单元中。

解:对于 0～9 的 ASCⅡ码,直接减去 30H 即得一位十六进制数;对于 0AH～0FH 的 ASCⅡ码,要减去 37H,得一位十六进制数。

```
        ORG     0300H
START:  MOV     A,R0                ;取待转换的 ASCⅡ码
        CLR     C
        SUBB    A,#30H              ;0～9 的转换
        MOV     R0, A               ;暂存结果
        SUBB    A;#0AH              ;判断待转换的 ASCⅡ码是否 0～9 的编码
```

```
        JC      DOWN
        MOV     A,R0            ;否,是 0AH－0FH 的编码
        SUBB    A, #07 H
        MOV     R0, A           ;存转换的十六进制数
DOWN:   STMP    $
        END
```

(5)将十六进制数转换成 ASCⅡ码

【例 3-47】 将 R2 中的一位十六进制数(R2 中低 4 位)转换成 ASCⅡ码,并存于 R2 的地址单元中。

解:转换的算法:凡大于等于 10 的十六进制数(0AH～0FH),加 37H,即得对应的 ASCⅡ码;凡小于 10 的十六进制数(0～9),加 30H,可得相应的 ASCⅡ码。

```
        ORG     0400H
HASC:   MOV     A,R2            ;取待转换的一位十六进制数
        ANL     A,# 0FH
        MOV     R1,A            ;暂存待转换的十六进制数
        CLR     C               ;清进位位
        SUBB    A,#10           ;判断十六进制数>9 否?
        JC      HASC1
        MOV     A,R1
        ADD     A,#37 H         ;待转换的十六进制数为 0AH～0FH
        SJMP    DOWN
HASC1:  MOV     A,R1            ;待转换的十六进制数为 0～9
        ADD     A,#30 H
DOWN:   MOV     R2,A            ;将 ASCⅡ存放于 R2 中
        END
```

3. 查表程序

在单片机的应用系统中,查表程序是一种常用的编程方法,被广泛地应用于数值计算、代码转换、LED 显示器控制等功能程序中。如例 3-3 查表求数的平方值,例 3-4 查表求十进制数(0～9)的 ASCⅡ代码。

下面举例说明利用查表程序实现 LED 显示器控制功能。

【例 3-48】 数码管的动态显示电路如图 3-22 所示。图中 6 只采用动态显示的 LED 管是共阳的,8031 单片机通过 8155 对其控制。8155 的 PB 口与所有 LED 管的 a. b. c. d. e. f. g. dp 引线相连,每个 LED 的共阳极与 8155 的 PC 口相连。故 PB 口为字形口,PC 为字位口。8031 可通过 PC 口控制每个 LED 是否点亮显示。

8155 的端口地址分配如下:

8000H:命令状态口　　8001H:PA 口

8002H:PB 口(字形口)　　8003H:PC 口(字位口)

在动态显示方式中,先将欲显示的数转换成显示字形码,存储在 RAM 区的显示缓冲区中。这个显示缓冲区也是 LED 要显示的所有字的字形码表,CPU 查此字形码表,可以找到需

要显示数的字形码,送到 8155 的字形口(PB 口)上显示。设:显示缓冲区为 70H,其显示缓冲区被显示字符的字形码表的地址预先设置。

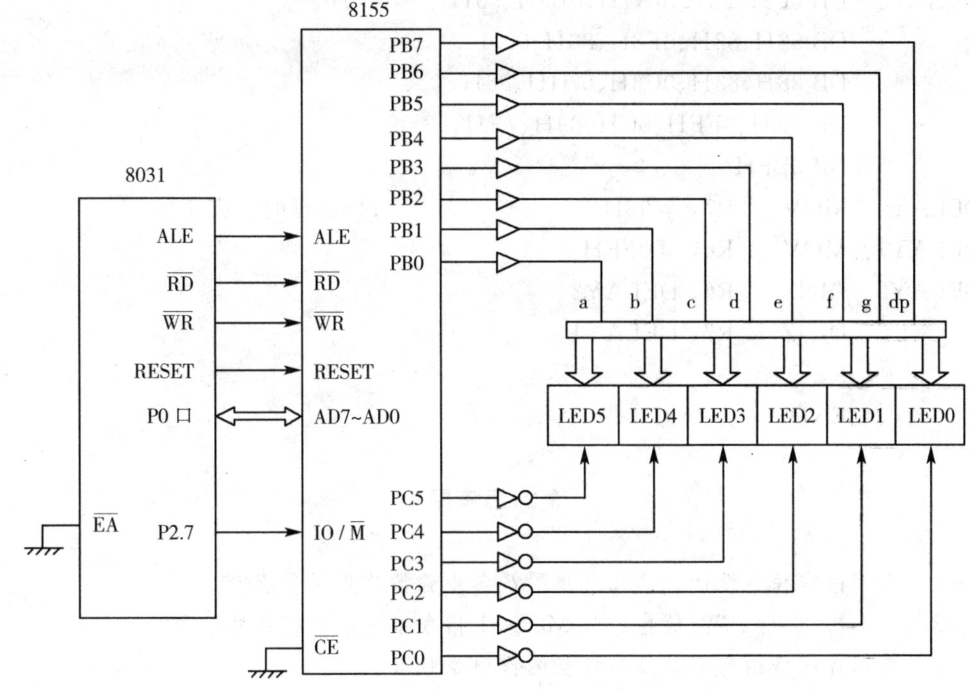

图 3 - 22　数码管的动态显示电路

```
        ORG     0500H
START:  MOV     A,#06H              ;8155 的方式控制字
        MOV     DPTR,#8000H
        MOVX    @DPTR,A             ;方式控制字送 8155 命令口
DIS1:   MOV     R0,#70H             ;显示缓冲区起始地址送 R0
        MOV     R3,#0FEH            ;字位码初始值送 R3
        MOV     A,R3
LD0:    MOV     DPTR,#8003H         ;PC 口地址送 DPTR
        MOVX    @DPTR,A             ;字位码送 PC 口
        MOV     DPTR,#8002H         ;PB 口地址送 DPTR
        MOV     A,@R0               ;待显字符地址偏移量送 A
        ADD     A, #13              ;对 A 的偏移量进行修正
        MOVC    A,@A+PC             ;查表得显示字形码
        MOVX    @DPTR,A             ;字形送 PB 口
        ACALL   DELAY               ;延时显示 1mS
        INC     R0                  ;修正显示缓冲区指针
        MOV     A, R3               ;字位码送 A
        JNB     ACC · 5,DIS1        ;LED0~LED5 是否显示完一遍?
        RL      A                   ;字位码左移一位
```

```
        MOV    R3,A             ;字位码送回 R3
        AJMP   LD0              ;显示下一数
DTAB:   DB 0CH、F9H、0A4H、0B0H、99H
        DB 92H、82H、0F8H、80H、90H
        DB 88H、83H、0C6H、0AIH、86H
        DB 8EH、0FFH、0CH、89H、7FH
        DB 0BFH
DELAY:  MOV    R7,#02H          ;1ms 延时子程序
DELAY1: MOV    R6,#0FFH
DELAY2: DJNZ   R6,DELAY2
        DJNZ   R7,DELAY1
        RET
        END
```

复习思考题

3-1　汇编语言程序设计分哪几个步骤？各步骤的作用是什么？

3-2　什么叫“伪指令”？伪指令与 MCS-51 指令系统中的指令的区别？

3-3　基本程序结构有哪几种？各自的作用是什么？

3-4　编程实现如下运算

(1)21H＋45H＋78H　　(2)78H＋45H－21H－09H　　(3)1234H＋21ABH

(4)2ABCH－0FCDH　　(5)1234H×01ABH　　(6)1230H÷30H

(7)$Y=x_0x_1\overline{x_2}+\overline{x_3}+x_4x_5+\overline{x_6}$　　(8)$Y=\overline{x_0x_1}+\overline{(\overline{x_2+x_3})(x_4+x_5)}$

3-5　请编程实现：将片内 20H 存储单元的 8 位二进制数转换成 BCD 码，并存放在片外以 2000H 起始的单元中，2000H 单元放转换后的 BCD 码的百位，2001H 单元放转换后的 BCD 码的十位/个位。

3-6　试编程实现：将片内 RAM 区 20H、21H、22H、23H 中的十进制数的 ASCII 码转换成 BCD 码，并压缩存放于片内 30H、31H 两单元中，其中 31H 放 BCD 的十位/个位。

3-7　在 MCS-51 片内 RAM 30H～32H 单元中，存有 6 个压缩的 BCD 码，试将它们转换成 ASCII 码，存入片外 3000H 开始的连续存储区中，编程实现。

3-8　试编程实现：将片内 40H、41H 内压缩的 BCD 码，转换成二进制码，存入 20H 开始的连续存储区中。

3-9　在片外 RAM 区 2000H 开始的连续单元中存有 100 个无符号数，试编程实现：

(1)请找出最大数，并存入片内 30H 单元中；

(2)找出最小数，存入片内 30H 单元中；

(3)按从大→小的顺序排列，存放于 3000H 开始的连续单元中；

(4)按从小→大的顺序排列，存放于 3000H 开始的连续单元中；

(5)寻找第一个零，将其转换成 0FFH，存放在片内 30H 单元中，并停止寻找；

(6)统计这 100 个数中＜50 数的个数，存于片内 30H 单元；＝50 数的个数，存于片内 31H

单元；>50数的个数，存于片内32H单元。

3-10　MCS-51片外RAM区1000H～1007H单元中存有8个无符号数，编程求其平均值，将结果存于1008H中。

3-11　下面有一数学公式，X值存于片内20H，Y值存放于21H单元中，编程实现之。

$$Y=\begin{cases} X^2 & X>0 \\ 0 & X=0 \\ 2X & X<0 \end{cases}$$

3-12　MCS-51单片机片外RAM区2000H～20FFH中存有256B无符号数，编程实现：

(1)将这256B数据移入片外3000H开始的连续单元中；

(2)将这256B数据移入片外3000H开始的连续单元中，并检查有无“0”值；若没有将片内20H单元置0FFH，有“0”值存在，20H单元清“0”。

3-13　MCS-51单片机晶振频率为6MHz，编程实现：

(1)1ms延时　　(2)100ms延时　　(3)1s延时

3-14　MCS-51单片机片内30H有一数，其值范围0～15，试用查表法求此数的平方值存入31H单元中，编程实现。

3-15　某一按键监控程序，要检测6个按键，实现6种控制命令，这6个按键分别以字母A、B、C、D、E、F表示。6种控制命令对应6个程序段，试编程实现：根据按键的不同，实现相应的控制命令。

第4章 MCS-51的中断系统

4.1 中断系统的概念

在CPU与外设交换信息时，存在着一个快速的CPU与慢速的外设之间的矛盾。为解决这个问题，发展了中断的概念。中断技术是计算机系统中一个很重要的技术，它既与硬件有关，也与软件有关。

MCS-51单片机在某一时刻只能处理一个任务，当多个任务同时需要单片机处理时，就可以通过中断来实现多个任务的资源共享。

4.1.1 中断的概念

所谓的中断，就是当CPU正在处理某项任务的时候，在外界或者内部发生了紧急事件，要求CPU暂停正在处理的工作而去处理这个紧急事件，待处理完后，再回到原来中断的地方，继续执行原来被中断的程序，这个过程称作中断。实现这种功能的部件称为中断系统，产生中断的请求源称为中断源，原来正在运行的程序称为主程序，主程序被断开的位置称为断点。计算机采用中断技术，能够极大地提高它的工作效率和处理问题的灵活性。计算机中断过程如图4-1所示。

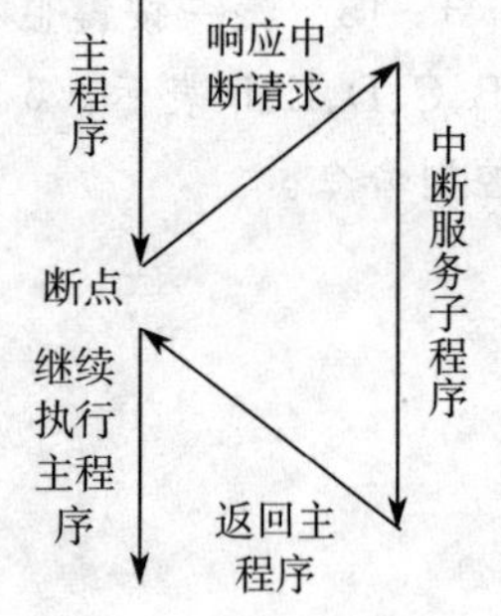

图4-1 MCS-51中断过程

从中断的定义我们可以看到中断应具备中断源、中断响应、中断返回这样三个要素。中断源发出中断请求，单片机对中断请求进行响应，当中断响应完成后应进行中断返回，返回被中断的地方继续执行原来被中断的程序。

从中断过程的图解可以看出，计算机的中断过程与程序设计中的调用子程序颇为类似，但是实际上两者相差甚多。

(1)设计子程序结构，使得源程序更加精练，起到“减肥”的效果。设计中断控制的目的，为的是有效提高CPU的工作效率。

(2)子程序通用性强，它是为了解决某一类问题而设计的。中断服务程序专用性和针对性强，它是为了解决某一个具体问题而设计的，不具有通用性。

(3)中断过程何时产生完全是随机的，不可预料的。何时调用子程序是人为安排的。

(4)中断服务程序的入口地址是指定的，不能随意存储。子程序的存储地址没有限制。

4.1.2 中断的作用

在许多工业控制系统中，要求计算机能够实现实时控制。现场的各个参数、信息，是随时间和现场情况不断变化的。有了中断功能，外界的这些变化量就可以根据要求，随时向CPU发出中断请求，要求CPU及时处理，CPU就可以马上响应，加以处理，这样的及时处理在查询方式下是做不到的。

有了中断功能就能解决快速 CPU 和慢速外设之间的矛盾，可使 CPU、外设同时工作。CPU 在启动外设工作后，继续执行主程序，同时外设也在工作。每当外设做完一件事，就发出中断请求，请求 CPU 中断它正在执行的程序，转去执行中断服务程序。中断处理完之后，CPU 恢复执行主程序，外设也继续工作。这样 CPU 可以命令多个外设同时工作，从而大大提高了 CPU 的利用率。

计算机在运行过程中，出现一些事先无法预料的故障是难免的，如电源突跳、存储出错、运算溢出等。有了中断功能，计算机就能自行处理，而不必停机处理。

4.1.3　中断的功能

中断系统一般具有实现中断又返回、中断的优先级排队、中断嵌套的功能。

当某一个中断源发出中断申请时，CPU 能决定是否响应这个中断请求（当 CPU 正在执行更急、更重要的工作时，可以暂时不响应中断），若允许响应这个中断请求，CPU 必须将正在执行的指令执行完毕后，再把断点处的 PC 值（即下一条将要执行的指令地址）压入堆栈保存下来，这称为断点保护，这是计算机自动执行的。同时用户自己编程时，也要把有关寄存器的内容和标志位的状态压入堆栈，这称为现场保护。完成断点保护和现场保护的工作后即可执行中断服务程序，执行完毕，需要恢复现场，并加返回指令 RETI，这个过程由用户编程。RETI 指令的功能是恢复 PC 值（即恢复断点），使 CPU 返回断点，继续执行主程序，这个过程如图 4-1 所示。

通常，系统中有多个中断源，有时会出现两个或多个中断源同时提出中断请求，这就要求计算机既能区分各个中断源的请求，又能确定首先为哪一个中断源服务。为了解决这一问题，通常给每个中断源规定了优先级，称为优先权。当两个或者两个以上的中断源同时提出中断请求时，计算机首先为优先权最高的中断源提供服务，然后再响应级别较低的中断源发出的中断申请。计算机按中断源级别高低逐次响应的过程称为优先级排队。这个过程可以通过硬件电路来实现，也可以通过程序查询来实现。

中断优先级的设计为 CPU 按顺序依次响应各中断源的中断请求提供支持。当多个中断请求同时发生时，CPU 按照从高级到低级的次序依次响应。当 CPU 响应某一中断请求，进行中断处理时，若有优先权级别更高的中断源发出中断请求，则 CPU 能中断正在执行的中断服务程序，并保留这个程序的断点，响应高级中断，在高级中断处理完以后，再继续进行被中断的中断服务程序，这个过程称中断嵌套，其过程如图 4-2 所示。如果发出新的中断申请的中断源的优先权级别与正在处理的中断源同级或更低时，则 CPU 就先不响应这个中断申请，直至正在处理的中断服务程序执行完以后才去处理新的中断申请。

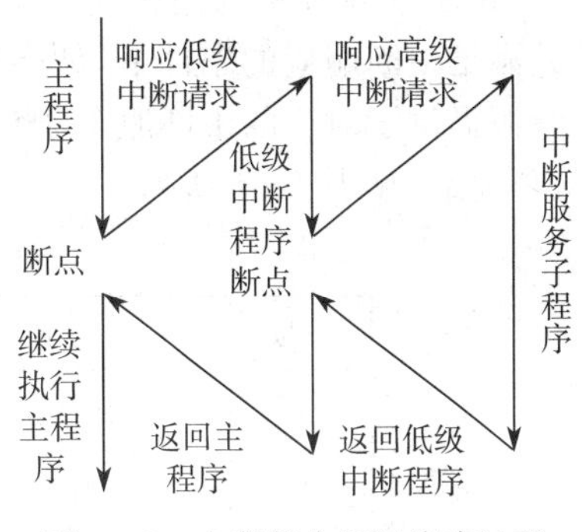

图 4-2　中断优先级及嵌套过程

4.2　MCS-51 中断请求源

MCS-51 系列单片机有多个中断请求源，它们可以分成两类：外部中断请求源和内部中断请求源。

4.2.1 MCS-51 外部中断请求源

MCS-51 单片机有两个外部中断请求源：即外部中断 0 和外部中断 1，是通过外部引脚引入的。在 MCS-51 单片机上有两个引脚 $\overline{INT_0}$、$\overline{INT_1}$，也就是 MCS-51 单片机的 P3.2、P3.3 这两个引脚。单片机内部的特殊功能寄存器 TCON 中有四个位是与外中断有关的。

外部中断请求源 $\overline{INT_0}$、$\overline{INT_1}$ 有两种触发方式，即电平触发方式和脉冲触发方式。在每个周期的 S_5P_2，CPU 检测 $\overline{INT_0}$、$\overline{INT_1}$ 上的信号。对于电平触发方式，若检测到低电平即为有效的中断请求。对于脉冲触发方式要连续检测两次，若前一次为高电平，后一次为低电平，则表示检测到了负跳变的有效中断请求信号。为了保证检测的可靠性，低电平或高电平的宽度至少要保持一个机器周期即 12 个振荡周期。

4.2.2 MCS-51 内部中断请求源

MCS-51 单片机有三个内部中断请求源：即两个定时器/计数器溢出中断和一个串行口中断。

定时器/计数器溢出中断发生在单片机的内部，有两个中断源，即定时/计数器 0（T_0）溢出中断和定时/计数器 1（T_1）溢出中断。定时/计数器中断是为满足定时或计数的需要而设置的，在单片机芯片内部有两个定时/计数器，以计数的方法来实现定时或计数的功能。当发生计数溢出时，表明定时时间到或计数值已满。这时就以计数溢出信号作为中断请求，去置位一个溢出标志位，作为单片机接收中断请求的标志位。

串行口中断是为串行数据传送的需要而设置的。每当串行口接收或发送一组串行数据完毕时，由硬件使 TI 或 RI 置位，作为串行口中断请求标志，即产生一个串行口中断请求。串行中断请求也是在单片机的内部自动发生的。

4.2.3 MCS-51 中断向量

MCS-51 单片机为用户提供了 5 个中断源供编程人员使用，当单片机接收到中断请求信号并满足中断响应的条件下，就会转去执行对应的中断服务子程序。MCS-51 单片机为每个中断源提供了对应的中断服务子程序的入口地址——中断向量。5 个中断源对应的中断向量（入口地址）见表 4-1 所列。

表 4-1 中断向量表

序号	中断源名称	中断向量（入口地址）
1	外部中断 0（$\overline{INT_0}$）	0003H
2	定时器 T_0 中断（T_0）	000BH
3	外部中断 1（$\overline{INT_1}$）	0013H
4	定时器 T_1 中断（T_1）	001BH
5	串行口中断（TI/RI）	0023H

4.3 MCS-51 中断系统结构

我们知道，计算机的中断系统是硬件技术和软件技术相结合的结果。不同的计算机因其硬件结构和软件指令不完全相同，从而导致中断系统也不相同。

MCS-51 单片机的中断系统功能的实现主要由通过如图 4－3 所示的几个与中断有关的特殊功能寄存器、查询电路和中断入口等构成。

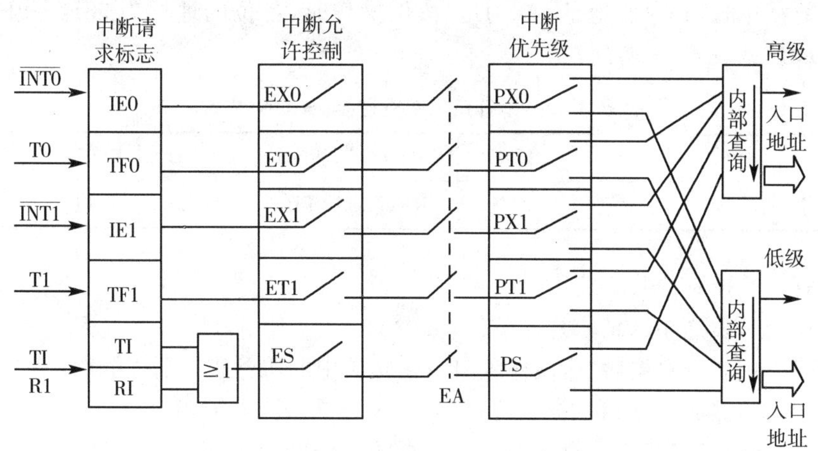

图 4－3　MCS-51 中断系统

MCS-51 单片机中断系统是通过对专用寄存器的操作来进行控制的，在 MCS-51 单片机中有四个专用寄存器可供用户使用。我们通过对以下四个控制寄存器的设置，就可以实现不同的功能。

4.3.1　定时器控制寄存器(TCON)

该寄存器用于保存外部中断请求以及定时器的计数溢出。进行字节操作时，寄存器地址为 88H。按位操作时，各位的地址为 88H～8FH。寄存器的内容及位地址见表 4－2 所列。

表 4－2　定时器控制寄存器(TCON)内容

位地址	8FH	8EH	8DH	8CH	8BH	8AH	89H	88H
位符号	TF_1	TR_1	TF_0	TR_0	IE_1	IT_1	IE_0	IT_0

IT_0 和 IT_1——外部中断请求触发方式控制位。

$IT_0(IT_1)=1$　　脉冲触发方式，下降沿有效。

$IT_0(IT_1)=0$　　电平触发方式，低电平有效。

IE_0 和 IE_1——外中断请求标志位。

当 CPU 采样到 $\overline{INT_0}$（或 $\overline{INT_1}$）端出现有效中断请求时，$IE_0(IE_1)$ 位由硬件置“1”。当中断响应完成转向中断服务程序时，由硬件把 IE_0（或 IE_1）清“0”。

TR_0 和 TR_1——定时器运行控制位。

$TR_0(TR_1)=0$　　定时器/计数器不工作。

$TR_0(TR_1)=1$　　定时器/计数器开始工作。

TF_0 和 TF_1——计数溢出标志位。

当计数器产生计数溢出时，相应的溢出标志位由硬件置“1”。当转向中断服务时，再由硬件自动清“0”。计数溢出标志位的使用有两种情况：采用中断方式时，作中断请求标志位来使用;采用查询方式时,作查询状态位来使用。

4.3.2 串行口控制寄存器(SCON)

进行字节操作时,寄存器地址为98H。按位操作时,各位的地址为98H～9FH。寄存器的内容及位地址见表4-3所列。

表4-3 串行口控制寄存器(SCON)内容

位地址	9FH	9EH	9DH	9CH	9BH	9AH	99H	98H
位符号	SM_0	SM_1	SM_2	REN	TB_8	RB_8	TI	RI

其中与中断有关的控制位共2位:

TI——串行口发送中断请求标志位。

当发送完一帧串行数据后,由硬件置"1";在转向中断服务程序后,用软件清"0"。

RI——串行口接收中断请求标志位。

当接收完一帧串行数据后,由硬件置"1";在转向中断服务程序后,用软件清"0"。串行中断请求由TI和RI的逻辑或得到。就是说,无论是发送标志还是接收标志,都会产生串行中断请求。

4.3.3 中断允许控制寄存器(IE)

进行字节操作时,寄存器地址为0A8H。按位操作时,各位的地址为0A8H～0AFH。寄存器的内容及位地址见表4-4所列。

表4-4 中断允许控制寄存器(IE)内容

位地址	0AFH	0AEH	0ADH	0ACH	0ABH	0AAH	0A9H	0A8H
位符号	EA	/	/	ES	ET_1	EX_1	ET_0	EX_0

其中与中断有关的控制位共6位:

EA——中断允许总控制位;

EA=0 中断总禁止,禁止所有中断;

EA=1 中断总允许,总允许后中断的禁止或允许由各中断源的中断允许控制位进行设置。

EX_0 和 EX_1——外部中断允许控制位;

$EX_0(EX_1)=0$ 禁止外部中断;

$EX_0(EX_1)=1$ 允许外部中断;

ET_0 和 ET_1——定时器/计数器中断允许控制位;

$ET_0(ET_1)=0$ 禁止定时器/计数器中断;

$ET_0(ET_1)=1$ 允许定时器/计数器中断;

ES——串行中断允许控制位;

ES=0 禁止串行中断;

ES=1 允许串行中断。

可见,MCS-51单片机通过中断允许控制寄存器对中断的允许(开放)实行两级控制。即以 EA 位作为总控制位，以各中断源的中断允许位作为分控制位。当总控制位为禁止时，关闭整个中断系统，不管分控制位状态如何，整个中断系统为禁止状态；当总控制位为允许时，开放中断系统，这时才能由各分控制位设置各自中断的允许与禁止。

MCS-51 单片机复位后(IE)＝00H，因此中断系统处于禁止状态。单片机在中断响应后不会自动关闭中断。因此在转中断服务程序后，应根据需要使用有关指令禁止中断，即以软件方式关闭中断。

4.3.4　中断优先级控制寄存器(IP)

MCS-51 单片机的中断优先级控制比较简单，因为系统只定义了高、低两个优先级。高优先级用“1”表示，低优先级用“0”表示。各中断源的优先级由中断优先级寄存器(IP)进行设定。

IP 寄存器地址 0B8H，位地址为 0BFH～0B8H。寄存器的内容及位地址见表 4－5 所列。

表 4－5　中断优先级控制寄存器(IP)内容

位地址	0BFH	0BEH	0BDH	0BCH	0BBH	0BAH	0B9H	0B8H
位符号	/	/	/	PS	PT_1	PX_1	PT_0	PX_0

其中：

PX_0——外部中断 0 优先级设定位；

PT_0——定时中断 0 优先级设定位；

PX_1——外部中断 1 优先级设定位；

PT_1——定时中断 1 优先级设定位；

PS——串行中断优先级设定位。

以上各位设置为“0”时，则相应的中断源为低优先级；设置为“1”时，则相应的中断源为高优先级。

优先级的控制原则是：

(1)低优先级中断请求不能打断高优先级的中断服务；但高优先级中断请求可以打断低优先级的中断服务，从而实现中断嵌套。

(2)如果一个中断请求已被响应，则同级的其他中断服务将被禁止，即同级不能嵌套。

(3)如果同级的多个中断同时出现，则按 CPU 查询次序确定哪个中断请求被响应。其查询次序为：外部中断 0→定时中断 0→外部中断 1→定时中断 1→串行中断。

中断优先级控制，除了中断优先级控制寄存器之外，还有两个不可寻址的优先级状态触发器。其中一个用于指示某一高优先级中断正在进行服务，从而屏蔽其他高优先级中断；另一个用于指示某一低优先级中断正在进行服务，从而屏蔽其他低优先级中断，但不能屏蔽高优先级的中断。此外，对于同级的多个中断请求查询的次序安排，也是通过专门的内部逻辑实现的。

4.4　中断处理过程

所有计算机的中断处理过程都包括中断响应、中断处理和中断返回三个阶段。对于不同的计算机，由于其内部硬件结构不完全相同，中断响应的方式也有所不同。MCS-51 单片机系统的中断处理过程如图 4-4 所示。

4.4.1 MCS-51 的中断响应

中断响应是在满足 CPU 的中断响应条件之后,CPU 对中断源中断请求的回答。在这个阶段,CPU 要完成执行中断服务程序以前的所有准备工作,这些准备工作包括:断点保护和把程序转向中断服务程序的入口地址。

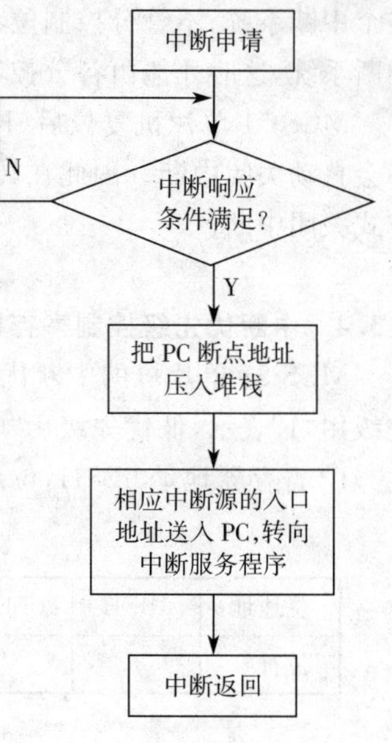

图 4-4 中断处理过程流程图

计算机在运行时,并不是任何时刻都会去响应中断请求,而是在中断响应条件满足之后才会响应,CPU 的中断响应条件包括:

(1)首先要有中断源发出中断申请;

(2)中断总允许位 EA=1,即 CPU 允许所有中断源申请中断;

(3)申请中断的中断源的中断允许位为 1,即此中断源可以向 CPU 申请中断。

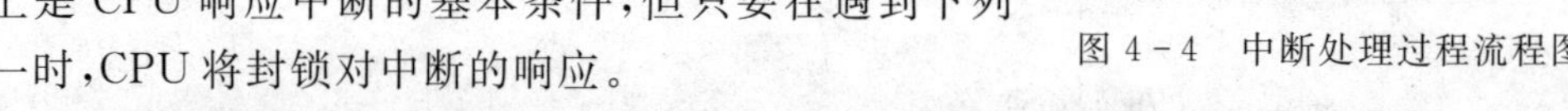

以上是 CPU 响应中断的基本条件,但只要在遇到下列情况之一时,CPU 将封锁对中断的响应。

(1)CPU 正在处理一个同级或者高级的中断服务。

(2)现行的机器周期不是当前正执行指令的最后一个周期。我们知道,单片机有单周期、双周期、三周期指令,当前执行指令是单字节没有关系,如果是双字节或四字节的,就要等整条指令都执行完了,才能响应中断(因为中断查询是在每个机器周期都可能查到的)。

(3)当前正执行的指令是返回指令(RETI)或访问 IP、IE 寄存器的指令,则 CPU 至少再执行一条指令才响应中断。这些都是与中断有关的。如果正在访问 IP、IE 则可能会开、关中断或改变中断的优先级,而中断返回指令则说明本次中断还没有处理完,所以都要等本指令处理结束,再执行一条指令才可以响应中断。

1. 中断采样

对于外部中断请求,中断请求信号来自于单片机外部,计算机要想知道有没有中断请求发生,必须对信号进行采样。

(1) 电平触发方式的外中断请求($IT_0/IT_1=0$)采样到高电平时,表明没有中断请求,IE_0 或 IE_1 继续为“0”。采样到低电平时,IE_0/IE_1 由硬件自动置“1”,表明有外中断请求发生。

(2)脉冲触发式的外中断请求($IT_0/IT_1=1$)在相邻的机器周期采样到的电平由高电平变为低电平时,则 IE_0/IE_1 由硬件自动置“1”,否则为“0”。

2. 中断查询

由 CPU 测试 TCON 和 SCON 中的各个中断标志位的状态,确定有哪个中断源发生请求,查询时按优先级顺序进行查询,即先查询高优先级再查询低优先级。如果同级,按以下顺序查询:$\overline{INT_0}\rightarrow T_0\rightarrow\overline{INT_1}\rightarrow T_1\rightarrow$TI/RI。

如果查询到有标志位为“1”,表明有中断请求发生,接着就从相邻的下一机器周期开始进行中断响应。

3. 中断响应

当 CPU 查询到中断请求时，由硬件自动产生一条 LCALL 指令，LCALL 指令执行时，首先把当前指令的下一条指令(就是中断返回后将要执行的指令)的地址送入堆栈，然后根据中断向量表，将相应的中断入口地址送入 PC。CPU 取指令就根据 PC 中的值，PC 中是什么值，就会到什么地方去取指令，所以程序就会转到中断入口处继续执行。这些工作都是由硬件来完成的，不必我们去考虑。但有个问题值得大家注意，每个中断向量地址只间隔了 8 个单元(见表 4－1)，在如此少的空间中如何完成中断程序呢？很显然，可以在中断向量表对应的中断入口地址处安排一条 LJMP 指令，这样就可以把中断程序跳转到任何需要的地方。

一个完整的主程序可以按照如下格式书写：

```
ORG     0000H
LJMP    START
ORG     0003H
LJMP INT0;转外中断 0
ORG 000BH
……
RETI
```

4. 中断响应时间

从查询中断请求标志位开始到转向中断入口地址所需的机器周期数。

(1)最短响应时间

以外部中断的电平触发为最快，其中中断请求标志位查询占一个机器周期，而这个机器周期又恰好是执行指令的最后一个机器周期，在这个机器周期结束后，中断即被响应，产生 LCALL 指令。而执行这条长调用指令需要两个机器周期，这样中断响应共经历了 3 个机器周期，即 1 个周期(查询)＋ 2 个周期(长调用 LCALL)。

(2)最长响应时间

若中断标志查询时，刚好开始执行 RET、RETI 或访问 IE、IP 的指令，则需要把当前指令执行完再继续执行一条指令后，才能进行中断响应。执行 RET、RETI 或访问 IE、IP 指令最长需要两个机器周期。而如果继续执行的那条指令恰好是 MUL(乘)或 DIV(除)指令，则又需要 4 个机器周期，再加上执行长调用 LCALL 所需要的两个机器周期，从而形成了 8 个机器周期的最长响应时间。即 2 个周期执行当前指令(其中含有 1 个周期查询)＋ 4 个周期乘除指令 ＋ 2 个周期长调用共 8 个周期。

因此 MCS-51 系统的中断响应时间的延迟在 3～8 个机器周期范围。当系统振荡频率是 12MHz 时，MCS-51 系统的中断响应延迟时间是 3～8μs；当系统振荡频率是 6MHz 时，MCS-51 系统的中断响应延迟时间是 6～16μs。即中断响应的延迟与 CPU 的工作频率成反比。一般情况下，外中断响应时间都是大于 3 个机器周期而小于 8 个机器周期。当然，如果出现同级或高级中断正在响应或服务中需等待的时候，那么响应时间就无法计算了。

4.4.2 MCS-51 的中断处理

中断服务程序从入口地址开始执行，直至遇到指令 RETI 为止，这个过程称为中断处理(又称中断服务)。此过程一般包括两部分内容，一是保护现场，二是处理中断源的请求。

因为一般主程序和中断服务程序都可能会用到累加器、PSW寄存器及其他一些寄存器。CPU在进入中断服务程序后，用到上述寄存器时，就会破坏它原来存在寄存器中的内容，一旦中断返回，将会造成主程序混乱，因而在进入中断服务程序后，一般要先保护现场，然后再执行中断处理程序，在返回主程序以前，再恢复现场。中断程序完成后，一定要执行一条RETI指令，执行这条指令后，CPU将会把堆栈中保存着的地址取出，送回PC，那么程序就会从主程序的中断处继续往下执行了。中断服务程序的编写流程图如图4－5所示，在编写中断服务程序时还需注意以下几点：

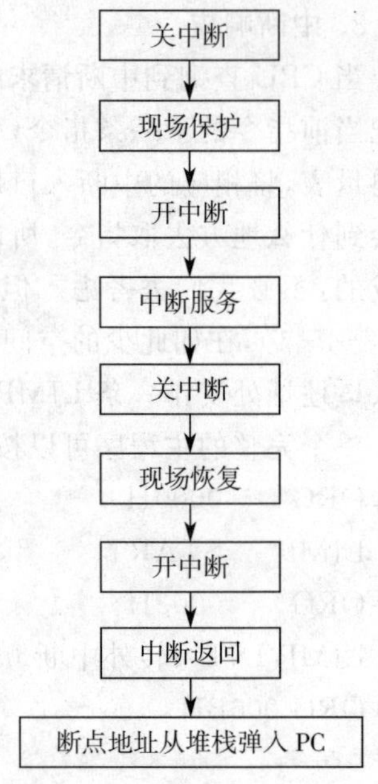

图4－5　中断服务程序流程图

(1)因为各入口地址之间，只相隔8个字节，一般的中断服务程序是容纳不下的，因而最常用的方法是在中断入口地址单元处存放一条无条件转移指令LJMP，这样可使中断服务程序灵活地安排在64KB程序存储器的任何空间。

(2)若要在执行当前中断程序时禁止更高优先级中断源中断，要先用软件关闭CPU中断，或禁止更高级中断源的中断，而在中断返回前再开放中断。

(3)在保护现场和恢复现场时，为了不使现场数据受到破坏或者造成混乱，一般规定在保护现场和恢复现场时，CPU不响应新的中断请求。这就要求在编写中断服务程序时，注意在保护现场之前关中断，在恢复现场之后开中断。

4.4.3　MCS-51的中断返回

中断返回是指中断处理完成后，计算机返回到原来断开的位置(断点)，继续执行原来的程序。中断返回由专门的中断返回指令RETI来实现，该指令的功能是把断点地址取出，送回到程序计数器PC中去。另外，它还通知中断系统已完成中断处理，将清除优先级状态触发器。特别要注意不能用“RET”指令代替“RETI”指令。

4.5　中断请求的触发方式和撤消

4.5.1　MCS-51外部中断的触发方式

MCS-51外部中断请求$\overline{INT_0}$和$\overline{INT_1}$的触发可以采用电平触发和边沿触发两种方式。当TCON中的IT_1和IT_0位为0时对应电平触发，为1时对应边沿触发。

$IT_X=0$，电平触发。当一个机器周期的S_5P_2采样$\overline{INT_X}$状态。对于电平触发方式，要求低电平一直要保持到中断请求被CPU响应为止。在中断处理返回前要撤销该申请，否则又会产生再次中断。所以电平触发适合于中断输入为低电平，且在中断处理中可清除中断源的申请。

$IT_X=1$，边沿触发方式。当CPU连续采样到一个周期的高电平和紧接着一个周期的低电平，则置位TCON中的IE_X，由IE_X申请中断。故这种方式即使CPU暂时不响应申请信号，中断申请也不会丢失。IE_X当进入中断时被硬件清除，也不会出现重复中断的情况。

中断信号的高低电平最少保持一个机器周期。

4.5.2 MCS-51外部请求的撤除

CPU响应中断请求后，在中断返回（执行RETI指令）前必须完成中断请求信号的撤除，即TCON或SCON中的中断请求标志应及时清除，否则会错误地再一次引起中断过程。

对于定时器溢出中断，CPU在响应中断后，由硬件自动清除有关的中断请求标志TF_0或TF_1，即中断请求是自动撤除的，无需采取其他措施。

对于边沿触发的外部中断$\overline{INT_0}$和$\overline{INT_1}$来说，CPU在响应中断后，也是由硬件自动清除有关的中断请求标志IE_0或IE_1，即中断请求也是自动撤除的，无需采取其他措施。

对于串行口中断，CPU响应中断后，没有用硬件清除TI、RI，故这些中断不能自动撤除，用户必须在中断服务程序中用软件来清除。

对于电平触发的外部中断$\overline{INT_0}$或$\overline{INT_1}$，CPU响应中断后，虽然也是由硬件自动清除中断申请标志IE_0或IE_1，但并不能彻底解决中断请求的撤除问题。因为尽管中断标志清除了，但是$\overline{INT_0}$或$\overline{INT_1}$引脚上的低电平信号可能会继续保持，在下一个机器周期中断请求时，又会使IE_0或IE_1重新置1。为此应该在外部中断请求信号接到$\overline{INT_0}$或$\overline{INT_1}$引脚的连接电路上采取措施，及时撤除中断请求信号。具体电路可以采用图4-6所示的硬件电路，配合相应的软件就能达到撤除中断请求信号的目的。

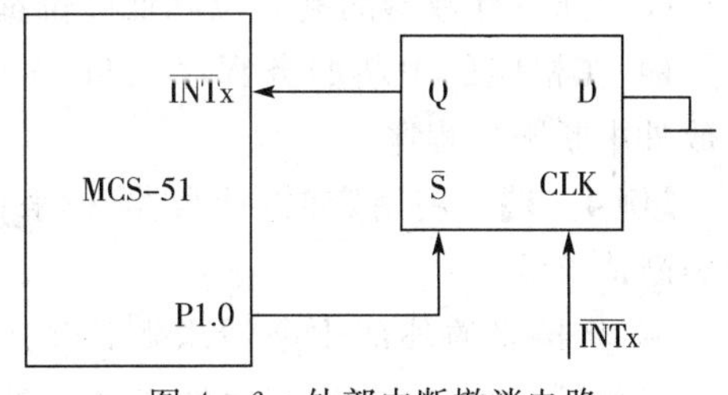

图4-6 外部中断撤消电路

外部中断请求信号不直接加在$\overline{INT_0}$或$\overline{INT_1}$上，而是加在D触发器的CLK端。由于D端接地，当外部中断请求的正脉冲信号出现在CLK端，且$\overline{INT_0}$或$\overline{INT_1}$为低电平时，发出中断请求。用P1.0接在触发器的S端作为应答线，当CPU响应中断后可用如下两条指令：

```
ANL     P1,#0FEH
ORL     P1,#01H
```

执行第一条指令使P1.0输出为0，其持续时间为两个机器周期，足以使D触发器置位，从而撤除中断请求。第二条指令使P1.0变为1，否则，D触发器的S端始终有效，$\overline{INT_0}$或$\overline{INT_1}$端始终为1，无法再次实现中断功能。

4.6 中断的扩展

在MCS-51单片机系统中，设计了两个外部中断请求输入端$\overline{INT_0}$或$\overline{INT_1}$，它们对应的中断服务程序的入口地址为0003H和0013H。我们在设计实际应用系统中，常常会出现所要求的外部中断源超过两个的情况，此时就必须对外部中断源进行扩展。常用的外部中断源扩展办法有定时器扩展法和软件查询扩展法两种。

4.6.1 MCS-51定时器扩展为外部中断源

在MCS-51单片机的内部有两个定时器/计数器T_0和T_1。在满足中断响应的情况下，当

T_0或T_1的计数值从全1(0FFFFH)状态进入全0(0000H)时,此时就会产生定时器T_0或T_1的溢出中断。

根据T_0或T_1产生溢出中断的条件,当我们把计数器T_0或T_1的初值设置为FFFFH,那么只要计数输入端再来一个脉冲就可以产生溢出中断申请。设想我们把外部中断输入连接到T_0或T_1的计数输入端,就可以利用外中断申请的负脉冲产生定时器溢出中断申请而转到相应的中断服务程序入口地址。只要在(000BH或001BH)处存放外部中断服务子程序,就可以达到利用定时/计数器溢出中断实现外部中断的目的。

利用定时器扩展外部中断源的具体方法包括以下步骤:

(1)将定时/计数器T_0或T_1的计数输入端(P3.3或P3.4)作为扩展的外部中断请求输入端。

(2)置定时/计数器T_0或T_1为工作模式2、计数方式——8位的自动装载方式。它是一种8位计数器的工作方式,计数器的低8位用做计数,高8位用以存放计数器的初值。当低8位计数器发生溢出时,高8位的内容会自动重新装入到低8位中,从而使计数可以重新按原规定的初值进行。

(3)定时/计数器的高8位和低8位都预置为全1(0FFH)。

(4)在相应的中断服务程序入口(000BH或001BH)处存放外中断服务程序。

【例4-1】 利用定时/计数器T_1来代替一个扩展的外部中断请求源。

解:将扩展的外部中断请求源$\overline{INT}$连接到定时/计数器T_1的计数输入端(P3.4),其硬件连接如图4-7所示。

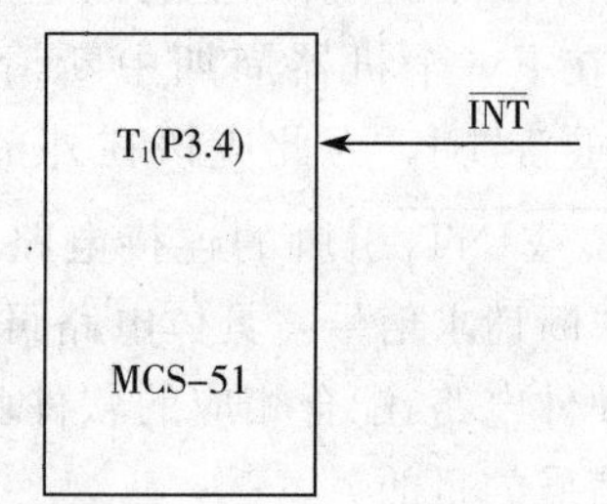

图4-7 定时器扩展为中断源

置定时/计数器T_1为工作模式2计数方式,TH_1和TL_1初值均为0FFH,允许T_1产生中断。则利用定时/计数器T_1溢出中断来扩展外部中断的初始化程序如下:

```
        ORG     2000H           ;开发系统用户程序首址
        AJMP    MAIN            ;转主程序
        ORG     001BH           ;定时器1中断入口地址
        AJMP    L0              ;转中断服务程序
MAZN:   MOV     SP, #53H        ;给栈指针赋初值
        MOV     TMOD, #60H      ;T1方式2,计数方式
        MOV     TL1, #0FFH      ;送时间常数
        MOV     TH1, #0FFH
        SETB    TR1             ;启动T1计数
        SETB    ET1             ;允许T1中断
        SETB    EA              ;CPU开中断
        SJMP    $               ;等待
L0:     DEC     A               ;T1中断处理程序
        MOV     P1,A            ;A内容减1送P1口
        RETI
```

此时,定时/计数器T_1的输入就可以作为外部中断请求的输入端了,等同于MCS-51增加

了一个边沿触发的外部中断请求源。

4.6.2　MCS-51 软件查询扩展外部中断源

当需要的外部中断源比较多，采用定时器溢出中断来扩展外部中断源仍不能满足实际要求时，可用查询方式来扩展外部中断源。图 4－8 是 MCS-51 单片机采用软件查询方法来扩展外部中断源的一种硬件连接方法。

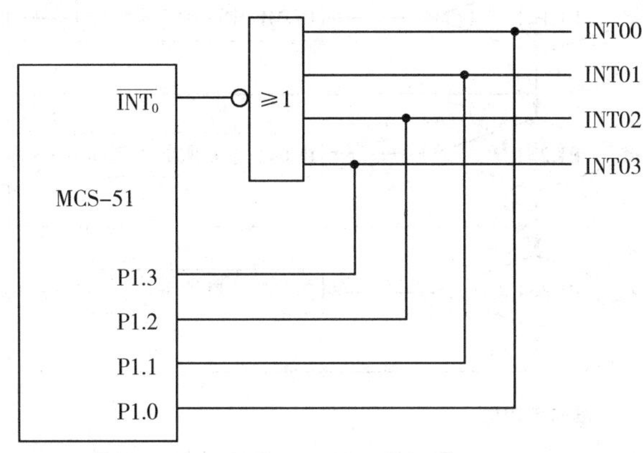

图 4－8　MCS-51 查询法多中断源扩展连接图

设有 4 个外部中断源，INT00、INT01、INT02 和 INT03，这 4 个外部中断请求源的输入端通过一个 4 路的或非门连接到 MCS-51 的 $\overline{INT_0}$ 引脚输入端。只要 4 个外部中断请求源之中有一个或一个以上有效（高电平），就会产生一个负的 $\overline{INT_0}$ 信号向 MCS-51 发出中断申请。

为了确认在 $\overline{INT_0}$ 有效时究竟是 INT00、INT01、INT02、INT03 中的哪一个外部中断源发出的中断申请，可以通过软件查询的方法来确认当前提出中断申请的中断源。按照图 4－8 的连接方式，将 4 个外部中断源输入端 INT00、INT01、INT02 和 INT03 分别接到 P1 口的 P1.0～P1.3 这 4 个引脚上。一旦 MCS-51 响应中断，在中断服务程序中 CPU 通过软件查询的方法对 P1.0～P1.3 这 4 条输入线的电位进行检测，以确认提出中断申请的中断源。

当扩展的 4 个外部中断源的优先级不同时，软件查询的顺序也应按照优先级由高到低的顺序进行。设扩展的 4 个外部中断源的优先级由高到低的顺序是 INT00 →INT03，则软件查询的顺序为 P1.0 →P1.3。

MCS-51 的软件查询扩展外部中断源的方法与一般的查询式输入/输出有着本质的区别。一般查询式输入/输出方法中，CPU 绝大部分时间在做查询工作，不断地查询外部设备的工作状态，以确定是否可以进行数据交换。而软件查询扩展中断源法中的查询仅是在 CPU 收到外部中断请求以后，再通过查询方法来认定中断源，不必反复进行，这种查询只需执行中断服务一次就行。

【例 4－2】　按照图 4－8 给出的软件查询扩展外部中断源硬件电路，设扩展的 4 个外部中断源的优先级由高到低的顺序是 INT00 →INT03，请写出有关的中断服务程序。

解：根据图 4－8 给出的软件查询扩展外部中断源硬件电路和优先级由高到低的顺序，得到图 4－9 所示的软件查询扩展外部中断源流程图。查询次序为 INT00→INT03。在查到一个高级中断申请后，就转去为这个中断申请服务，服务结束后，就返回继续查询较低级的中断申请，直到查不到其他中断申请时再返回主程序，并等待$\overline{INT_0}$上出现新的中断申请信号。

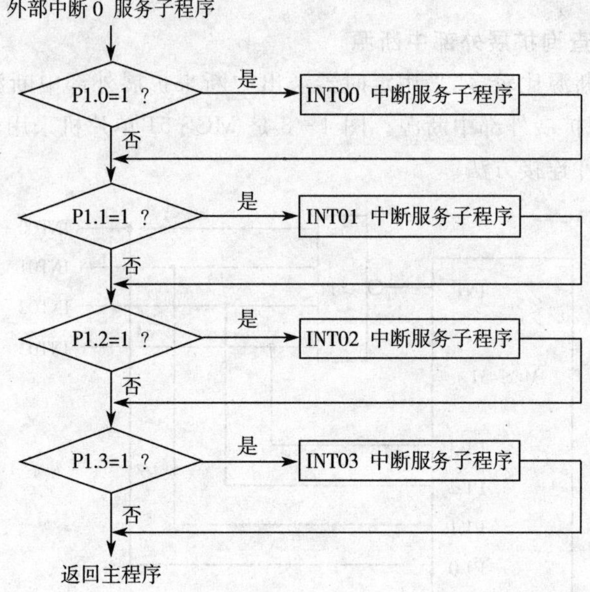

图 4－9　软件查询扩展外部中断源流程图

CPU 响应$\overline{INT_0}$中断申请后，总是转到入口地址 0003H，进入中断服务程序，对中断源的查询就在这个服务程序中进行，并根据查询结果转向各自的服务子程序。

这些子程序尽管是为各个中断源服务的，但不是真正的中断服务子程序，而只是一般的子程序。子程序返回时要用 RET 指令而不是 RETI 指令，只有所有的扩展外部中断查询完毕后，返回主程序时再使用 RETI 指令。

软件查询扩展外部中断源的中断服务程序可描述如下：

```
        ORG     0003 H
        LJMP    RJCX
        ……
RJCX：  PUSH    PSW
        PUSH    ACC
        ANL     P1，＃0FH
        JNB     P1.0，NEXT1
        ACALL INT00
NEXT1：JNB P1.1，NEXT2
        ACALL INT01
NEXT2：JNB P1.2，NEXT3
        ACALL INT02
NEXT3：JNB P1.3，NEXT4
        ACALL INT03
NEXT4：POP     ACC
        POP     PSW
```

```
        RETI
INT00：……；    INT00 中断服务子程序
        RET
INT01：……；    INT01 中断服务子程序
        RET
INT02：……；    INT02 中断服务子程序
        RET
INT03：……；    INT03 中断服务子程序
        RET
```

4.7　中断系统的应用

在中断服务程序编程时，首先要对中断系统进行初始化，也就是用软件对 4 个特殊功能寄存器 TCON、SCON、IE 和 IP 的有关控制位进行赋值。具体来说，就是要完成下列工作：

(1)开中断和允许中断源中断；

(2)各中断请求源中断请求的允许和禁止；

(3)确定各中断源的优先级；

(4)若是外部中断，则应规定是电平触发还是边沿触发。

4.7.1　MCS-51 外部中断

【例 4－3】 使用外部中断 0，当每次响应中断时，P1 口依次输出高电平，使 8 个发光二极管依次循环熄灭闪烁。

解：

(1)电路设计

根据题意要求，设计如图 4－10 所示的 LED 循环闪烁硬件电路。

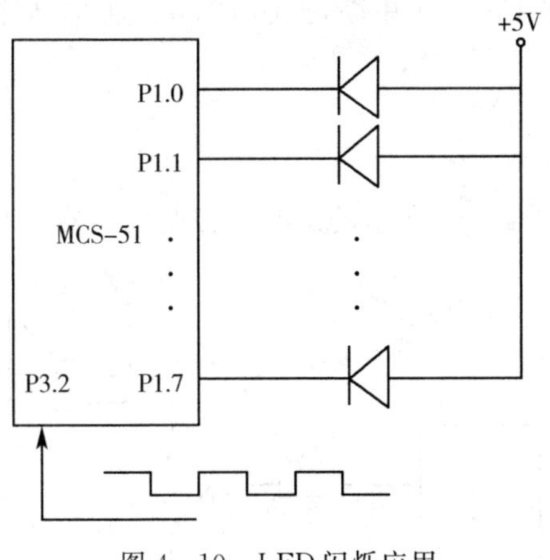

图 4－10　LED 闪烁应用

(2) 程序设计

对应图 4－10 的硬件电路，相应的程序清单如下：

```
        ORG     0000H
        LJMP    MAIN            ;转主程序
        ORG     0003H           ;外部中断 0 入口地址
        LJMP    LED             ;转中断程序
        ORG     1000H
MAIN:   SETB    IT0             ;外部中断 0 下降沿有效
        SETB    EX0             ;外部中断 0 允许
        SETB    EA              ;总中断允许
LOOP:   AJMP    LOOP            ;等待中断
        ORG     1050H           ;中断程序入口
LED:    MOV     R2,#08          ;置循环次数
        MOV     A,#FEH          ;灯亮初值
LOOP0:  RR      A               ;右移一位
        MOV     R7,#0FFH        ;定时
LOOP1:  MOV     R6,#0FFH
LOOP2:  NOP
        NOP
        DJNZ    R6,LOOP2
        DJNZ    R7,LOOP1
        MOV     P1,A            ;控制灯的亮灭
        DJNZ    R2, LOOP0       ;循环
        RETI                    ;中断返回
        END
```

4.7.2 MCS-51 定时器中断

【例 4－4】 通过定时器 1 来产生中断，控制 P1.0 线上的脉冲输出，并经三极管驱动扬声器，发出音调信号。

解：

(1)电路设计

根据题意要求，设计如图 4－11 所示的定时器控制扬声器发音的硬件电路。

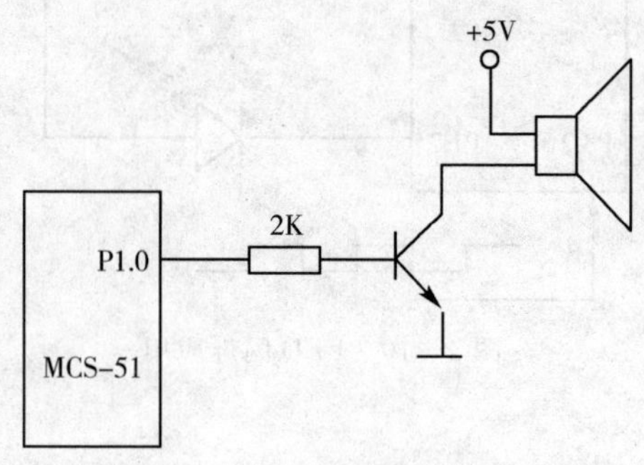

图 4－11 定时器控制扬声器

（2）程序设计

对应图 4－11 的硬件电路，编写的相关程序清单如下：

```
        ORG     0000H
        LJMP    MAIN
        ORG     001BH               ;中断入口地址
        CPL     P1.0
        RETI
        ORG     1000H
MAIN:   MOV     R1,#00H
        MOV     R0,#23H
        MOV     TMOD,#20H           ;定时器 1 工作方式 2
        MOV     IE, #88H            ;定时器 1 允许中断
L1:     MOV     DPTR,#3FFFH
        MOV     A,R0                ;取数
        INC     R0                  ;修改指针
        MOVC    A,@A+PC             ;查表
        JZ      MAIN
        MOV     R1,A                ;计算计数初值
        MOV     A,#0FFH
        CLR     C
        SUBB    A,R1
        RL      A
        MOV     TH1,A               ;置计数初值
        SETB    TR1                 ;开始计数
L2:     CLR     C
        MOV     A,DPL               ;延时
        SUBB    A,#01H
        MOV     DPL,A
        MOV     A,DPH
        SUBB    A,#00H
        MOV     DPH,A
        ORL     A,DPL
        JNZ     L2
        CLR     TR1
        SJMP    L1
        END
```

4.7.3 MCS-51 串行口通信

【例 4－5】 MCS-51 系统多机通信软件设计。

1. 软件协议

任何通信系统都要制定相关的通信协议，在 MCS-51 系统中，进行通信软件设计时要注意以下几个方面：

(1)MCS-51 系统中允许有 255 台从机，其地址范围为 00H～FEH。

(2)地址 FFH 是对所有从机都起作用的一条控制命令，命令各从机恢复 SM2=1 状态。

(3)主机和从机的联络过程：主机首先发送地址帧，被寻址从机向主机回送本机地址，主机在判断地址相符后给被寻址的从机发送控制命令，被寻址的从机根据其命令向主机回送自己的状态，若主机判断状态正常，主机即开始发送或接收数据，发送或接收的第一个字节为数据块长度。若从机状态不正常，主机则要求进行重新联络。

(4)设主机发送的控制命令代码为：

00H：要求从机接收数据块；

01H：要求从机发送数据块；

其他：非法命令。

(5)从机状态字格式为：

D7	D6	D5	D4	D3	D2	D1	D0
ERR	0	0	0	0	0	TRDY	RRDY

其中，若 ERR=1，从机接收到非法命令；

若 TRDY=1，从机发送准备就绪；

若 RRDY=1，从机接收准备就绪。

2. 主机、从机多机通信软件设计

在 MCS-51 多机通信的实际应用中，经常采用主机查询、从机中断的通信方式。

主机通信程序部分以子程序的方式给出，要进行串行通信，可直接调用这个子程序；从机通信部分以串行口中断服务程序的方式给出，若从机未做好接收或发送的准备，就从中断程序中返回，在主程序中做好准备。主机在这种情况下不能简单地等待从机准备就绪，而要重新与从机联络，使从机再次执行串行口中断服务程序。

(1)主机串行通信子程序

主机查询方式程序流程图如图 4-12 所示，串行通信子程序如下：

入口参数：(R0)——主机发送的数据块首地址；

(R1)——主机接收的数据块首地址；

(R2)——被寻址的从机地址；

(R3)——主机发出的命令；

(R4)——数据块长度。

```
MSIO:  MOV   TMOD，#20H          ;初始化 T1 为定时功能，模式 2
       MOV   TL1，#0F3H          ;送入初值
       MOV   TH1，#0F3H
       SETB  TR1                 ;启动定时器 T1
       MOV   PCON，#80H          ;设置 SMOD=1
```

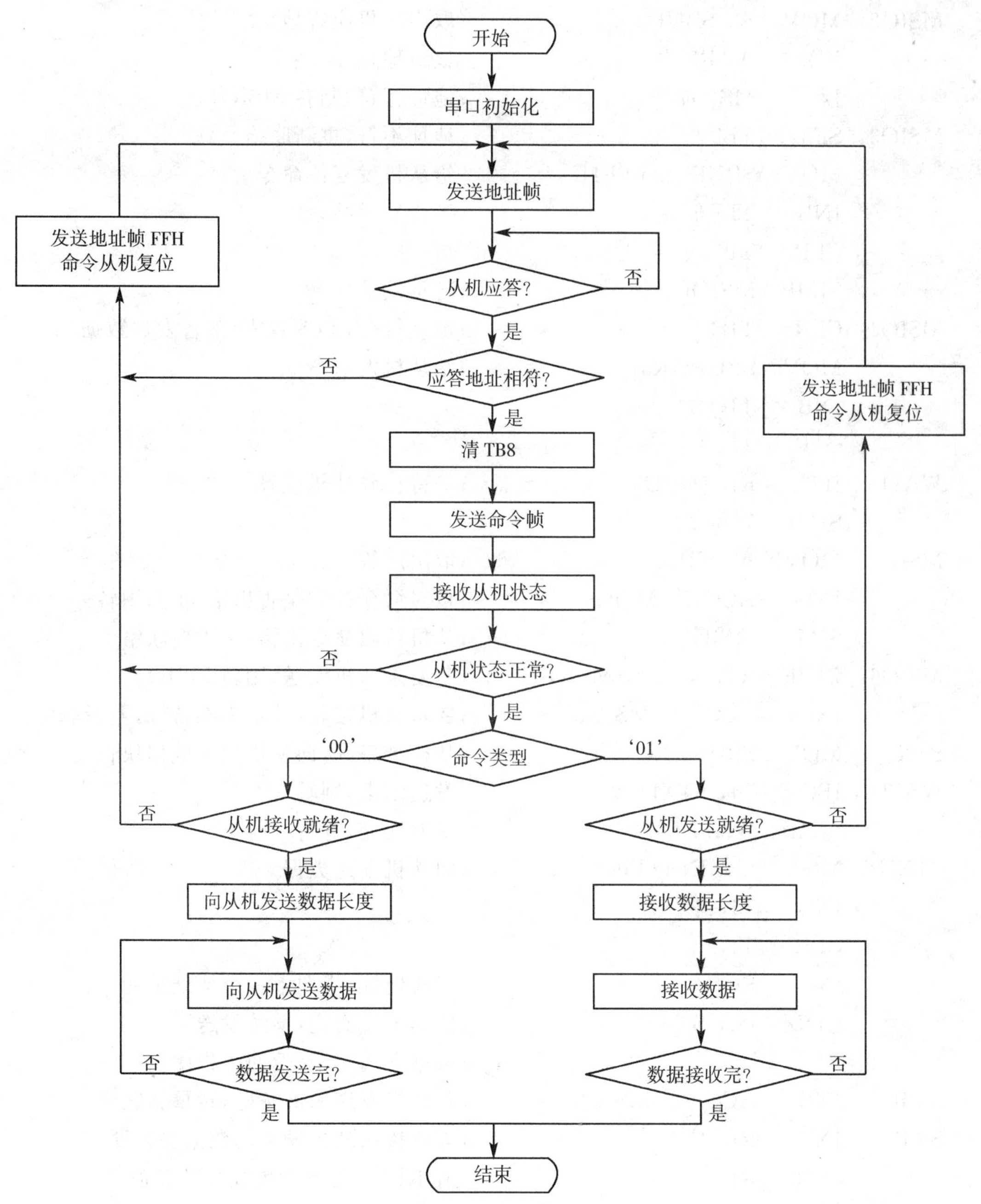

图 4－12　多机通信主机查询方式程序流程

```
        MOV   SCON, #0D8H       ;设置串行口模式 3,允许接收,TB8=1
MSIO1:  MOV   SBUF, R2          ;发送从机地址
        JNB   TI, $             ;等待发送结束
        CLR   TI                ;发送完,清 TI,为下一次发送做准备
WAIT1:  JBC   RI, MSIO2         ;等待从机应答
        SJMP  WAIT1
```

```
MSIO2：MOV   A，SBUF              ;取出从机应答地址
       XRL   A，R2                ;核对地址
       JZ    MSIO4                ;地址相符,则转 MSIO4
MSIO3：SETB  TB8                  ;地址不符,重新联络
       MOV   SBUF，#0FFH          ;给从机发复位命令
       JNB   TI，$                ;等待发送结束
       CLR   TI                   ;清 TI
       SJMP  MSIOl                ;转重发地址
MSIO4：CLR   TB8                  ;地址符合,TB8 置零,准备发送数据/命令
       MOV   SBUF，R3             ;给从机发送命令
       JNB   TI，$
       CLR   TI
WAIT2：JBC   RI，MSIO5            ;等待接收从机应答
       SJMP  WAIT2
MSIO5：MOV   A，SBUF              ;取出应答信息
       JNB   ACC.7，MSIO6         ;核对命令接收是否出错,正确则转
       SJMP  MSIO3                ;从机接收命令出错,转重新联络
MSIO6：CJNE  R3，#00H，MSIO7      ;若要求从机发送,则转 MSIO7
       JNB   ACC. 0，MSIO3        ;要求从机接收,从机未准备好,重新联络
STX：  MOV   SBUF，R4             ;从机准备好,向从机发送数据块长度
WAIT3：JBC   TI，STXl             ;发送结束,则转
       SJMP  WAIT3                ;未发送完,等待
STXl： MOV   SBUF，@R0            ;向从机发送数据
       JNB   TI，$
       CLR   TI，
       INC   R0                   ;修改地址,指向下一个地址单元
       DJNZ  R4，STX1             ;数据未发送完,继续发送
       RET                        ;数据发送完毕,返回主程序
MSIO7：JNB   ACC. 1，MSIO3        ;若从机发送未准备好,转重新联络
SRT：  JNB   RI，$                ;等待接收从机发来的数据块长度
       CLR   RI                   ;清 RI 位,为下一次接收做准备
       MOV   A，SBUF              ;取出收到的数据
       MOV   R4，A                ;数据块长度进计数器 R4
       MOV   @Rl，A               ;数据块长度存入数据存储区
       INC   R1                   ;修改地址
SRXl： JNB   RI，$                ;等待接收从机发来的数据
       CLR   RI
       MOV   @R1，SBUF            ;接收的数据存入数据存储区
       INC   Rl                   ;修改地址,指向下一个地址单元
```

```
        DJNZ   R4, SRX1                 ;数据未接收完,继续接收
        RET                             ;数据接收完毕,返回主程序
```

在调用以上子程序之前,应先准备好 R0、R1、R2、R3 和 R4 中的参数。

(2)从机中断方式通信程序

在 MCS-51 系统的主从机通信过程中,从机的串行通信采用中断控制启动方式,在串行通信启动后仍采用查询方式来接收或发送数据块。初始化程序安排在主程序中,中断服务程序中使用第 1 组工作寄存器。本程序中用标志位 PSW.1 作为发送准备就绪标志,PSW.5 作为接收准备就绪标志,由主程序置位。

程序中还规定所发送的数据存放在片内 RAM 区中,首址为 40H 单元,第一个数据为数据块的长度;接收的数据存放在片内 RAM 区中,首址为 60H 单元,接收的第一个数据为数据块的长度。SLAVE 为本机地址。从机中断方式程序流程如图 4-13 所示。

```
          ORG    0000H
          AJMP   START          ;主程序上电、复位入口
          ORG    0023H
          LJMP   SSIO           ;串行口中断服务程序入口
          ORG    0050H
START:    MOV    TMOD, #20H     ;设置定时器 T1 为模式 2
          MOV    TL1, #0F3H     ;送入初值
          MOV    TH1, #0F3H
          SETB   TR1            ;启动定时器 T1
          MOV    SCON, #0F0H    ;串行口为模式 3,允许接收,SM2=1
          MOV    PCON, #80H     ;设 SMOD=1
          MOV    08 H, #40H     ;发送数据的首地址→R0
          MOV    09H, #60H      ;接收数据的首地址→R1
          SETB   EA             ;CPU 开中断
          SETB   ES             ;允许串行口中断
          LJMP   MAIN           ;转主程序,等待串行口中断
          ……
SSIO:     CLR    RI             ;清中断申请 RI,为下一次接收做准备
          PUSH   ACC            ;保护现场
          PUSH   PSW
          SETB   RS0            ;选第 1 组工作寄存器
          CLR    RS1
          MOV    A, SBUF        ;读取主机发来的地址
          XRL    A, #SLAVE      ;核对是否为本机地址
          JZ     SSIO1          ;地址符合,跳转
RETURN:   SETB   SM2            ;恢复 SM2=1
          POP    PSW            ;恢复现场
          POP    ACC
```

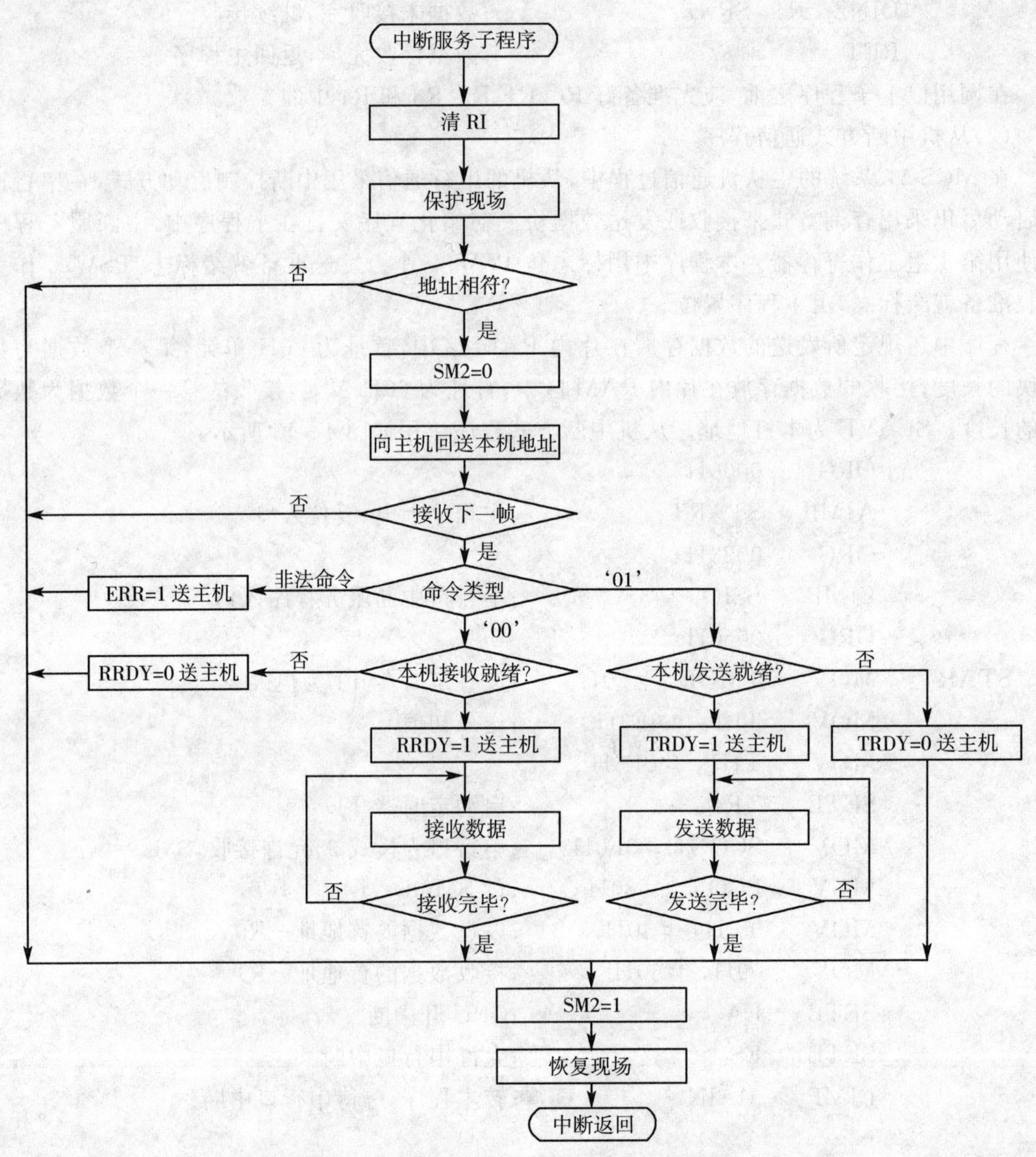

图 4-13 多机通信中从机中断方式程序流程

```
        RETI                    ;中断返回
SSIO1:  CLR     SM2             ;令 SM2=0,准备接收数据/命令帧
        CLR     TI              ;清 TI,为发送做准备
        MOV     SBUF, #SLAVE    ;向主机发回本机地址供核对
        JNB     TI, $           ;等待发送结束
        CLR     TI              ;清 TI
        JNB     RI, $           ;等待主机发送数据/命令帧
        CLR     RI              ;清 RI
        JNB     RB8, SSIO2      ;是数据/命令帧,则跳转
        SJMP    RETURN          ;RB8=1 是复位信号,转返回
```

```
SSIO2:   MOV    A,SBUF          ;取出命令
         CJNE   A, #02H, NEXT   ;检查命令是否合法
NEXT:    JC     SSIO3           ;(A)<02H,是合法命令,跳转
         MOV    SBUF, #80H      ;是非法命令,向主机发出 ERR=1 的状态字
         JNB    TI, $           ;等待发送结束
         CLR    TI              ;清 TI
         SJMP   RETURN          ;转返回
SSIO3:   JZ     CMOD            ;是接收命令,转接收
CMD1:    JB     PSW.1, SSIO4    ;是发送命令,若发送准备就绪,转发送
         MOV    SBUF, #00H      ;未准备好,向主机发出 TRDY=0 的状态字
         JNB    TI, $           ;等待发送结束
         CLR    TI              ;清 TI
         SJMP   RETURN          ;转返回
SSIO4:   MOV    SBUF, #02H      ;向主机发出发送准备就绪信号
         JNB    TI, $           ;等待发送结束
         CLR    TI              ;清 TI
         CLR    PSW.1
         MOV    R4, @R0         ;数据块长度→R4
         INC    R4              ;数据块长度加 1
LOOP1:   MOV    SBUF, @R0       ;发送数据(第一个字节是数据块长度)
         JNB    TI,$            ;等待发送结束
         CLR    TI              ;清 TI
         INC    R0              ;修改地址,指向下一个地址单元
         DJNZ   R4, LOOP1       ;数据未发送完,继续
         LJMP   RETURN          ;数据发送完转返回
CMOD:    JB     PSW.5, SSIO5    ;若 PSW.5= 1(接收准备就绪),转接收
         MOV    SBUF, #00H      ;未准备好,向主机发出 RRDY=0 的状态字
         JNB    TI, $           ;等待发送结束
         CLR    TI              ;清 TI
         SJMP   RETUAN          ;转返回
SSIO5:   MOV    SBUF, #01H      ;向主机发出接收准备就绪信号
         JNB    TI, $           ;等待发送结束
         CLR    TI              ;清 TI
         CLR    PSW.5
         JNB    RI, $           ;等待接收数据块长度
         CLR    RI              ;清 RI
         MOV    A, SBUF         ;读取数据块长度
         MOV    @R1, A          ;数据块长度送内存
         INC    R1              ;地址指针加 1,指向下一单元
```

```
        MOV     R4, A          ;数据块长度送 R4
LOOP2:  JNB     RI, $          ;等待接收数据
        CLR     RI             ;清 RI
        MOV     @R1, SBUF      ;读取接收的数据送内存
        INC     R1             ;修改地址,指向下一个地址单元
        DJNZ    R4, LOOP2      ;数据未接收完,继续
        LJMP    RETURN         ;数据接收完转返回
```

复习思考题

4-1 MCS-51 单片机系统包括几个中断源？各中断标志是如何产生的，又如何清零的？CPU 响应中断时，中断入口地址各是多少？

4-2 MCS-51 单片机系统中有几个中断标志位？它们有什么相同和不同之处？

4-3 MCS-51 的中断系统有几个中断优先级？中断优先级是如何控制的？

4-4 试编程实现，将$\overline{INT_0}$设为高优先级中断，且为电平触发方式，T_0溢出中断设为低优先级中断，串行口中断为高优先级中断，其余中断源设为禁止状态。

4-5 如何将定时器中断扩展为外部中断源？

4-6 如何实现软件查询的外部中断源扩展？

4-7 断点保护和现场保护的作用分别是什么？

4-8 什么是开中断？什么是关中断？如何实现？

4-9 试用中断技术设计一个秒闪电路，其功能是发光二极管 LED 每秒闪亮 400 ms。主机频率为 6 MHz。

4-10 试设计一个 MCS-51 单片机的双机通信系统，并编写程序将 A 机片内 RAM 60H ～ 7FH 的数据通过串行口传送到 B 机的片内 RAM 40H～5FH 中去。要求传送时进行奇校验；若出错，则置 F0 标志为 1。

第 5 章　定时/计数器

5.1　定时/计数器的结构

1. 定时/计数器组成框图

8051 内部有两个 16 位的可编程定时/计数器，称为定时器 0（T0）和定时器 1（T1），可编程选择其作为定时器或作为计数器用。此外，工作方式、定时时间、计数值、启动、中断请求等都可以由程序设定，其逻辑结构如图 5-1 所示。

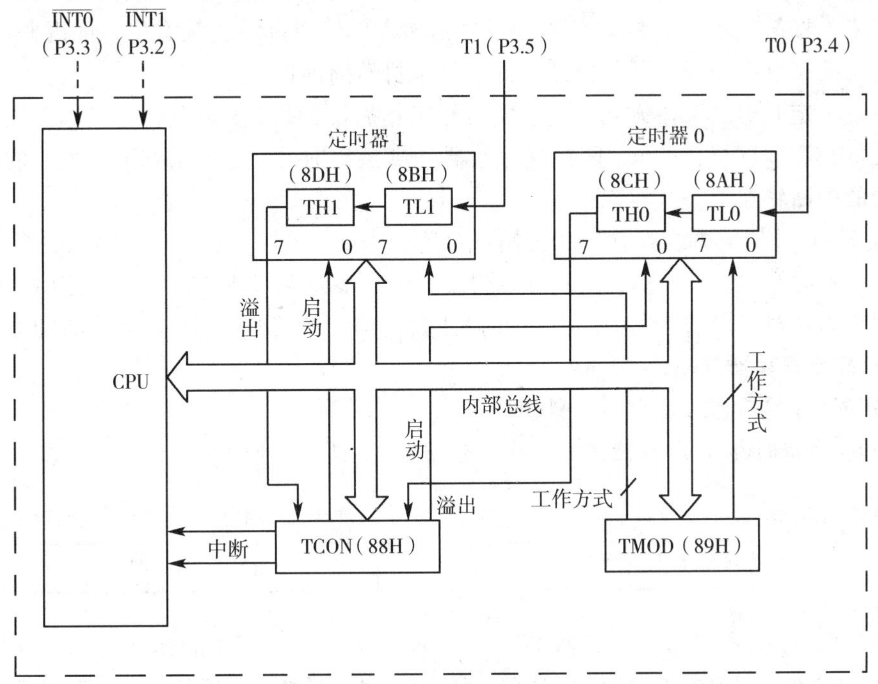

图 5-1　8051 定时/计数器逻辑结构图

由图可知，8051 定时/计数器由定时器 0、定时器 1、定时器方式寄存器 TMOD 和定时器控制寄存器 TCON 组成。

定时器 0、定时器 1 是 16 位加法计数器，分别由两个 8 位专用寄存器组成：定时器 0 由 TH0 和 TL0 组成，定时器 1 由 TH1 和 TL1 组成。TL0、TL1、TH0、TH1 的访问地址依次为 8AH～8DH，每个寄存器均可单独访问。定时器 0 和定时器 1 用作计数器时，对芯片引脚 T0（P3.4）或 T1（P3.5）上输入脉冲计数，每输入一个脉冲，加法计数器加 1；用作定时器时，对内部机器周期脉冲计数，由于机器周期是定值，故计数器确定时，时间也随之确定。

TMOD、TCON 与定时器 0、定时器 1 间通过内部总线及逻辑电路连接，TMOD 用于设置定时器的工作方式，TCON 用于控制定时器的启动与停止。

2. 定时/计数器工作原理

当定时/计数器设置为定时工作方式时,计数器对内部机器周期计数,每过一个机器周期,计数器增 1,直至计数溢出。定时器的定时时间与系统的振荡频率紧密相关,因 MCS-51 单片机的一个机器周期由 12 个振荡脉冲组成,所以,计数器 $f_c=\frac{1}{12}f_{osc}$。如果单片机系统采用 12MHz 晶振,则计算周期为:$T=\frac{1}{12\times10^6\times1/12}=1\mu s$,这是最短的定时周期,适当选择定时器的初值可获取各种定时时间。

当定时/计数器设置为计数工作方式时,计数器对来自输入引脚 T0(P3.4)和 T1(P3.5)的外部信号计数,外部脉冲的下降沿将触发计数器计数。在每个机器周期的 S5P2 期间采样引脚输入电平,若前一个机器周期采样值为 1,后一个机器周期采样值为 0,则在机器周期的 S3P1 期间装入计数器中的,可见,检测一个由 1 到 0 的负跳变后需要两个机器周期,所以,最高检测频率为振荡频率的 1/24。计数器对外部输入信号的占空比没有特别的限制,但必须保证输入信号的高电平与低电平的持续时间在一个机器周期以上。

当设置了定时器的工作方式并启动定时器工作后,定时器就在设定的工作方式下独立工作,不再占用 CPU 的操作时间,只有在计数器计满溢出时才可能中断 CPU 当前的操作。关于定时器的中断将在下一节讨论。

3. 定时/计数器的方式寄存器和控制寄存器

在启动定时/计数器工作之前,CPU 必须将一些命令(称为控制字)写入定时/计数器中,这个过程称为定时/计数器的初始化。定时/计数器的初始化通过定时/计数器的方式寄存器 TMOD 和控制寄存器 TCON 完成。

(1)定时/计数器方式寄存器 TMOD

TMOD 为定时器 0、定时器 1 的工作方式寄存器,其格式如下:

TMOD	D7	D6	D5	D4	D3	D2	D1	D0
	GATE	$C/\overline{T}$	M1	M0	GATE	$C/\overline{T}$	M1	M0
(89H)	←	定时器 1		→|←		定时器 0		→|

TMOD 的低 4 位为定时器 0 的方式字段,高 4 位为定时器 1 的方式字段,它们的含义完全相同。

①M1 和 M0:方式选择位。定义如下。

M1	M0	工作方式	功能说明
0	0	方式 0	13 位计数器
0	1	方式 1	16 位计数器
1	0	方式 2	自动再装入 8 位计数器
1	1	方式 3	定时器 0:分为两个 8 位计数器 定时器 1:停止计数

②$C/\overline{T}$:功能选择位。$C/\overline{T}=0$ 时,设置为定时器工作方式;$C/\overline{T}=1$ 时,设置为计数器工

作方式。

③GATE:门控位。当 GATE=0 时,软件控制位 TR0 或 TR1 置 1 可启动定时器;当 GATE=1 时,软件控制位 TR0 或 TR1 需置 1,同时还需$\overline{INT0}$(P3.2)或$\overline{INT1}$(P3.3)为高电平可启动定时器,即允许外中断$\overline{INT0}$、$\overline{INT1}$启动定时器。

TMOD 不能位寻址,只能用字节指令设置高 4 位定义定时器 1 的工作方式,低 4 位定义定时器 0 的工作方式。复位时,TMOD 所有位均置 0。

举例说明如下:设置定时器 1 工作方式 1,定时工作方式与外部中断无关,则 M1=0,M0=1,C/$\overline{T}$=0,GATE=0,因此,高 4 位应为 0001;定时器 0 未用,低 4 位可随意置数,但低两位不可为 11(因方式 3 时,定时器 1 停止计数),一般将其设为 0000。因此,指令形式为

```
MOV    TMOD,  #10H
```

(2)定时/计数器控制寄存器 TCON

TCON 的作用是控制定时器的启动、停止、标志定时器的溢出和中断情况。定时器控制字 TCON 的格式如下:

TCON(88H)	8FH	8EH	8DH	8CH	8BH	8AH	89H	88H
	TF1	TR1	TF0	TR0	IE1	IT1	IE0	IT0

各位含义如下。

①TCON.7　TF1:定时器 1 溢出标志位。当定时器 1 计满数产生溢出时,由硬件自动置 TF1=1。在中断允许时,向 CPU 发出定时器 1 的中断请求,进入中断服务程序后,由硬件自动清"0"。在中断屏蔽时,TF1 可作查询测试用,此时只能由软件清"0"。

②TCON.6　TR1:定时器 1 运行控制位。由软件置 1 或清"0"来启动或关闭定时器 1。当 GATE=1,且$\overline{INT1}$为高电平时,TR1 置 1 启动定时器 1;当 GATE=0,TR1 置 1 即可启动定时器 1。

③TCON.5　TF0:定时器 0 溢出标志位。其功能及操作情况同 TF1。

④TCON.4　TR0:定时器 0 运行控制位。其功能及操作情况同 TR1。

⑤TCON.3　IE1:外部中断 1($\overline{INT1}$)请求标志位。

⑥TCON.2　IT1:外部中断 1 触发方式选择位。

⑦TCON.1　IE0:外部中断 0($\overline{INT0}$)请求标志位。

⑧TCON.0　IT0:外部中断 0 触发方式选择位。

TCON 中的低 4 位用于控制外部中断,与定时/计数器无关,将在下一节中介绍。当系统复位时,TCON 的所有位均清"0"。

TCON 的字节地址为 88H,可以位寻址,清溢出标志位或启动定时器都可以用位操作指令:SETB　TR1、JBC　TF1,LP2。

(3)定时/计数器的初始化

由于定时/计数器的功能是由软件编程确定的,所以,一般在使用定时/计数器前都要对其进行初始化。初始化步骤如下。

①确定工作方式——对 TMOD 赋值。

赋值语句为:MOV　TMOD　#10H,表明定时器 1 工作在方式 1,且工作在定时器方式。

②预置定时或计数的初值——直接将初值写入 TH0、TL0 或 TH1、TL1。

定时/计数器的初值因工作方式的不同而不同。设最大值为 M，则各种工作方式下 M 值如下：

方式 0：$M=2^{13}=8192$

方式 1：$M=2^{16}=65536$

方式 2：$M=2^{8}=256$

方式 3：定时器 0 分为两个 8 位计数器，所以两个定时器的 M 值均为 256。

因定时/计数器工作的实质是做“加 1”计数，所以，当最大计数值 M 值已知时，初值 X 可计算如下：

$$X=M-\text{计数值}$$

定时器采用方式 1 定时，M＝65536，如要求每 50ms 溢出一次，采用 12MHz 晶振，则计数周期 $T=1\mu s$，计数值$=\frac{50\times1000}{1}=50000$，所以，计数初值为

$$X=65536-50000=15536=3CB0H$$

将 3C、B0、分别预制给 TH1、TL1。

③根据需要开启定时/计数器中断——直接对 IE 寄存器赋值。

未采用中断计数方式，因此，没有相关语句，下一节讲述中断的概念时将讨论这部分内容。

④启动定时/计数器工作——将 TR0 或 TR1 置“1”。

GATE＝0 时，直接由软件置位启动；GATE＝1 时，除软件置位外，还必须在外中断引脚处加上相应的电平值才能启动。

至此为止，定时/计数器的初始化过程已完毕。

5.2　定时/计数器的工作方式

由前所述可知，通过对 TMOD 寄存器中的 M0、M1 位进行设置，可选择 4 种工作方式，下面逐一进行论述。

1. 方式 0

方式 0 构成一个 13 位定时/计数器。图 5-2 是定时器 0 在方式 0 时的逻辑电路结构，定时器 1 的结构和操作与定时器 0 完全相同。

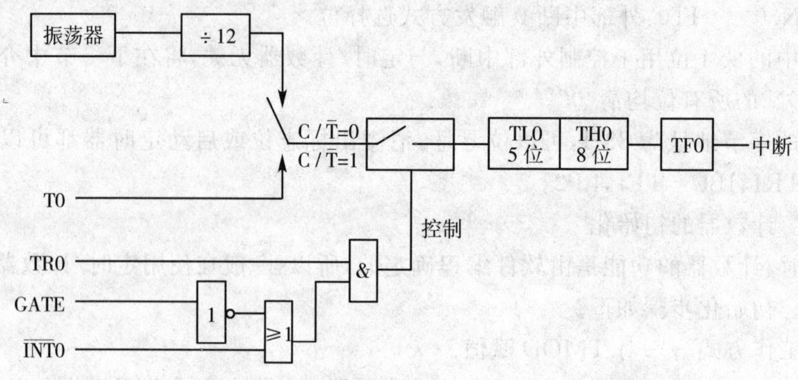

图 5-2　定时器 0(或定时器 1)在方式 0 时的逻辑电路结构图

由图可知：16 位加法计数器(TH0 和 TL0)只用了 13 位。其中，TH0 占高 8 位，TL0 占低 5 位(只用低 5 位，高 3 位未用)。当 TL0 低 5 位溢出时自动向 TH0 进位，而 TH0 溢出时向中断位 TF0 进位(硬件自动置位)，并申请中断。

当 $C/\overline{T}=0$ 时，多路开关连接 12 分频器输出，定时器 0 对机器周期计数，此时，定时器 0 为定时器。其定时时间为

(M－定时器 0 初值)×时钟周期×12＝(8192－定时器 0 初值)×时钟周期×12

当 $C/\overline{T}=1$ 时，多路开关与 T0(P3.4)相连，外部计数脉冲由 T0 脚输入，当外部信号电平发生由 1 到 0 的负跳变时，计数器加 1，此时，定时器 0 为计数器。

当 GATE＝0 时，或门被封锁，$\overline{INT0}$信号无效。或门输出常 1，打开与门，TR0 直接控制定时器 0 的启动和关闭。TR0＝1，接通控制开关，定时器从初值开始计数直至溢出。溢出时，16 位加法计数器为 0，TF0 置位，并申请中断。如要循环计数，则定时器 0 需要置初值，且需要软件将 TF0 复位。TR0＝0，则与门被封锁，控制开关被关断，停止计数。

当 GATE＝1 时，与门的输出由$\overline{INT0}$的输入电平和 TR0 位的状态来确定。若 TR0＝1 则与门打开，外部信号电平通过$\overline{INT0}$引脚直接开启或关断定时器 0，当$\overline{INT0}$为高电平时，允许计数，否则停止计数；若 TR0＝0，则与门被封锁，控制开关被关断，停止计数。

【例 5－1】 用定时器 1，方式 0 实现 1s 的延时。

解：因方式 0 采用 13 位计数器，其最大定时时间为：8192×1μs＝8.192ms，因此，定时时间不可能选择 50ms，可选择定时时间为 5ms，再循环 200 次。定时时间选定后，确定计数值为 5000，则定时器 1 的初值为

$$X＝M－计数值＝8192－5000＝3192＝C78H＝0110001111000B$$

因 13 位计数器中 TL1 的高 3 位未用，应填写 0，TH1 占高 8 位，所以，X 的实际填写值应为

$$X＝0110001100011000B＝6318H$$

即 TH1＝63H，TL1＝18H，又因采用方式 0 定时，故 TMOD＝00H。

可编得 1s 延时子程序如下：

```
DELAY:  MOV   R3,#200       ;置软件计数循环初值 200
        MOV   TMOD,#00H     ;设定时器 1 为方式 0
        MOV   TH1,#63H      ;置定时器初值
        MOV   TL1,#18H
        SETB  TR1           ;启动 T1
LP1:    JBC   TF1,LP2       ;查询计数溢出
        SJMP  LP1           ;未到 5ms 继续计数
LP2:    MOV   TH1,#63H      ;重新置定时器初值
        MOV   TL1,#18H
        DJNZ  R3,LP1        ;未到 1s 继续循环
        RET                 ;返回主程序
```

2. 方式 1

定时器工作于方式 1 时，其逻辑结构如图 5－3 所示。

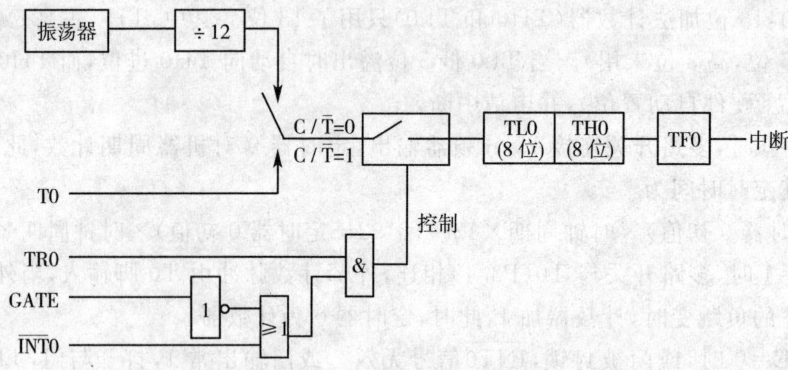

图 5-3 定时器 0(或定时器 1)在方式 1 时的逻辑电路结构图

由图可知,方式 1 构成一个 16 位定时/计数器,其结构与操作几乎完全与方式 0 相同,唯一差别是两者计数位数不同。作定时器用时其定时时间为

(M－定时器 0 初值)×时钟周期×12＝(65536－定时器 0 初值)×时钟周期×12

3. 方式 2

定时/计数器工作于方式 2 时其逻辑结构如图 5-4 所示。

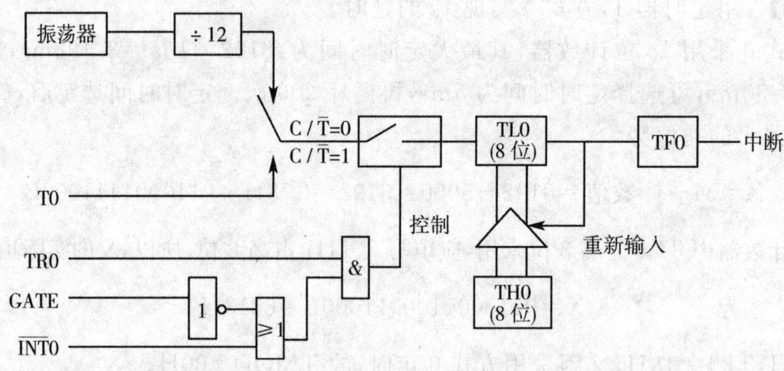

图 5-4 定时器 0(或定时器 1)在方式 2 时的逻辑电路图

由图可知,方式 2 中,16 位加法计数器的 TH0 和 TL0 具有不同的功能,其中,TL0 是 8 位计数器,TH0 是重置初值的 8 位缓冲器。

从例 5-1 中可以看出,方式 0 和方式 1 用于循环计数,在每次计数满溢出后,计数器都复 0,要进行新一轮计数还需重置计数初值。这不仅导致编程麻烦,而且影响定时时间精度。方式 2 具有初值自动装入功能,避免了上述缺陷,适合用作较精确的定时脉冲信号发生器。其定时时间为:

(M－定时器 0 初值)×时钟周期×12＝(256－定时器 0 初值)×时钟周期×12

方式 2 中 16 位加法计数器被分割为两个,TL0 用作 8 位计数器,TH0 用以保持初值。在程序初始化时,TL0 和 TH0 由软件赋予相同的初值。一旦 TL0 计数溢出时,TF0 将被置位,同时,TH0 中的初值装入 TL0,从而进入新一轮计数,如此循环不止。

【例 5-2】 试用定时器 1,方式 2 实现 1s 延时。

解:因方式 2 是 8 位计数器,其最大定时时间为:$256\times1\mu s=256\mu s$,为实现 1s 延时,可选择定时时间为 $250\mu s$,再循环 4000 次。定时时间选定后,可确定计数值为 250,则定时器 1 的

初值为

$$X = M - 计数值 = 256 - 250 = 6 = 6H$$

采用定时器 1，方式 2 工作，因此，TMOD＝20H。

可编得 1s 延时子程序如下：

```
DELAY:  MOV   R5,#28H       ;置软件计数循环初值 40
        MOV   R6,#64H       ;置软件计数循环初值 100
        MOV   TMOD,#20H     ;置定时器 1 为方式 2
        MOV   TH1,#06H      ;置定时器初值
        MOV   TL1,#06H
        SETB  TR1           ;启动定时器
LP1:    JBC   TF1,LP2       ;查询计数溢出
        SJMP  LP1           ;无溢出继续计数
LP2:    DJNZ  R6,LP1        ;未到 25ms 继续循环
        MOV   R6,#64H
        DJNZ  R5,LP1        ;未到 1s 继续循环
        RET
```

4. 方式 3

定时/计数器工作于方式 3 时，其逻辑结构图如图 5－5 所示。

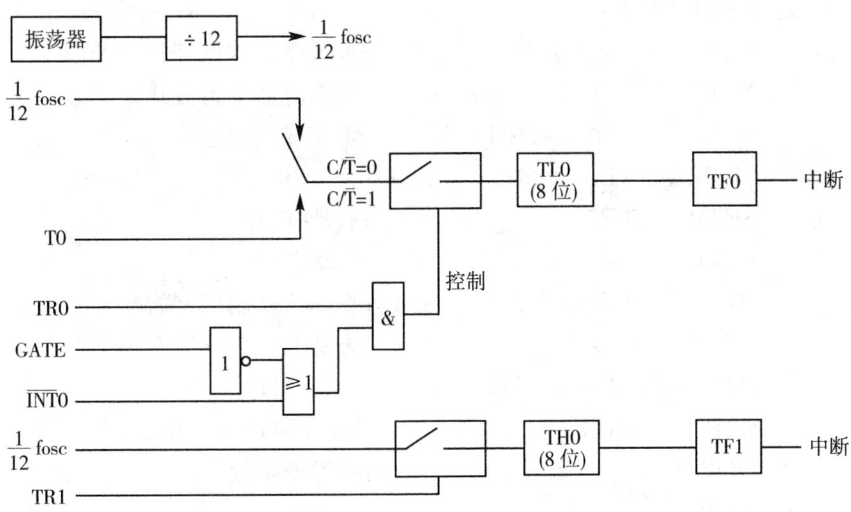

图 5－5　定时器 0 在方式 3 时的逻辑电路图

由图可知，方式 3 时，定时器 0 被分解成两个独立的 8 位计数器 TL0 和 TH0。其中，TL0 占用原定时器 0 的控制位、引脚和中断源，即 $C/\overline{T}$、GATE、TR0、TF0 和 T0(P3.4)引脚、$\overline{\text{INT0}}$(P3.2)引脚。除计数位数不同于方式 0、方式 1 外，其功能、操作与方式 0、方式 1 完全相同，可定时亦可计数。TH0 占用原定时器 1 的控制位 TF1 和 TR1，同时还占用了定时器 1 的中断源，其启动和关闭仅受 TR1 置 1 或清 0 控制。TH0 只能对机器周期进行计数，因此，TH0 只能用作简单的内部定时，不能用作对于外部脉冲进行计数，是定时器 0 附加的一个 8 位定时

器。两者的定时时间分别为

TL0:(M－TL0 初值)×时钟周期×12＝(256－TL0 初值)×时钟周期×12

TH0:(M－TH0 初值)×时钟周期×12＝(256－TH0 初值)×时钟周期×12

方式 3 时,定时器 1 仍可设置为方式 0、方式 1 或方式 2。但由于 TR1、TF1 及 T1 的中断源已被定时器 0 占用,此时,定时器 1 仅由控制位 C/$\overline{T}$ 切换其定时或计数功能,当计数器计满溢出时,只能将输出送往串行口。在这种情况下,定时器 1 一般用作串行口波特率发生器或不需要中断的场合。因定时器 1 的 TR1 被占用,因此其启动和关闭较为特殊,当设置好工作方式时,定时器 1 即自动开始运行。若要停止操作,只需送入一个设置定时器 1 为方式 3 的方式字即可。

【例 5-3】 用定时器 0,方式 3 实现 1s 延时。

解:根据题意,定时器 0 中的 TH0 只能为定时器,定时时间可设为 250μs;TL0 设置为计数器,计数值可设为 200。TH0 计满溢出后,编制程序段使 T0(P3.4)引脚产生负跳变,TH0 每溢出一次,T0 引脚便产生一个负跳变,TL0 便计数一次。TL0 计满溢出时,延时时间应为 50ms,循环 20 次便可得到 1s 的延时。

由上述分析可知,TH0 计数初值为

$$X=(256-250)=6=06H$$

TL0 计数初值为

$$X=(256-200)=56=38H$$

TMOD＝00000111B＝07H

可编得 1s 延时子程序如下:

```
DELAY:  MOV   R3,#14H       ;置软件计数循环初值 20
        MOV   TMOD,#07H     ;置定时器 0 为方式 3 计数
        MOV   TH0,#06H      ;置 TH0 初值
        MOV   TL0,#38H      ;置 TL0 初值
        SETB  TR0           ;启动 TL0
        SETB  TR1           ;启动 TH0
LP1:    JBC   TF1,LP2       ;查询 TH0 计数溢出
        SJMP  LP1           ;未到 250μs 继续循环
LP2:    MOV   TH0,#06H      ;重置 TH0 初值
        CLR   P3.4          ;T0 引脚产生负跳变
        NOP                 ;负跳变持续
        NOP
        SETB  P3.4          ;T0 引脚恢复高电平
        JBC   TF0,LP3       ;查询 TH0 计数溢出
        SJMP  LP1           ;200 次未到继续计数
LP3:    MOV   TL0,#38H      ;重置 TL0 初值
        DJNZ  R3,LP1        ;未到 1s 继续循环
        RET
```

5.3　定时/计数器的编程和应用

定时/计数器是单片机应用系统中的重要部件,通过下面实例可以看出,灵活应用定时/计数器可提高编程技巧,减轻 CPU 的负担,简化外围电路。

【例 5-4】　用单片机定时/计数器设计一个秒表,由 P1 口连接的 LED 采用 BCD 码显示,计满 60s 后从头开始,依次循环。单片机的晶振频率为 12MHz。

解:定时器 0 工作于定时方式 1,产生 1s 的定时,程序类似于例 1,这里不再重复。定时器 1 工作于计数方式 2,当 1s 时间到时,编制程序段使 T1(P3.5)脚产生负跳变,再由定时器 1 进行计数,计满 60 次(1 分钟)溢出,再重新开始计数。

按上述设计思路可知:方式寄存器 TMOD 的控制字应为 61H;定时器 1 的初值应为

$$256-60=196=C4H$$

其源程序可设计如下:

```
        ORG    0000H
        MOV    TMOD,#61H    ;置定时器 0 为方式 1 定时,置定时器 1 为方式 2 计数
        MOV    TH1,#0C4H    ;定时器 1 置初值
        MOV    TL1,#0C4H
        SETB   TR1          ;启动定时器 1
 DISP:  MOV    A,#00H       ;计数显示初始化
        MOV    P1,A
 CONT:  ACALL  DELAY
        CLR    P3.5         ;T1 引脚产生负跳变
        NOP
        NOP
        SETB   P3.5         ;T1 引脚恢复高电平
        INC    A            ;累加器加 1
        DA     A            ;将 16 进制数转换成 BCD 数
        MOV    P1,A         ;点亮发光二极管
        JBC    TF1,DISP     ;查询定时器 1 计数溢出
        SJMP   CONT         ;60s 不到继续计数
 DELAY: MOV    R3,#14H      ;置软件计数循环初值 20
        MOV    TH0,#3CH     ;置定时器初值
        MOV    TL0,#0B0H
        SETB   TR0          ;启动定时器 0
 LP1:   JBC    TF0,LP2      ;查询计数溢出
        SJMP   LP1          ;未到 50ms,继续计数
 LP2:   MOV    TH0,#3CH     ;重新置定时器初值
        MOV    TL0,#0B0H
```

```
    DJNZ    R3,LP1          ;未到 1s,继续循环
    RET
    END
```

通过本节叙述可知,定时/计数器既可用作定时亦可用作计数,而且其应用方式非常灵活。同时还可看出,软件定时不同于定时器定时(也称硬件定时)。软件定时对循环体内指令机器数进行计数,定时器定时是加法计数器直接对机器周期进行计数。两者工作机理不同,置初始值方式也不同,相比之下,定时器定时在方便程度和精确程度上都高于软件定时。此外,软件定时在定时期间一直占用 CPU,而定时器定时如采用查询工作方式,一样占用 CPU,但如采用中断工作方式,则在其定时工作期间 CPU 可处理其他指令,从而可以充分发挥定时/计数器的功能,大大提高 CPU 的效率。

复习思考题

5-1　MCS-51 单片机定时/计数器作定时和计算用时,其计数脉冲分别由谁提供?

5-2　MCS-51 单片机内设有几个定时/计数器?它们是由哪些特殊功能寄存器组成?

5-3　定时/计数器作定时器用时,其定时时间与哪些因素有关?作计数器用时,对外界计数频率有何限制?

5-4　为什么定时器 T1 用作串行接口波特率发生器时,常选用工作模式 2?若已知时钟频率和通信用的波特率,如何计算其初值?

第 6 章　串行通信接口

6.1　串行通信的基本知识

6.1.1　并行通信与串行通信

在实际应用中,不但计算机与外部设备之间常常要进行信息交换,而且计算机之间也需要交换信息,所有这些信息的交换均称为“通信”。通信的基本方式分为并行通信和串行通信两种。

并行通信是构成一组数据的各位同时进行传送,例如 8 位数据或 16 位数据并行传送。其特点是传输速度快,但当距离较远时,导致了通信线路结构复杂且成本高,因此适合近距离(相距数米)的通信。

串行通信是指数据的所有位按一定的顺序和方式,一位接一位地顺序进行传送。其特点是通信线路简单,只要一对传输线(如电话线)就可以实现通信,从而大大降低了成本,特别适用于远距离通信。缺点是传送速度慢。

图 6－1 为以上两种通信方式的示意图。由图 6－1 可知,假设并行传送 n 位数据所需时间为 T,那么串行传送的时间至少为 nT,实际上总是大于 nT 的。

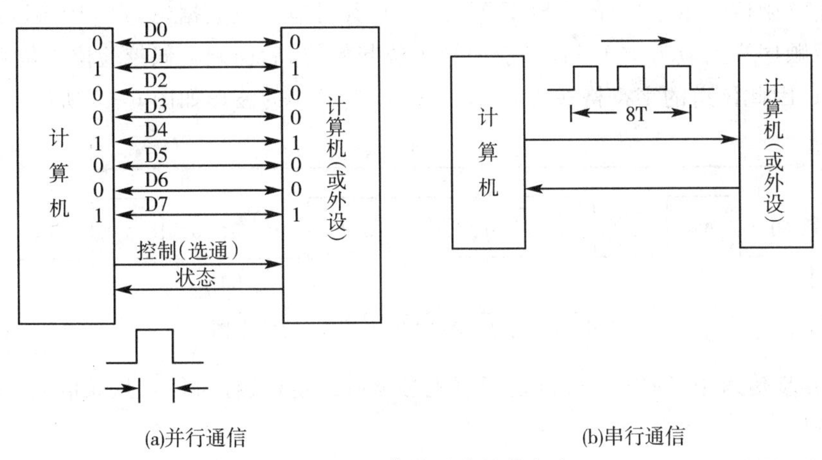

图 6－1　通信的两种基本方式

串行通信可分为异步传送和同步传送两种基本方式。

1. 异步传送方式

异步传送方式规定了传输格式,每个数据均以相同格式传送,其特点是数据在线路上的传送是不连续的。在传送时,数据是以一个字符(又称一帧信息)为单位进行传送的。它用一个起始位表示字符的开始,用停止位表示字符的结束。异步传送的字符格式如图 6－2(a)所示。

一个字符由起始位、数据位、奇偶校验位和停止位 4 个部分组成。起始位为“0”信号占 1 位;其后接着的就是数据位,它可以是 5 位、6 位、7 位或 8 位,传送时低位在先、高位在后;再后面的 1 位为奇偶校验位,可要也可以不要;最后是停止位,它用信号“1”来表示字符的结束,可以是 1 位或 2 位。两帧信息之间可以无间隔，也可以有间隔，且间隔时间可以任意改变，间隔用空闲位"1"来填充。其优点是通信简单、灵活，但由于每帧均需要附加位，降低了传输效率。

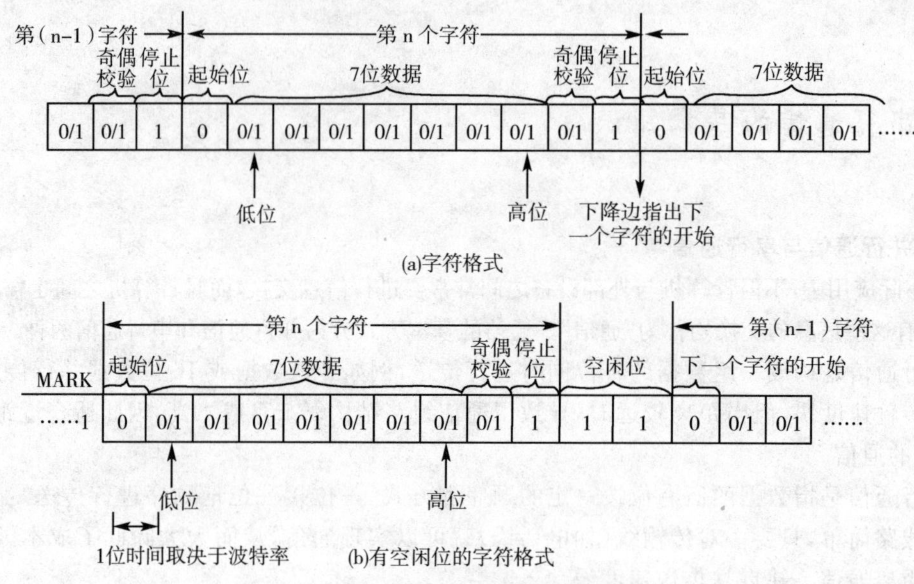

图 6-2　串行异步传送的字符格式

例如，采用串行异步通信方式传送 ASCII 码字符"5"，规定为 7 位数据位，1 位偶校验位，1 位停止位，无空闲位。由于"5"的 ASCII 码为 35H，其对应 7 位数据位为 0110101，如按低位在前、高位在后顺序排列应为 1010110。前面加 1 位起始位，后面配上偶校验位 1 位 0，最后面加 1 位停止位 1，因此传送的字符格式为 0101011001，其对应的波形如图 6-3 所示。

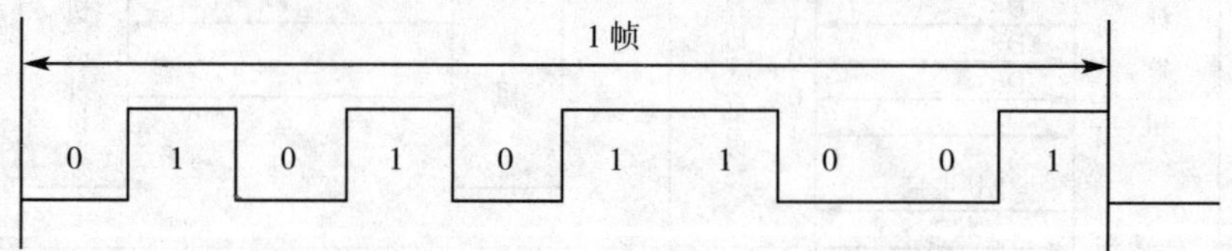

图 6-3　传送 ASCII 码字符"5"的波形图

在串行异步传送中，CPU 与外设之间事先必须有约定（又称协议），且通信双方必须遵守。

(1)字符格式

通信双方要事先约定字符的编码形式、奇偶校验形式及起始位和停止位的规定。例如用 ASCII 码通信，有效数据为 7 位，加 1 个奇偶校验位、1 个起始位和 1 个停止位共 10 位。当然停止位也可大于 1 位。

(2)波特率(Baudrate)

波特率就是数据的传送速率，即每秒钟传送的二进制位数，单位为位/秒。它与字符的传送速率（字符/秒）之间存在如下关系：

$$波特率=位/字符\times字符/秒=位/秒$$

要求发送端与接收端的波特率必须一致。

例如，假设字符传送的速率为 120 字符/秒，而每 1 个字符为 10 位，那么传送的波特率为：

10 位/字符×120 字符/秒=1200 位/秒=1200 波特

每 1 位二进制位的传送时间 T_d 就是波特率的倒数，例如上例中

$$T_d = 1/1200 = 0.833ms$$

2. 同步传送

在异步传送中，每 1 个字符都要用起始位和停止位作为字符开始和结束的标志，占用了一定的时间。为了提高传送速度，有时就去掉这些标志，而采用同步传送，即 1 次传送 1 组数据。同步传送方式的基本特征是发送与接收严格保持同步，因此在这每组数据的开始处要设定同步字符 SYN 来加以指示，如图 6-4 所示。其优点是传输数据快，但由于数据块传递开始要用同步字符来指示，同时要求由时钟来实现发送端与接收端之间的同步，故硬件较复杂。

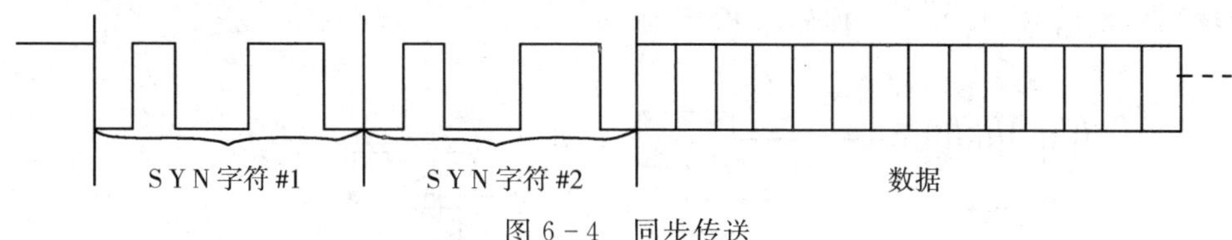

图 6-4　同步传送

MCS-51 单片机串行接口异步传送方式的基本工作过程为：发送时，将 CPU 传送来的并行数据转换成一定格式的串行数据，从引脚 TXD(P3.1)上按照约定的波特率逐位输出；接收时，CPU 要监视引脚 RXD(P3.0)，一旦出现起始位"0"，就将外设送来的一定格式的串行数据转换成并行数据，等待 CPU 的读入。

6.1.2　数据传送方向

根据传送方向可将串行通信分成下列三种方式：

(1)单工方式：信息只能单方向传送。例如 BP 机和基站的通信方式。

(2)半双工方式：信息能双向传送，但不能同时双向传送。例如对讲机的通信方式。

(3)全双工方式：信息能同时双向传送。例如移动电话的通信方式。

6.1.3　通信其他相关知识

计算机通信是一种数字信号的通信，如图 6-5 所示。它要求传送线的频带很宽，而在长距离通讯时，通常是利用电话线来传送的，该线路不可能有这样宽的频带。如果用数字信号经过传送线直接通讯，信号就会畸变，如图 6-6 所示。

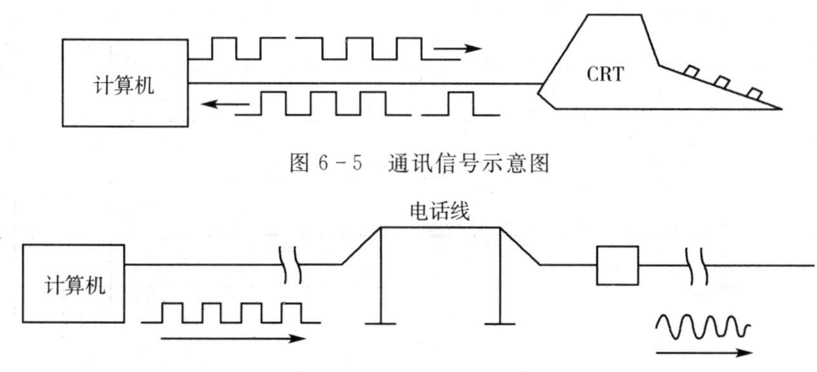

图 6-5　通讯信号示意图

图 6-6　数字信号通过电话线传送产生的畸变

因此要在发送端用调制器（Modulator）把数字信号转换为模拟信号，在接收端用解调器（Demodulator）检测此模拟信号，再把它转换成数字信号，如图 6－7 所示。

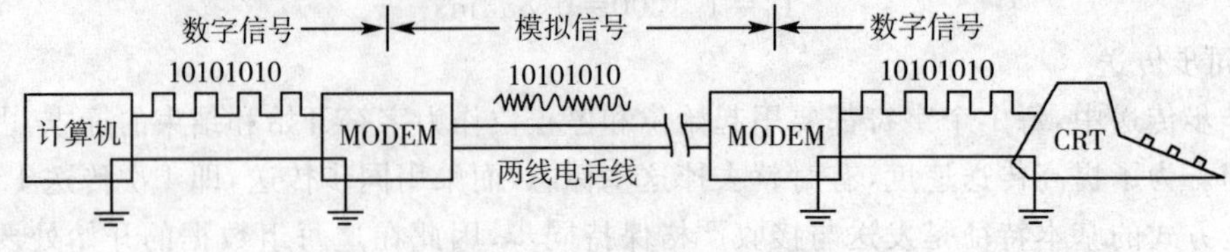

图 6－7　调制与解调示意图

FSK（Frequency Shift Keying）是一种常用的调制方法，它把数字信号的“1”与“0”调制成不同频率的模拟信号，其工作原理如图 6－8 所示。

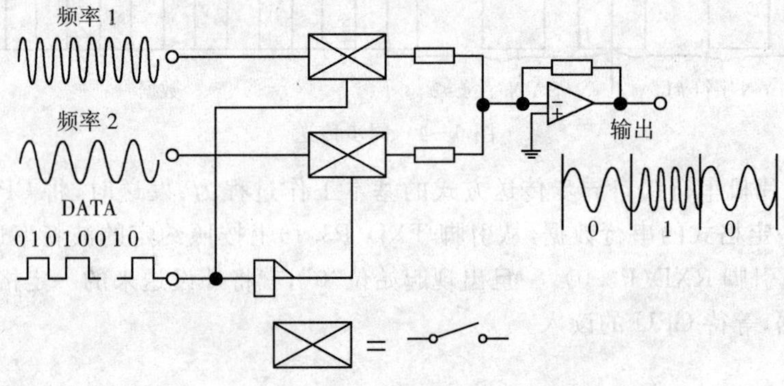

图 6－8　FSK 调制法原理图

调制后的信号与数据终端连接时，经常使用 EIARS－232C 接口。它是目前最常用的一种串行通信接口。这是一种有 25 个管脚的连接器，不但它的每一个管脚的规定是标准的，而且对各种信号的电平规定也是标准的，因而便于互相连接。其最基本的、最常用的信号规定如图 6－9 所示。

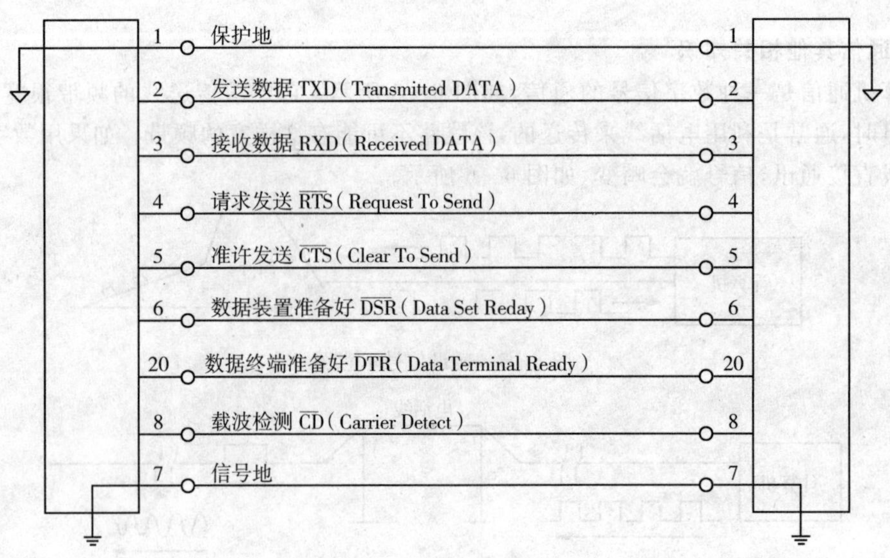

图 6－9　RS－232C 的引脚图

其次，标准的另一个重要的含义是这些信号的电气性能也是标准的。对各种信号的规定如下：

(1) 在 TXD 和 RXD 线上：

MARK(即表示为 1)＝－3～－25V

SPACE(即表示为 0)＝＋3～＋25V

(2)在$\overline{RST}$、$\overline{CTS}$、$\overline{DSP}$、$\overline{DTR}$、$\overline{CD}$等线上：

ON＝＋3～＋25V

OFF＝－3～－25V

由于 MCS-51 单片机 RXD 和 TXD 引脚为 TTL 电平，为了能衔接 232 接口，必须实行电平转换，232 电平转换采用 MAX232 芯片把 TTL 电平转换成 RS－232 电平格式，可以用于单片机与微机通信，以及单片机与单片机之间的通信，具体的电路原理图如图 6－10 所示。

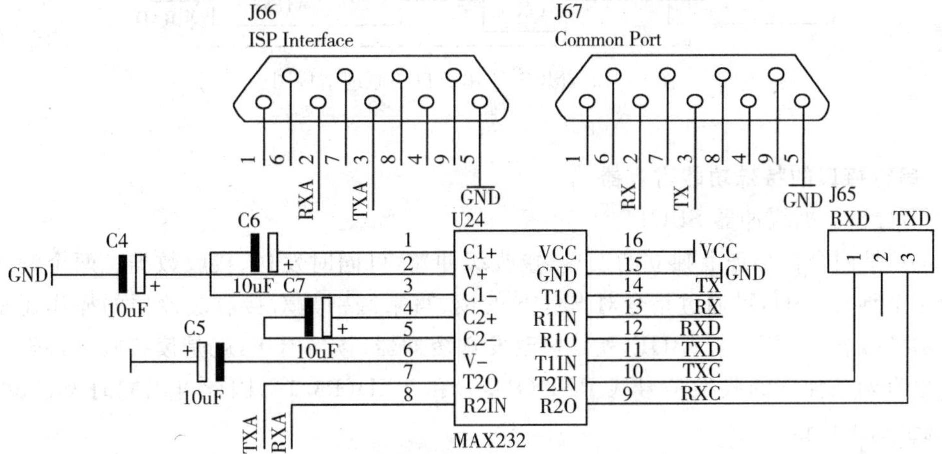

图 6－10　RS－232 接口以及电路原理图

综上所述，计算机与远方终端和当地终端连接如图 6－11 所示。

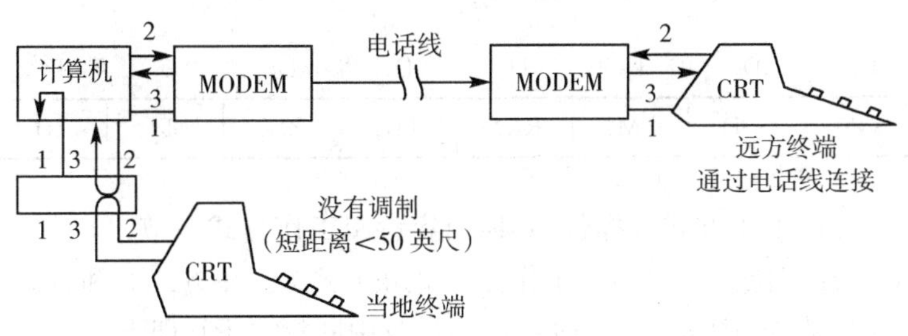

图 6－11　计算机与远方终端和当地终端连接示意图

6.2　MCS-51 单片机的串行接口

MCS-51 单片机内部有一个功能很强的全双工串行口，能同时发送和接收数据。它有 4 种工作方式，可供不同场合使用。波特率由软件设置，通过片内的定时/计数器产生。接收、发送均可工作在查询方式或中断方式，使用十分灵活。MCS-51 的串行口除了用于数据通信外，还可以非常方便地构成1个或多个并行输入/输出口，或作串并转换，用来驱动键盘与显示器。

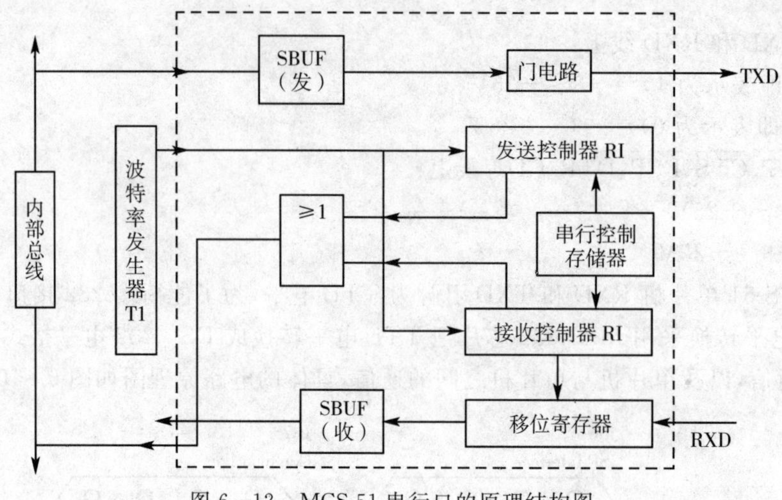

图 6-12　MCS-51 串行口的原理结构图

6.2.1　串行接口的特殊功能寄存器

1. 串行口数据缓冲器 SBUF

SBUF 是两个在物理上独立的发送、接收缓冲器，可同时发送、接收数据。两个缓冲器只用一个字节地址 99H，可通过指令对 SBUF 的读、写来区别是对接收缓冲器的操作还是对发送缓冲器的操作。CPU 写 SBUF，就是修改发送缓冲器；读 SBUF，就是读接收缓冲器。串行口对外也有两条独立的收发信号线 RXD(P3.0)和 TXD(P3.1)，因此可以同时发送、接收数据，实现全双工传送。

2. 串行口控制寄存器 SCON

SCON 寄存器用来控制串行口的工作方式和状态，它可以是位寻址。在复位时所有位被清“0”，地址为 98H。SCON 的格式为

D_7	D_6	D_5	D_4	D_3	D_2	D_1	D_0
SM0	SM1	SM2	REN	TB8	RB8	TI	RI

SM0、SM1：串行口工作方式选择位(具体内容参阅工作方式一节)。

SM2：多机通信控制位。主要用于工作方式 2 和方式 3。在方式 2 和方式 3 中，如 SM2=1，则接收到的第 9 位数据(RB8)为“0”时不启动接收中断标志 RI(即 RI=0)，并且将接收到的前 8 位数据丢弃；当 RB8 为“1”时，才将接收到的前 8 位数据送入 SBUF，并置位 RI 产生中断请求。当 SM2=0 时，则不论第 9 位数据为“0”或“1”，都将前 8 位数据装入 SBUF 中，并产生中断请求。在方式 0 时，SM2 必须为 0。在方式 1 中，当 SM2=1 时，则只有接收到有效停止位时，RI 才置 1。

REN：允许串行接收控制位。若 REN=0，则禁止接收；若 REN=1，则允许接收，即启动串行口接收信息。该位由软件置位或复位。

TB8：发送数据位 8。可按需要由软件置位或复位。

在方式 2 和方式 3 时，TB8 作为所要发送的第 9 位数据。在多机通信中，以 TB8 位的状态表示主机发送的是地址还是数据：TB8＝0 为数据，TB8＝1 为地址；也可用作数据的奇偶校验位。该位由软件置位或复位。

RB8：接收数据位 8。在方式 0 中不使用 RB8。在方式 1 中，若 SM2＝0，RB8 为接收到的停止位。在方式 2 或方式 3 中，RB8 为接收到的第 9 位数据。

TI：发送中断请求标志位。

在方式 0 中，第 8 位发送结束时，由硬件置位。在其他方式的发送停止位前，由硬件置位。TI 置位既表示一帧信息发送结束，同时也用来申请中断，可根据需要设定。用软件查询方法是为了获得数据已发送完毕的信息；用中断的方式是用来发送下一个数据。TI 必须用软件清“0”。

RI：接收中断标志位。

在方式 0 时，当接收到的第 8 位结束后，由内部硬件使 RI 置位，向 CPU 请求中断。在其他方式时，接收到停止位的中间便由硬件置位 RI，同样，也必须在响应中断后，由软件使其复位。RI 也可供查询使用。

3. 电源控制寄存器 PCON

PCON 主要是为 CIIMOS 型单片机的电源控制而设置的专用寄存器，单元地址为 87II，不能位寻址。其内容如下：

	D_7	D_6	D_5	D_4	D_3	D_2	D_1	D_0	
PCON	SMOD				GF1	GF0	PD	IDL	87H

在 HMOS 单片机中，该寄存器除最高位外，其他位都是虚设的。最高位 SMOD 为串行口波特率选择位，当 SMOD＝1 时，方式 1、2、3 的波特率加倍；系统复位，SMOD＝0。

6.2.2　串行接口的工作方式

串行口有 4 种工作方式，它是由 SCON 中的 SM0、SM1 来定义的，见表 6－1 所列。

表 6－1　串行口的工作方式

SM0	SM1	工作方式	方式简单描述	波特率
0	0	0	移位寄存器 I/O	主振频率/12
0	1	1	8 位 UART	可变
1	0	2	9 位 UART	主振频率/32 或主振频率/64
1	1	3	9 位 UART	可变

1. 方式 0。串行接口的工作方式 0 为同步移位寄存器方式，其波特率是固定的，为 fosc（振荡频率）的 1/12。8 位串行数据是从 RXD 输入或输出，TXD 用来输出同步脉冲。工作方式 0 可外接移位寄存器用来进行串—并转换，也可以外接同步输入/输出设备。

方式 0 发送：数据从 RXD 引脚串行输出，TXD 引脚输出同步脉冲。当 1 个数据写入串行口发送缓冲器时，串行口将 8 位数据以 fosc/12 的固定波特率从 RXD 引脚输出，从低位到高位。发送完后置中断标志 TI 为 1，呈中断请求状态，在再次发送数据之前，必须用软件将 TI 清“0”。

方式 0 接收:在 RI=0 的条件下,满足 REN=1 启动串行口方式 0 接收过程。此时,RXD 为数据输入端,TXD 为同步信号输出端,接收器也以 fosc/12 的波特率采样 RXD 引脚输入的数据信息。当接收器接收完 8 位数据后,置中断标志 RI=1 为请求中断,在再次接收之前,必须用软件将 RI 清"0"。

在方式 0 工作时,必须使 SCON 寄存器中的 SM2 位为"0",这并不影响 TB8 位和 RB8 位。方式 0 发送或接收完 8 位数据后由硬件置位 TI 或 RI 中断请求标志,CPU 在响应中断后要用软件清除 TI 或 RI 标志。若串行口要作为并行口输入输出,这时必须设置"串入并出"或"并入串出"的移位寄存器来配合使用(如 CD4094/74LS164 或 CD4014/74LS165 等)。例如将串行口作为并行输出口使用时,可采用如图 6-13 所示的方法。

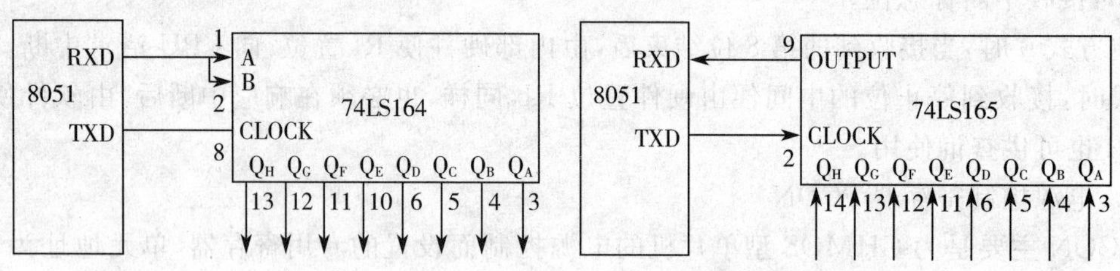

图 6-13 串行、并行转换接线图

2. 方式 1。在方式 1 时,串行口被设置为波特率可变的 10 位异步通信接口。发送或接收一帧信息,包括 1 个起始位"0",8 个数据位和 1 个停止位"1"。引脚 TXD 和 RXD 分别用于数据的发送和接收。

方式 1 发送:串行口以方式 1 发送时,数据位由 TXD 端输出,发送 1 帧信息为 10 位,其中 1 位起始位、8 位数据位(先低位后高位)和一个停止位"1"。CPU 执行数据写入发送缓冲器 SBUF 的指令,就启动发送器发送。当发送完数据,置中断标志 TI 为 1。方式 1 所传送的波特率取决于定时器 T1 的溢出率和电源功能寄存器 PCON 中 SMOD 的值,即方式 1 的波特率 $=(2^{SMOD}/32)\times$定时器 T1 的溢出率。

方式 1 接收:当串行口置为方式 1,且 REN=1 时,串行口处于方式 1 输入状态。它以所选波特率的 16 倍的速率采样 RXD 引脚状态。

3. 方式 2。串行口工作于方式 2 时,被定义为 11 位异步通信接口。方式 2 发送数据由 TXD 端输出,发送 1 帧信息为 11 位,其中 1 位起始位"0"、8 位数据位(先低位后高位)、1 位可控位为"1"或"0"的第 9 位数据、1 位停止位"1"。附加的第 9 位数据为 SCON 中的 TB8,它由软件置位或清 0,可作为多机通信中地址/数据信息的标志位,也可作为数据的奇偶校验位。参考程序如下:

```
PIPL:  PUSH   PSW        ;保护现场
       PUSH   A
       CLR    TI         ;清"0"发送中断标志
       MOV    A,@R0      ;取数据
       MOV    C;P        ;奇偶位送 C
       MOV    TB8,C      ;奇偶位送 TB8
       MOV    SBUF,A     ;数据写入发送缓冲器,启动发送
```

```
        INC     R0          ;数据指针加 1
        POP     A           ;恢复现场
        POP     PSW
        RETI
```

中断返回方式 2 接收：当串行口置为方式 2，且 REN＝1 时，串行口以方式 2 接收数据。方式 2 的接收与方式 1 基本相似。数据由 RXD 端输入，接收 11 位信息，其中 1 位起始位“0”、8 位数据位、1 位附加的第 9 位数据、1 位停止位“1”。

$$方式 2 的波特率=(2^{SMOD}/64)\times fosc$$

若附加的第 9 位数据为奇偶校验位，在接收中断服务程序中应作检验处理，参考程序如下：

```
PIPL:   PUSH    PSW         ;保护现场
        PUSH    A
        CLR     RI          ;清“0”接收中断标志
        MOV     A,SUBF      ;接收数据
        MOV     C,P         ;取奇偶校验位
        JNC     L1          ;偶校验时转 L1
        JNB     RB8,ERR     ;奇校验时 RB8 为 0 转出错处理
        SJMP    L2
L1:     JB      RB8,ERR     ;偶校验时 RB8 为 1 转出错处理
L2:     MOV     @R0,A       ;奇偶校验对时存入数据
        INC     R0          ;修改指针
        POP     A           ;恢复现场
        POP     PSW
        RETI                ;中断返回
ERR:    ………               ;出错处理
        RETI                ;中断返回
```

4. 方式 3。方式 3 为波特率可变的 11 位异步通信方式，除了波特率有所区别之外，其余方式都与方式 2 相同。

$$方式 3 的波特率=(2^{SMOD}/32)\times(定时器 T1 的溢出率)$$

6.2.3　串行通信的波特率

串行通信的 4 种工作方式对应着 3 种波特率。

1. 对于方式 0，波特率是固定的，为单片机时钟的 1/12，即 fosc/12。

2. 对于方式 2，波特率有两种可供选择，即 fosc/32 和 fosc/64。对应于以下公式：

$$波特率=fosc\times 2^{SMOD}/64$$

3. 对于方式 1 和方式 3，波特率都由定时器 T1 的溢出率来决定，对应于以下公式：

$$波特率=(2^{SMOD}/32)\times(定时器 T1 的溢出率)$$

而定时器 T1 的溢出率则和所采用的定时器工作方式有关，并可用以下公式表示：

$$定时器\ T1\ 的溢出率=fosc/[12\times(2^n-X)]$$

其中,X 为定时器 $T1$ 的计数初值,n 为定时器 $T1$ 的位数,对于定时器方式 0,取 $n=13$;对于定时器方式 1,取 $n=16$;对于定时器方式 2、3,取 $n=8$。因为方式 2 为自动重装入初值的 8 位定时器/计数器模式,所以用它来做波特率发生器最恰当。当时钟频率选用 11.0592MHz 时,容易获得标准的波特率,所以很多单片机系统选用这个看起来“怪”的晶振就是这个道理。表 6-2列出了定时器 T1 工作于方式 2 的常用波特率及初值。

表 6-2 串行口常用波特率及初值

常用波特率	fosc(MHz)	SMOD	TH1 初值
19200	11.0592	1	0FDH
9600	11.0592	0	0FDH
4800	11.0592	0	0FAH
2400	11.0592	0	0F4H
1200	11.0592	0	0E8H

6.3 串行通信应用举例

6.3.1 方式 0 应用

MCS-51 单片机串行口的方式 0 为同步移位寄存器方式,外接一个串入并出移位寄存器,可以扩展为一个并行口。注意:所用移位寄存器最好带有输出允许控制端,避免在数据串行输出期间,并行口输出不稳定现象。

【例 6-1】 流水灯。采用 80C51 的串行口外接 CD4094 扩展 8 位并行口,如图 6-14 所示,CD4094 的各个输出端均接一发光二极管,要求发光二极管从左到右流水显示。

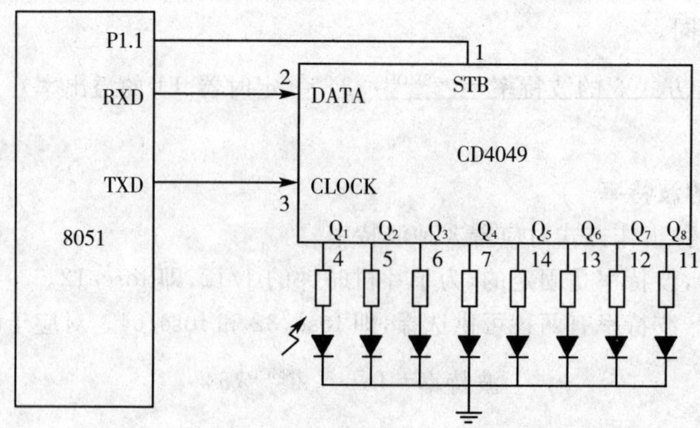

图 6-14 流水灯显示电路图

串行口方式 0 的数据传送可采用中断方式,也可采用查询方式,无论哪种方式,都要借助于 TI 或 RI 标志。串行发送时,可以靠 TI 置位(发完一帧数据后)引起中断申请,在中断服务程序中发送下一帧数据，或者通过查询 TI 的状态，只要 TI 为 0 就继续查询，TI 为 1 就结束查询，发送下一帧数据。在串行接收时，则由 RI 引起中断或对 RI 查询来确定何时接收下一帧数据。无论采用何种方式，在开始通信之前，都要先对控制寄存器 SCON 进行初始化。在方式 0 中将 00H 送 SCON 就可以了。

```
        ORG     0000H
        LJMP    MAIN
        ORG     2000H
MAIN：  MOV     SCON,#00H   ;置串行口工作方式 0
        MOV     A,#80H      ;最高位灯先亮
        CLR     P1.1        ;关闭并行输出(避免传输过程中,各 LED 的"暗红"现象)
OUT0：  MOV     SBUF,A      ;开始串行输出
OUT1：  JNB     TI,OUT1     ;输出完否?
        CLR     TI          ;完了,清 TI 标志,以备下次发送
        SETB    P1.1        ;打开并行口输出
        ACALL   DELAY       ;延时一段时间
        RR      A           ;循环右移
        CLR     P1.1        ;关闭并行输出
        SJMP    OUT0        ;循环
DELAY：…………                ;延时子程序,不再重复
        END
```

6.3.2　异步通信应用

串行口方式 1 和方式 3 都是常用的异步通信方式，方式 1 为 8 位数据位，方式 3 为 9 位数据位，两种方式的波特率都是受定时器 T1 的溢出率控制。在用方式 1 或方式 3 实现串行异步通信时，初始化程序要设定串行口的工作方式，并对定时器 T1 实现初始化，即设定定时器方式和定时器初值。此外，还要编写发送子程序和接收子程序。

【例 6－2】　点对点通信

单片机 1 中有 5 个存放在 30H～34H 单元中的数据发送给单片机 2，单片机 2 收到该 5 个数据要存放在 50H～54H 单元中，要求采用 4.8k 波特率进行传送，两台单片机振荡频率均为 6MHz。

两台单片机发送和接收数据之前需要一个“握手”信号“55H”，互相询问对方是否准备好。任一单片机接收到对方的“握手”信号“55H”，均置本机的 F0(PSW.5)标志位为“1”，表明本机已经知道对方准备就绪，可以进行发送和接收操作。

两台单片机的定时器 T1 采用工作方式 2，计数溢出后硬件自动重装定时初值。

先计算定时器 T1 的初值，取 SMOD＝0：

$$\begin{aligned}\text{定时器 T1 的溢出率} &= \text{波特率}\times 32/2^{SMOD}\\ &= 4800\times 32/2^{0}\\ &= 153600\end{aligned}$$

然后求出其对应的计数初值为：

$$X = 2^n - [fosc/(T1\text{的溢出率}\times 12)]$$
$$= 2^8 - [6\times 10^6/(153600\times 12)] \approx 253 = 0FDH$$

为了简便起见，采用10位的串口方式1进行异步通信，参考程序如下。

单片机1的程序：

```
        ORG     0000H
        LJMP    START
        ORG     0023H           ;串口中断入口地址
        LJMP    SEND
        ORG     1000H
START：MOV     TMOD,＃20H      ;T1 工作模式 2
        MOV     SCON,＃50H      ;置串行口工作方式
        MOV     PCON,＃00H      ;SMOD=0,该语句也可不要,因为复位后 PCON=00H
        MOV     TL1,＃0FDH
        MOV     TH1,＃0FDH      ;初始化波特率
        SETB    EA              ;开中断
        SETB    ES              ;允许串行口中断
        SETB    TR1             ;T1 开始工作
INT：   MOV     SBUF,＃55H      ;发送出"握手"信号
        MOV     R1,＃0FFH       ;延时等待对方"握手"信号
LOOP：  NOP
        DJNZ    R1,LOOP
        JNB     F0,INT          ;没有收到对方的"握手"信息,继续等待
        MOV     R0,＃30H
        MOV     SBUF,@R0;
        LJMP    $
SEND：  JB      F0,LAB1         ;对方已准备好,转发送
        MOV     A,SBUF          ;收对方的"握手"信息
        CJNE    A,＃55H,LAB0
        SETB    F0
LAB0：  CLR     RI
        RETI
LAB1：  MOV     SBUF,@R0        ;将单片机 1 的 30H～34H 单元中数据发出
        INC     R0
        CJNE    R0,＃35H,LAB2
        CLR     ES
LAB2：  CLR     TI
        RETI
```

```
        END
```

单片机 2 的程序：

```
        ORG     0000H
        LJMP    START
        ORG     0023H       ;串口中断入口地址
        LJMP    INPUT
        ORG     1000H
START:  MOV     TMOD,#20H   ;T1 工作模式 2
        MOV     SCON,#50H   ;置串行口工作方式
        MOV     PCON,#00H   ;SMOD=0,该语句也可不要,因为复位后 PCON=00H
        MOV     TL1,#0FDH
        MOV     TH1,#0FDH   ;初始化波特率
        MOV     R0,#50H
        SETB    EA          ;开中断
        SETB    ES          ;允许串行口中断
        SETB    TR1         ;T1 开始工作
        LJMP    $
INPUT:  JB      F0,LAB1
        MOV     A,SBUF
        CJNE    A,#55H,LAB0
        SETB    F0
        MOV     SBUF,#55H   ;发送出“握手”信号
LAB0:   CLR     RI
        RETI
LAB1:   MOV     @R0,SBUF
        INC     R0
        CJNE    R0,#55H,LAB2
        CLR     ES
LAB2:   CLR     RI
        RETI
        END
```

【例 6-3】 主、从机通信

设有一多机通信系统，该系统由一个主机和 3 个从机组成。主机和从机之间可双向通信，从机和从机之间通信必须经过主机，此时主机仅仅相当于一数据收发器。其电路连接示意图如图 6-15 所示。

主机的发送端与 3 台从机的接收端相连；主机的接收端与 3 台从机的发送端相连。每台从机的名字(即 ID 号或从机号)用 1 个 8 位二进制数表示，且不能重复。假定第一台从机名字为 1，第二台从机名字为 2，第三台从机名字为 3，每台从机都将自己的名字保存在程序存储器中。设主机和从机都工作在方式 3，波特率为 4.8k，振荡频率均为 6MHz。主机发送的数据

中，若第 9 位为“1”，则该数据为地址，若第 9 位为“0”，则为数据。

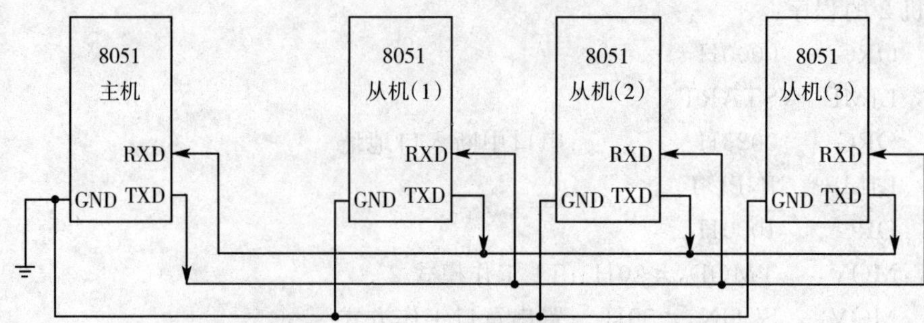

图 6-15　多机通信电路示意图

多机通信与教师提问原理是一样的。当教师在课堂上提问时，首先是叫某个学生的姓名（地址）。所有学生听到这个名字后，都与自己姓名进行比对，发现自己的名字与教师所叫的名字一样时，就站起来（响应），回答教师所提的问题（通信）。回答结束就可以坐下（一个通信过程的结束）。教师仍然可以按照这种模式再提问学生（另一通信过程）。

单片机的多机通信同样如此，主机相当于教师，从机相当于学生。通信前主机发送一个第 9 位为“1”的数据（地址），所有的从机都接收并检测该数据。必然有某个从机会发现主机所发送的数据（地址）与自己的名字相同，则该从机将自己的 SM2 置“0”，这样才能接收主机发送给它的第 9 位为“0”的数据。其余的从机由于检测到主机不是要和自己进行通信，都仍然保持自己的 SM2 为“1”，即不与主机进行通信。

为了简便起见，主机只发送自己内存单元 40H～43H 四个数据给从机 2，从机 2 将接收到的数据存到内存单元 50H～53H 中，则参考程序如下。

主机的程序：

```
        ORG     0000H
        LJMP    START
        ORG     0023H               ;串口中断入口地址
        LJMP    SEND
        ORG     1000H
START:  MOV     TMOD,#20H           ;T1 工作模式 2
        MOV     SCON,#0F8H          ;置串行口工作方式
        MOV     TL1,#0FDH
        MOV     TH1,#0FDH           ;初始化波特率
        SETB    EA                  ;开中断
        SETB    ES                  ;允许串行口中断
        SETB    TR1                 ;T1 开始工作
INT:    MOV     SBUF,#02H           ;发送从机号
        MOV     R0,#40H
        LJMP    $
SEND:   CLR     TB8                 ;准备发送数据
        MOV     SBUF,@R0
```

```
        INC     R0
        CJNE    R0,#44H,LAB
        CLR     ES                  ;串口中断完成
LAB:    CLR     TI                  ;为下次发送数据作准备
        RETI
        END
```

从机 2 的程序：

```
        ORG     0000H
        LJMP    START
        ORG     0023H               ;串口中断入口地址
        LJMP    INPUT
        NAME    EQU   #2
        ORG     1000H
START:  MOV     TMOD,#20H           ;T1 工作模式 2
        MOV     SCON,#0F8H          ;置串行口工作方式
        MOV     TL1,#0FDH
        MOV     TH1,#0FDH           ;初始化波特率
        MOV     R0,#50H
        SETB    EA                  ;开中断
        SETB    ES                  ;允许串行口中断
        SETB    TR1                 ;T1 开始工作
        LJMP    $
INPUT:  JNB     RB8,LAB1            ;判断接收的是地址还是数据
        MOV     A,SBUF              ;
        CJNE    A,NAME,LAB0         ;不是本机号,则返回
        CLR     SM2                 ;准备接收主机数据
LAB0:   CLR     RI                  ;为下次接收作准备
        RETI
LAB1:   MOV     @R0,SBUF
        INC     R0
        CJNE    R0,#55H,LAB2
        SETB    SM2
        CLR     ES
LAB2:   CLR     RI
        RETI
        END
```

【例 6-4】 PC 机与单片机通信

单片机异步通信的一个重要应用实例是与 PC 机进行通信。上位机 PC 机的串口通信软件多采用高级语言来编写(如 VC++6.0 等),可以在许多资料或网络上方便地查阅,本书不

再叙述。由于 PC 机的串行口为 RS-232 接口，所以通信时可以选用 RS-232 接口芯片。下面主要介绍单片机每隔一段时间向 PC 机轮流送数 55H 和 AAH，并接收 PC 机送来的数据，且转送到 P1 口。

```
        ORG     0000H
        LJMP    START
        ORG     1000H
START:  MOV     TMOD,#20H        ;T1 工作模式 2
        MOV     PCON,#80H        ;SMOD=1
        MOV     TL1,#0FDH
        MOV     TH1,#0FDH        ;初始化波特率
        MOV     SCON,#50H        ;置串行口工作方式
        MOV     R0,#0AAH         ;准备送出的数
        SETB    TR1              ;T1 开始工作
WAIT:   MOV     A,R0
        CPL     A
        MOV     R0,A
        MOV     SBUF,A
        LCALL   DELAY
        JBC     TI,WAIT1         ;如果 TI 等于 1,则清 TI 并转 WAIT1
        AJMP    WAIT
WAIT1:  JBC     RI,READ          ;如果 RI 等于 1,则清 RI 并转 READ
        AJMP    WAIT
READ:   MOV     A,SBUF           ;将取得的数送 P1 口
        MOV     P1,A
        LJMP    WAIT
DELAY:  MOV     R7,#0FFH         ;延时子程序
        DJNZ    R7,$
        RET
        END
```

复习思考题

6-1 试简述串行通信方式和并行通信方式各有何特点？

6-2 什么是串行异步通信？它有哪些特点？其每帧格式如何设置？

6-3 在某异步通信方式中，其帧格式由 1 位起始位“0”、8 位数据位、1 位奇偶校验位和 1 位停止位“1”组成。假设字符传送的速率为 240 字符/秒，则其传送的波特率为多少？

6-4 串行口按双工方式收发 ASCII 码字符，最高 1 位用来作奇偶校验位，采用奇校验方式，要求传送的波特率为 1200 波特。假设发送缓冲区首址为 20H，接收缓冲区首址为 40H，时钟频率 fosc=6MHz，试编写有关的通信程序。

6-5　设有如图 6-16 所示的甲、乙两台单片机，以工作方式 2、全双工串行通信、每帧为 11 位、可程控的第 9 位数据位用于奇偶校验的补偶位。编出能实现如下功能的程序：甲机：每发送 1 帧信息，乙机对接收的数据进行奇偶校验，若补偶正确，则乙机向甲机发出“数据发送正确”的信息（例中以 00H 作为回答信号），甲机接收到该回答信号后再发送下一字节；若奇偶校验错，则乙机发出“数据发送不正确”的信息（例中以 AAH 作为回答信号）给甲机，要求甲机再次发送原数据，直至发送正确。甲机发送 128 个字节后就停止发送。乙机：接收甲机发送来的数据并进行奇偶校验，与此同时发出相应的回答信息（即 00H 或 AAH），直到接收完 128 个字节为止。

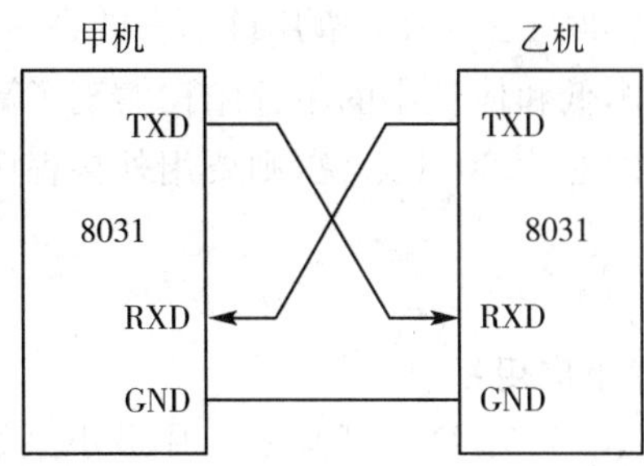

图 6-16　全双工串行通信连接图

第 7 章 单片机系统功能扩展

7.1 概 述

单片机系统的扩展是以基本的最小系统为基础的，故应首先熟悉最小应用系统的结构。实际上，内部带有程序存储器的 8051 或 8751 单片机本身就是一个最简单的最小应用系统，许多实际应用系统就是用这种成本低和体积小的单片结构实现了高性能的控制。对于目前国内较多采用的内部无程序存储器的芯片 8031 来说，则要用外接程序存储器的方法才能构成一个最小应用系统。

7.1.1 片内带程序存储器的最小应用系统

片内带程序存储器的 8051、8751 本身即可构成一片最小系统，只要将单片机接上时钟电路和复位电路即可，同时$\overline{\text{EA}}$接高电平，ALE、$\overline{\text{PSEN}}$信号不用，系统就可以工作。如图 7-1(a)所示，该系统的特点如下：

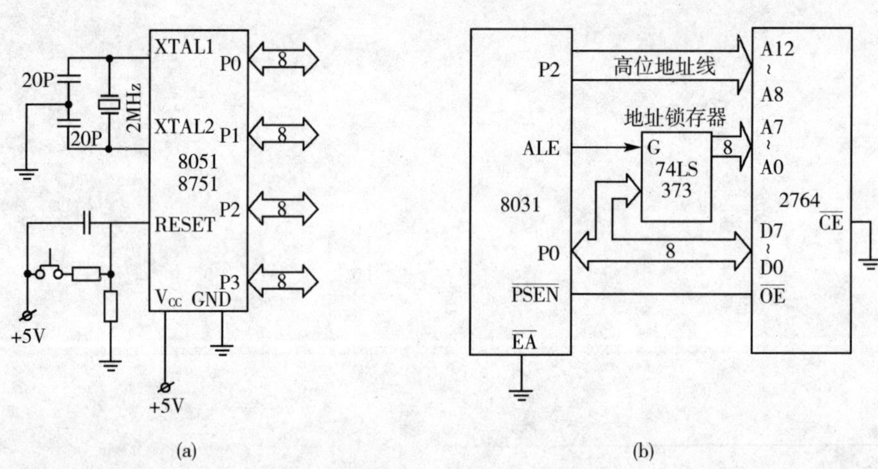

图 7-1 MCS-51 系列最小化系统

1. 系统有大量的 I/O 线可供用户使用：P0、P1、P2、P3 四个口都可以作为 I/O 口使用；

2. 内部存储器的容量有限，只有 128 B 的 RAM 和 4 KB 的程序存储器；

3. 应用系统的开发具有特殊性。由于应用系统的 P0 口、P2 口在开发时需要作为数据、地址总线，故这两个口上的硬件调试只能用模拟的方法进行。

7.1.2 片内无程序存储器的最小应用系统

片内无程序存储器的芯片构成最小应用系统时，必须在片外扩展程序存储器。由于一般用作程序存储器的 EPROM 芯片不能锁存地址，故扩展时还应加 1 个锁存器，构成一个 3 片最小系统，如图 7-1(b)所示。该图中 74LS373 为地址锁存器，用于锁存低 8 位地址。

7.1.3　系统扩展的内容与方法

1. 单片机的 3 总线结构

当单片机最小系统不能满足系统功能的要求时，就需要进行扩展。为了使单片机能方便地与各种扩展芯片连接，常将单片机的外部连线变为一般的微型计算机 3 总线结构形式。对于 MCS-51 系列单片机，其 3 总线由下列通道口的引线组成。

地址总线：由 P2 口提供高 8 位地址线，此口具有输出锁存的功能，能保留地址信息；由 P0 口提供低 8 位地址线。

数据总线：由 P0 口提供。此口是双向、输入三态控制的 8 位通道口。

控制总线：扩展系统时常用的控制信号为：

ALE——地址锁存信号，用以实现对低 8 位地址的锁存。

$\overline{\text{PSEN}}$——片外程序存储器取指信号。

$\overline{\text{RD}}$——片外数据存储器读信号。

$\overline{\text{WR}}$——片外数据存储器写信号。

图 7-2 为单片机扩展成 3 总线结构的示意图。这样一来，扩展芯片与主机的连接方法同一般 3 总线结构的微型计算机就完全一样了。对于 MCS-51 系列单片机而言，Intel 公司专门为它们配套生产了一些专用外围芯片，使用起来就更加方便。

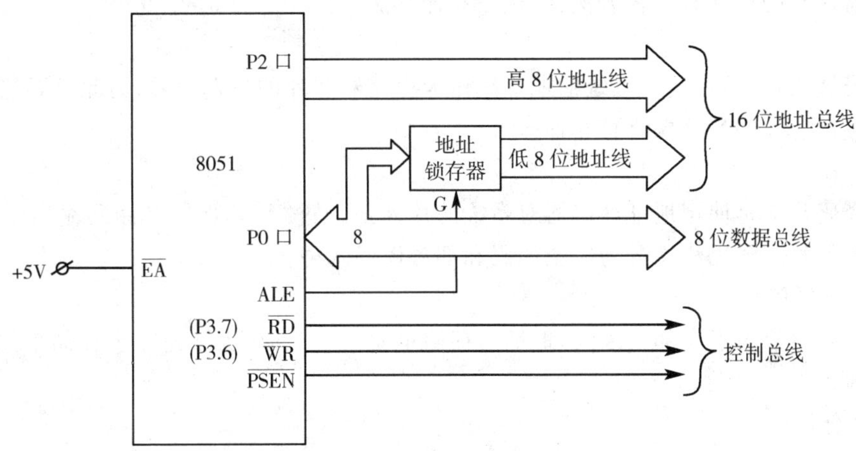

图 7-2　单片机的 3 总线结构形式

2. 系统扩展的内容与方法

(1) 系统扩展的内容

① 外部程序存储器的扩展；

② 外部数据存储器的扩展；

③ 输入/输出接口的扩展；

④ 管理功能器件的扩展(如定时/计数器、键盘/显示器、中断优先编码器等)。

(2) 系统扩展的基本方法

① 使用 TTL 中小规模集成电路进行扩展；

② 采用 Intel MCS-80/85 微处理器外围芯片来扩展；

③ 采用为 MCS-48 系列单片机设计的一些外围芯片，其中许多芯片可直接与 MCS-51 系列单片机连用；

④ 采用与 MCS-80/85 外围芯片兼容的其他一些通用标准芯片。

7.2 外部存储器扩展

7.2.1 存储器扩展概述

MCS-51 系列单片机具有 64 KB 的程序存储器空间，其中 8051、8751 型单片机含有 4 KB 的片内程序存储器，而 8031 型单片机则无片内程序存储器。当采用 8051、8751 型单片机而程序超过 4 KB，或采用 8031 型单片机时，就需要进行程序存储器的扩展。

MCS-51 系列单片机的数据存储器与程序存储器的地址空间是互相独立的，其片外数据存储器的空间可达 64 KB，而片内的数据存储器空间只有 128 B。如果片内的数据存储器不够用时，则需进行数据存储器的扩展。

存储器扩展的核心问题是存储器的编址问题。所谓编址就是给存储单元分配地址。由于存储器通常由多片芯片组成，为此存储器的编址分为两个层次：即存储器芯片的选择和存储器芯片内部存储单元的选择。

存储器芯片的选择有两种方法：线选法和译码法。

1. 线选法

所谓线选法，就是直接以系统的地址线作为存储器芯片的片选信号，为此只需把用到的地址线与存储器芯片的片选端直接相连即可。

2. 译码法

所谓译码法就是使用地址译码器对系统的片外地址进行译码，以其译码输出作为存储器芯片的片选信号。译码法又分为完全译码和部分译码两种。

(1) 完全译码

地址译码器使用了全部地址线，地址与存储单元一一对应，也就是 1 个存储单元只占用 1 个唯一的地址。

(2) 部分译码

地址译码器仅使用了部分地址线，地址与存储单元不是一一对应，而是 1 个存储单元占用了几个地址。1 根地址线不接，一个单元占用 $2(2^1)$ 个地址；2 根地址线不接，一个单元占用 $4(2^2)$ 个地址；3 根地址线不接，则占用 $8(2^3)$ 个地址，依此类推。

在设计地址译码器电路时，如果采用地址译码关系图的话，将会带来很大的方便。所谓地址译码关系图，就是一种用简单的符号来表示全部地址译码关系的示意图。例如：

A_{15}	A_{14}	A_{13}	A_{12}	A_{11}	A_{10}	A_9	A_8	A_7	A_6	A_5	A_4	A_3	A_2	A_1	A_0
·	0	1	0	0	X	X	X	X	X	X	X	X	X	X	X

从地址译码关系图上可以看出以下几点：

① 属完全译码还是部分译码；

② 片内译码线和片外译码线各有多少根；

③ 所占用的全部地址范围为多少。

例如在上面的关系图中，有 1 个“·”(A_{15}不接)，表示为部分译码，每个单元占用 2 个地址。片内译码线有 11 根(A_{10}～A_0)，片外译码线有 4 根。其所占用的地址范围如下：

当 A_{15} 为 0 时，所占用地址为 0010000000000000～0010011111111111，即 2000H～27FFH。

当 A_{15} 为 1 时，所占用地址为 1010000000000000～1010011111111111，即 0A000H～0A7FFH。

共占用了两组地址，这两组地址在使用中同等有效。

应该指出的是，随着半导体存储器的不断发展，大容量、高性能、低价格的存储器不断推出，这就使得存储器的扩展变得更加方便，译码电路也越来越简单了。

7.2.2　程序存储器的扩展

1. 只读存储器简介

半导体存储器分为随机存取存储器(Random Access Memory)和只读存储器(Read Only Memory)两大类，前者主要用于存放数据，后者主要用于存放程序。

只读存储器是由 MOS 管阵列构成的，以 MOS 管的接通或断开来存储二进制信息。按照程序要求确定 ROM 存储阵列中各 MOS 管状态的过程叫作 ROM 编程。根据编程方式的不同，ROM 可分为以下 3 种：

(1) 掩膜 ROM

掩膜 ROM 简称为 ROM，其编程是由半导体制造厂家完成的，即在生产过程中进行编程。

(2) 可编程 ROM(PROM)

PROM 芯片出厂时并没有任何程序信息，其程序是由用户写入的，与掩膜 ROM 相比，有了一定的灵活性，批量也不一定很大。

(3) 可擦除 ROM(EPROM 或 EEPROM)

可擦除 ROM 芯片的内容由用户写入，并允许反复擦除重新写入。EEPROM 芯片每个字节可改写万次以上，信息的保存期大于 10 年。这种芯片给计算机应用系统带来很大的方便，不仅可以修改参数，而且断电后能保存数据。它的缺点是价格偏高。

2. EPROM2764 简介

(1) 2764 的引脚

自从 EPROM2716 芯片被逐渐淘汰后，目前比较广泛采用的是 2764 芯片。该芯片为双列直插式 28 引脚的标准芯片，容量为 8K×8 位，其管脚如图 7－3 所示。

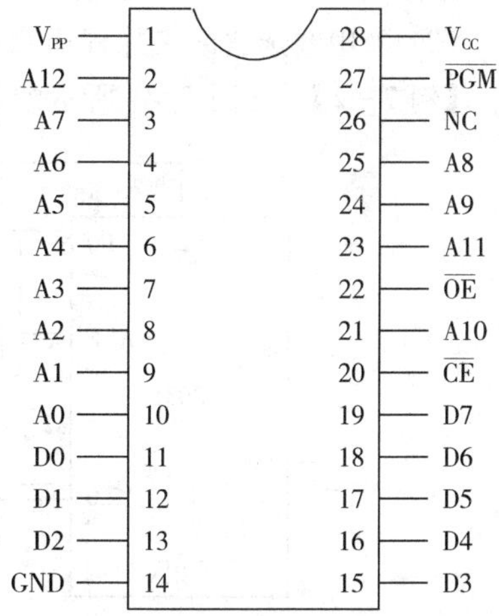

图 7－3　EPROM2764 引脚图

其中，A12～A0：13 位地址线。

D7～D0：8 位数据线。

$\overline{CE}$：片选信号，低电平有效。

$\overline{OE}$:输出允许信号,当$\overline{OE}$=0 时,输出缓冲器打开,被寻址单元的内容才能被读出。

VPP:编程电源,当芯片编程时,该端加上编程电压(+25 V或+12 V);正常使用时,该端加+5 V电源。

NC:为不用的管脚。

(2) 2764 的工作时序

2764 在使用时,只能将其所存储的内容读出,其过程与 RAM 的读出十分类似。即首先送出要读出的单元地址,然后使$\overline{CE}$和$\overline{OE}$均有效(低电平),则在芯片的 D0~D7 数据线上就可以输出要读出的内容。

(3) 2764 的编程

EPROM 的一个重要特点就在于它可以反复擦除,即在其存储的内容擦除后可通过编程(重新)写入新的内容,这就为用户调试和修改程序带来很大的方便。EPROM 的编程过程为:

① 擦除。如果 EPROM 芯片是第一次使用的新芯片,则它是干净的。干净的标志通常是每一个存储单元的内容都是 FFH。

② 编程。EPROM 的编程有两种方式:标准编程和灵巧编程。

这里应注意的是,对于不同型号、不同厂家生产的 EPROM 芯片,其编程电压 Vpp 是不一样的,有+12 V,+18 V,+21 V,+24 V 等数种。编程时一定要根据芯片所要求的电压来编程,否则极易烧坏芯片。

3. 程序存储器扩展举例

现分 3 种情况说明程序存储器的扩展方法。

(1) 不用片外译码的单片程序存储器的扩展。

【例 7-1】 试用 EPROM2764 构成 8031 的最小系统。

解:由于 8031 无片内程序存储器,因此必须外接程序存储器以构成最小系统。其连接方法是在图 7-2 的基础上,将 2764 按 3 总线的要求连接,其连接的关键在于地址译码。由于一般所采用的芯片其字节数均超过 256 个单元,也就是说片内地址线超过 8 条,故地址译码的核心问题是高 8 位地址线的连接。

(2) 采用线选法的多片程序存储器的扩展。

【例 7-2】 在图 7-4 所示的连接图中,使用了两片 2764,一共构成了 8 K×2=16 K 的

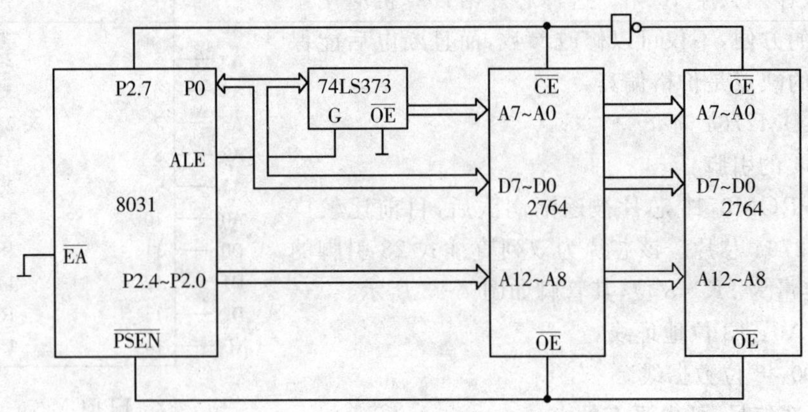

图 7-4 两片程序存储器扩展连接图

有效地址。现采用线选法编址，以 P2.7 直接作为片选信号，当 P2.7＝0 时，选中左边 1 片 2764，其地址范围为 0000H～1FFFH；当 P2.7＝1 时，选中右边 1 片 2764，其地址范围为 8000H～9FFFH。这是部分译码，有 2 根地址线未接，1 个单元要占用 $2^2=4$ 个地址号。以上只是 4 组地址中的 1 组。若需地址连续的话，可取如下 1 组地址：6000H～7FFFH 和 8000H～9FFFH。

(3) 采用地址译码器的多片程序存储器的扩展。

【例 7-3】 要求用 2764 芯片扩展 8031 的片外程序存储器空间，分配的地址范围为：0000H～3FFFH。

解：本例采用完全译码的方法，即所有地址线全部连接，每个单元只占用唯一的 1 个地址。

① 确定片数：扩展容量为 16KB，2764 芯片字节容量为 8KB，所以需要芯片数目为两者之商，即两片。

② 分配地址范围：第 1 组(1 片)所占用的地址范围为：

0000 0000 0000 0000—— 0000H
……………
0001 1111 1111 1111—— 1FFFH

第 2 组(1 片)所占用的地址范围为：

0010 0000 0000 0000——2000H
……………
0011 1111 1111 1111——3FFFH

③ 画出地址译码关系图：

第 1 组：

P2.7P2.6P2.5P2.4 …… P2.0P0.7 …… P0.0
(A15)(A14)(A13)(A12) …… (A8)(A7) …… (A0)

0	0	0	X	X	X	X	X	X	X	X	X	X	X	X	X

第 2 组：

0	0	1	X	X	X	X	X	X	X	X	X	X	X	X	X

上面打×部分为片内译码，对于 2764 来说有 13 位，其地址变化范围为从全 0 变到全 1，其余部分为片外译码。

④ 设计外译码电路：

本例只介绍采用译码器芯片的设计方法，现采用 3－8 译码器 74LS138。片外译码只有 3 根线(P2.7，P2.6，P2.5)，分别接至译码器的 C、B、A 输入端。控制端 G1、$\overline{G2A}$、$\overline{G2B}$不参与译码，接成常有效。

⑤ 画出存储器扩展连接图：

该连接图如图 7-5 所示。图中 3-8 译码器 74LS138 只用了两个译码输出端，如果需要的话，还可利用其余 6 个译码输出端。

可以对 ROM 单元的内容进行检查，具体方法如下：对 ROM 单元的检测主要是检查

ROM单元内容的校验和。所谓ROM的校验和是将ROM的内容逐一相加后得到一个数值，该值便称校验和。ROM单元存储的是程序、常数和表格。一旦程序编写完成，ROM中的内容就确定了，其校验和也就是唯一的。若ROM校验和出错，应给出ROM出错提示(声、光或其他形式)，等待处理。

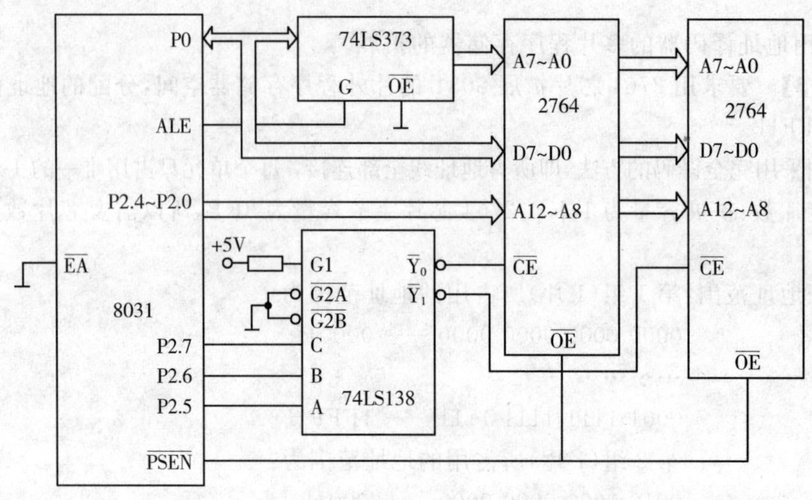

图7-5 采用地址译码器扩展程序存储器的连接图

入口：待检程序空间为0000H～MAXEPROMH，程序存储器代码的正常部分累加和已放在33H(部分累加和低位字节)、34H(部分累加和高位字节)。

出口：程序存储器代码的累加和正常，继续执行正常程序NORMAL；否则，执行出错处理程序ABNORMAL。

占用：31H、32H分别存放部分累加和的低位字节和高位字节，累加器A用于运算。

自检程序如下：

```
EPROMCHECK:  MOV    DPTR,#0000H
             CLR    A
             MOV    31H,A
             MOV    32H,A
CHECKLOOP:   CLR    A
             MOVC   A,@A+DPTR
             ADD    A,31H
             MOV    31H,A
             CLR    A
             ADDC   A,32H
             MOV    32H,A
             INC    DPTR
             MOV    A,DPL
             CJNE   A,#MAXEPROMHL,CHECKLOOP
             MOV    A,DPH
```

```
          CJNE    A,#MAXEPROMHH,CHECKLOOP
          MOV     A,31H
          CJNE    A,33H,ABNORMAL
          MOV     A,32H
          CJNE    A,34H,ABNORMAL
NORMAL:   …………
ABNORMAL: …………
```

为了方便应用程序存储器的自检程序,可以在调试完所有程序之后,把程序存储器的自检程序作为子程序放在最后,并且自检的范围不包括这个自检程序本身。

7.2.3　数据存储器的扩展

1. 数据存储器概述

数据存储器即随机存取存储器(Random Access Memory,简称 RAM),用于存放可随时修改的数据信息。它与 ROM 不同,对 RAM 可以进行读、写两种操作。RAM 为易失性存储器,断电后所存信息立即消失。按其工作方式,RAM 又分为静态(SRAM)和动态(DRAM)两种。

2. 静态 RAM6264 简介

6264 是 8 K×8 位的静态数据存储器芯片,采用 CMOS 工艺制造,为 28 引脚双列直插式封装,其引脚图如图 7-6 所示。

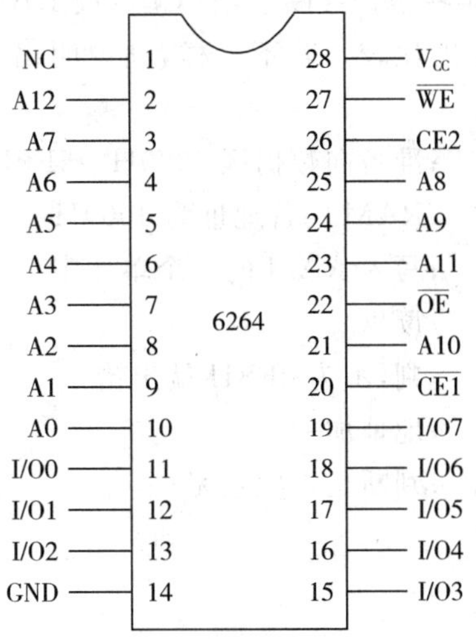

A0～A12	地址线
I/O0～I/O7	双向数据线
$\overline{CE1}$	片选线 1
CE2	片选线 2
$\overline{WE}$	写允许线
$\overline{OE}$	读允许线

图 7-6　RAM 6264 引脚图

3. 数据存储器扩展举例

数据存储器的扩展与程序存储器的扩展相类似,不同之处主要在于控制信号的接法不一样,不用$\overline{PSEN}$信号,而用$\overline{RD}$和$\overline{WR}$信号,且直接与数据存储器的$\overline{OE}$端和$\overline{WE}$端相连即可。图 7-7为外扩 1 片 6264 的连接图。采用线选法,将片选信号$\overline{CE1}$与 P2.7 相连,片选信号 CE2 与 P2.6 相连。其地址译码关系为:

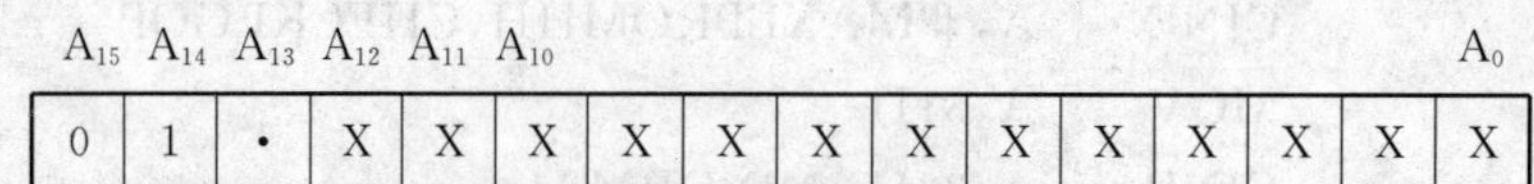

所占用的地址为:第 1 组 4000H~5FFFH (A13=0)

第 2 组 6000H~7FFFH (A13=1)

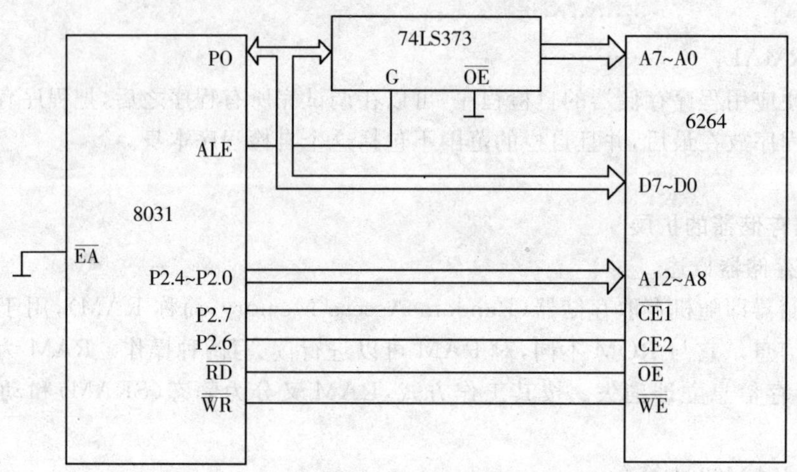

图 7-7 扩展一片 RAM 6264 连接图

可以对分配的单元进行软件自检,其方法如下:首先向整个数据区写入同一数据 0FFH,再一一读出比较。若不一样,则出错;为了防止某些数据线断了,而 CPU 读 RAM 时总是高电平,则再向整个数据区写入数据 00H,再一一读出比较。若不一样,则说明出错。测试程序如下:

```
START:  MOV    A,#0FFH           ;准备向数据区 4000H~5FFFH 写 0FFH
        MOV    DPTR,#4000H       ;RAM 的首地址为 4000H
CHECK1: MOVX   @DPTR,A           ;写入 RAM 的一个单元中
        MOVX   A,@DPTR           ;读出
        CJNE   A,#0FFH,ERR       ;判,不为 0FFH 就出错
        INC    DPTR              ;地址加一
        MOV    R0,DPL            ;判断是否检测完
        CJNE   R0,#00H,CHECK1
        MOV    R0,DPH
        CJNE   R0,#60H,CHECK1
        MOV    A,#00H
        MOV    DPTR,#4000H
CHECK2: MOVX   @DPTR,A           ;准备向数据区 4000H~5FFFH 写 00H
        MOVX   A,@DPTR
        CJNE   A,#00H,ERR
        INC    DPTR
        MOV    R0,DPL
```

```
        CJNE    R0,#00H,CHECK2
        MOV     R0,DPH
        CJNE    R0,#60H,CHECK2
GOOD:   RET                         ;RAM 正常,返回
ERR:    ……                          ;RAM 不正常,给出出错信息
```

7.2.4　全地址范围的存储器最大扩展系统

现以 8031 为例,说明全地址范围的存储器最大扩展系统的构成方法,如图 7－8 所示。8031 的片外程序存储器和数据存储器的地址各为 64 K。若采用 EPROM2764 和 RAM6264 芯片,则各需 8 片才能构成全部有效地址。芯片的选择采用 3—8 译码器 74LS138,片外地址线只有 3 根(A_{15}、A_{14}、A_{13}),分别接至 74LS138 的 C、B、A 端,其 8 路译码输出分别接至 8 个 2764 和 8 个 6264 的片选端$\overline{CE}$。

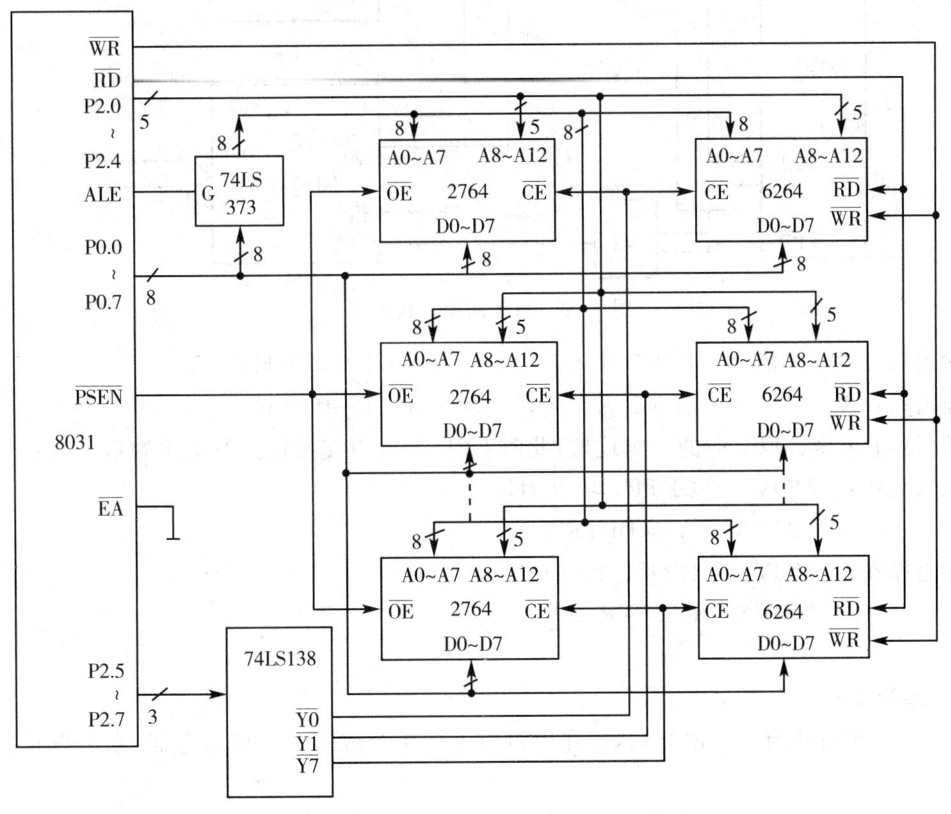

图 7－8　单片机外存储器最大扩展电路

7.3　I/O 口扩展

虽然单片机本身的 I/O 口能实现简单的 I/O 操作,但其功能毕竟十分有限。因为在单片机本身的 I/O 口电路中,只有数据锁存和缓冲功能,而没有状态寄存和命令寄存功能,因此难以满足复杂的 I/O 操作要求。

7.3.1 简单 I/O 接口的扩展

在实际应用中经常会遇到开关量、数字量的输入输出，如开关、键盘、数码显示器等外设，主机可以随时与这些外设进行信息交换。在这种情况下，只要按照“输入三态，输出锁存”与总线相连的原则，选择 74LS 系列的 TTL 或 MOS 电路即能组成简单的 I/O 扩展接口。例如，采用 8 位三态缓冲器 74LS244 组成输入口，采用 8D 锁存器 74LS273、74LS373、74LS377 等组成输出口。

图 7-9 所示为一种简单的 I/O 口连接方法，图中 P2.0 和 P2.1 经与 $\overline{RD}$、$\overline{WR}$ 组合后分别作为输入口和输出口的片选及锁存信号。74LS273 的锁存时钟 CP 端为正跳变锁存。输入输出口相应的地址号如下。

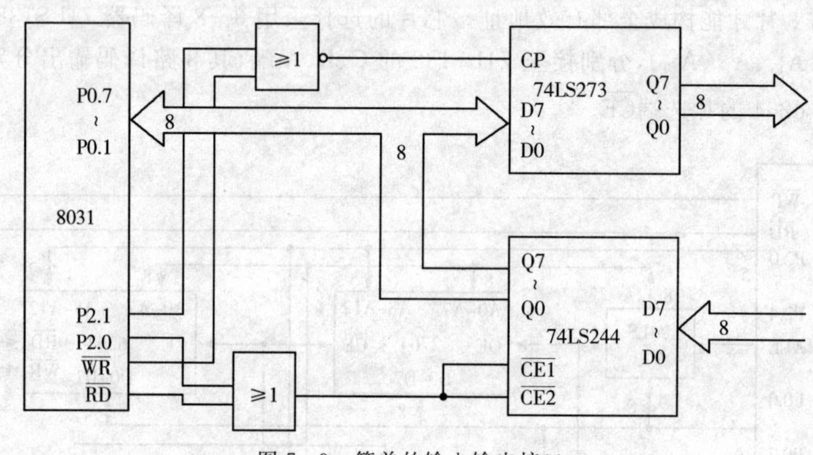

图 7-9 简单的输入输出接口

输入口：×××× ××10×××× ××××B=0200H

输出口：×××× ××01×××× ××××B=0100H

(这是当 ×全部取 0 时的一组地址)此时 CPU 与外设交换信息所采用的指令为：

```
输入操作： MOV     DPTR,#0200H
          MOVX    A,@DPTR
输出操作： MOV     DPTR,#0100H
          MOVX    @DPTR,A
```

7.3.2 串行 I/O 口的扩展

MCS-51 单片机有一个串行口，若在串行口外接 1 个或多个移位寄存器，则可以扩展多个 I/O 口。

图 7-10 所示为用串行口扩展 I/O 口的电路，其中(a)为用 74LS164 芯片完成单片机串行输出转换成并行输出的接口；(b)为用 74LS165 芯片完成并行输入转换成串行输入的接口；(c)为用串行口扩展多个输出口的电路，图中采用了多个 74LS164 芯片串接的方法。74LS164 为带清“0”端的串行输入/并行输出移位寄存器(8 位)，而 74LS165 为并行输入/串行输出移位寄存器(8 位)。

7.3.3 利用 MCS-80/85 系列接口芯片的扩展

由于 MCS-51 单片机具有 MCS-80/85CPU 的总线标准，因此可以很方便地使用 MCS-

80/85 系列接口芯片如 8255A、8155、8253、8279 等，其连接方法非常简单方便。现以 8155 芯片为例来说明 MCS-80/85 系列接口芯片与 MCS-51 单片机接口与编程，其他芯片与 MCS-51 单片机接口与编程见其他相关资料。

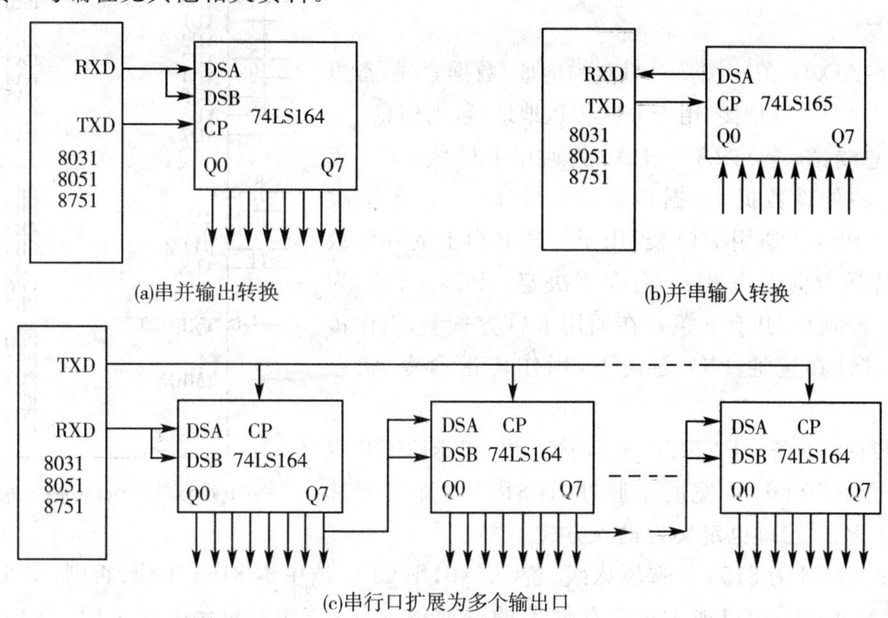

图 7－10　用串行口扩展 I/O 口的电路

1. MCS-51 与可编程 RAM/IO 芯片 8155 的接口

Intel 8155 芯片内包含有 256 个字节的 RAM 存储器(静态)，RAM 的存取时间为 400ns。两个可编程的 8 位并行口 PA 和 PB，一个可编程的 6 位并行口 PC，以及一个 14 位减法定时器/计数器。PA 口和 PB 口可工作于基本输入输出方式(同 8255A 的方式 0)或选通输入输出方式(同 8255A 的方式 1)。8155 可直接和 MCS-51 单片机相连，不需要增加任何硬件逻辑。由于 8155 既有 I/O 口，又具有 RAM 和定时器/计数器。因而是 MCS-51 单片机系统中最常用的外围接口芯片之一。

(1)8155 的结构与引脚

①8155 的逻辑结构

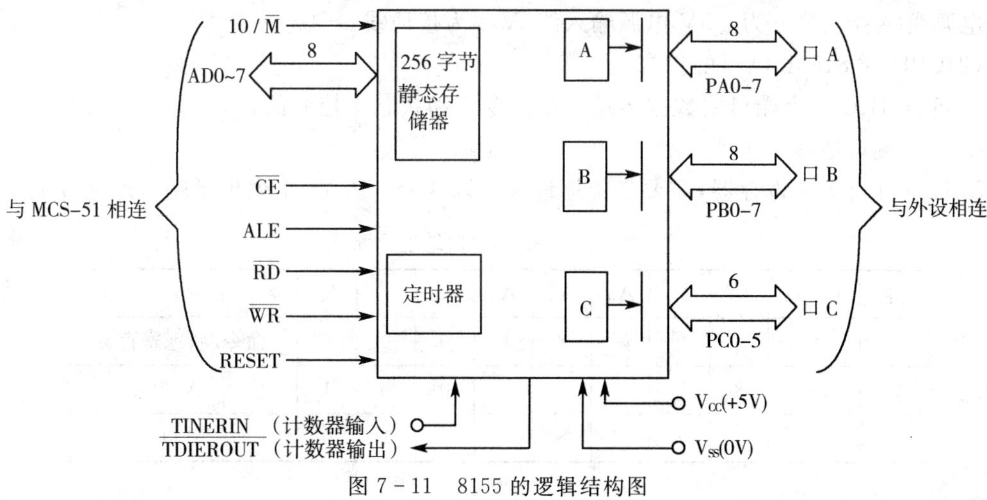

图 7－11　8155 的逻辑结构图

8155 的逻辑结构如图 7－11 所示。

②8155 的引脚功能说明

如图 7－12 所示，8155 共有 40 条引脚线，采用双列直插式封装。

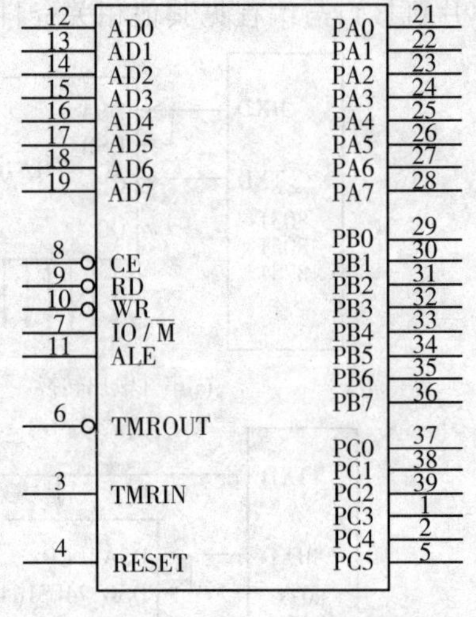

图 7－12　8155 的引脚

AD7～AD0（8 条）：AD7～AD0 为地址/数据总线，常可和 MCS-51 的 P0 口相接，用于分时传送地址/数据信息。

I/O 总线（22 条）：PA7～PA0 为通用 I/O 线，用于传送 A 口上的外设数据，数据传送方向由 8155 命令字决定。PB7～PB0 为通用 I/O 线，用于传送 B 口上的外设数据，数据传送方向也由 8155 命令字决定。PC5～PC0 为 I/O 数据/控制线，共有 6 条。在通用 I/O 方式下，用作传送 I/O 数据；在选通 I/O 方式下，用作传送命令/状态信息。

控制总线（8 条）：RESET：复位输入线，在 RESET 线上输入一个大于 600ns 宽的正脉冲时，8155 立即处于总清状态，A、B、C 三口也定义为输入方式。

$\overline{\text{CE}}$和 IO/$\overline{\text{M}}$ 为 8155 片选输入线，若$\overline{\text{CE}}$＝0，则 CPU 选中本 8155 工作；否则，本 8155 不工作。IO/$\overline{\text{M}}$ 为 I/O 端口或 RAM 存储器的选通输入线；若 IO/$\overline{\text{M}}$＝0，则 CPU 选中 8155 的 RAM 存储器；若 IO/$\overline{\text{M}}$＝1，则 CPU 选中 8155 片内某一寄存器。

$\overline{\text{RD}}$和$\overline{\text{WR}}$：$\overline{\text{RD}}$是 8155 的读/写命令输入线，$\overline{\text{WR}}$为写命令线，当$\overline{\text{RD}}$＝0 和$\overline{\text{WR}}$＝1 时，8155 处于读出数据状态；当$\overline{\text{RD}}$＝1 和$\overline{\text{WR}}$＝0 时，8155 处于写入数据状态。

ALE：为允许地址输入线，高电平有效。若 ALE＝1，则 8155 允许 AD7～AD0 上地址锁存到“地址锁存器”；否则，8155 的地址锁存器处于封锁状态。8155 的 ALE 常和 MCS-51 的同名端相连。

TIMERIN 和$\overline{\text{TIMEROUT}}$：TIMERIN 是计数器输入线，其脉冲上跳沿用于对 8155 片内 14 位计数器减 1。$\overline{\text{TIMEROUT}}$为计数器输出线，当 14 位计数器从计满回零时就可以在该引线上输出脉冲或方波输出信号的形状和计数器工作方式有关。

电源线（4 条）：Vcc 为＋5V 电源输入线，Vss 为接地线。

(2)CPU 对 8155I/O 口的控制

8155 A、B、C 三个端口的数据传送是由命令字和状态字控制的。

①8155 端口地址

8155 内部有 7 个寄存器，需要三位地址来加以区分。表 7－1 列出了端口地址分配。

表 7－1　8155 端口地址分配

$\overline{\text{CE}}$	IO/$\overline{\text{M}}$	A7	A6	A5	A4	A3	A2	A1	A0	所选端口
0	×	×	×	×	×	×	0	0	0	命令/状态寄存器
0	×	×	×	×	×	×	0	0	1	A 口
0	×	×	×	×	×	×	0	1	0	B 口

（续表）

$\overline{CE}$	IO/$\overline{M}$	A7	A6	A5	A4	A3	A2	A1	A0	所选端口
0	×	×	×	×	×	×	0	1	1	C 口
0	×	×	×	×	×	×	1	0	0	计数器低 8 位
0	×	×	×	×	×	×	1	0	1	计数器高 6 位
0	×	×	×	×	×	×	×	×	×	RAM 单元

注：×表示 0 或 1。

②8155 的命令字

在 8155 的控制逻辑部件中，设置有一个控制命令寄存器和一个状态标志寄存器。8155 的工作方式由 CPU 写入命令寄存器中的命令字来确定。命令寄存器只能写入不能读出，命令寄存器的低 4 位用来设置 A 口、B 口和 C 口的工作方式。D4、D5 位用来确定 A 口、B 口以选通输入输出方式工作时是否允许中断请求。D6、D7 位用来设置定时器/计数器的操作。

③8155 的状态字

另外，在 8155 中还设置有一个状态标志寄存器，用来存入 A 口和 B 口的状态标志。状态标志寄存器的地址与命令寄存器的地址相同，CPU 只能对其读出，不能写入。状态寄存器 CPU 可以直接查询。

下面仅对状态字中的 D6 位作以说明：

D6 为定时器中断状态标志位。若定时器正在计数或开始计数前，则 D6＝0；若定时器的计数长度已计满，则 D6＝1。在硬件复位或对它读出后又恢复为 0。

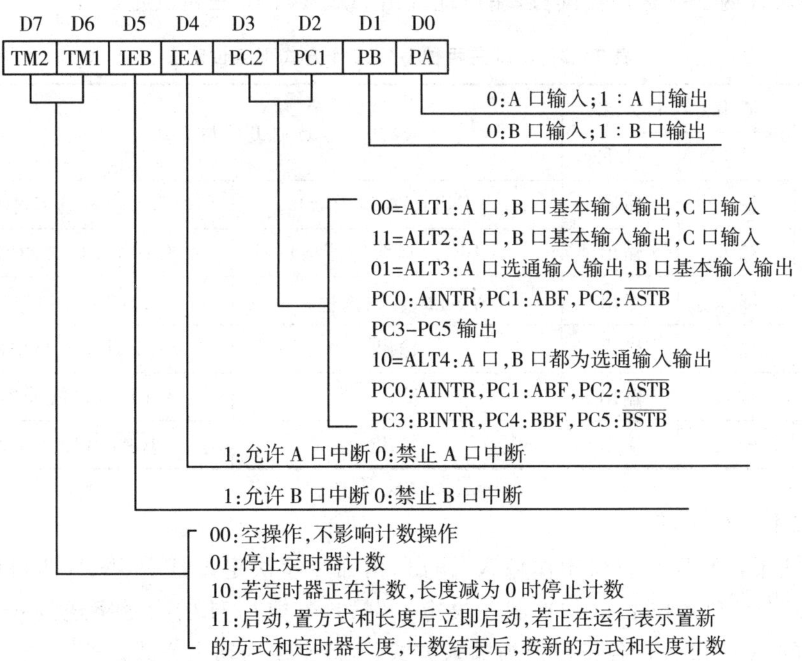

8155 的命令字

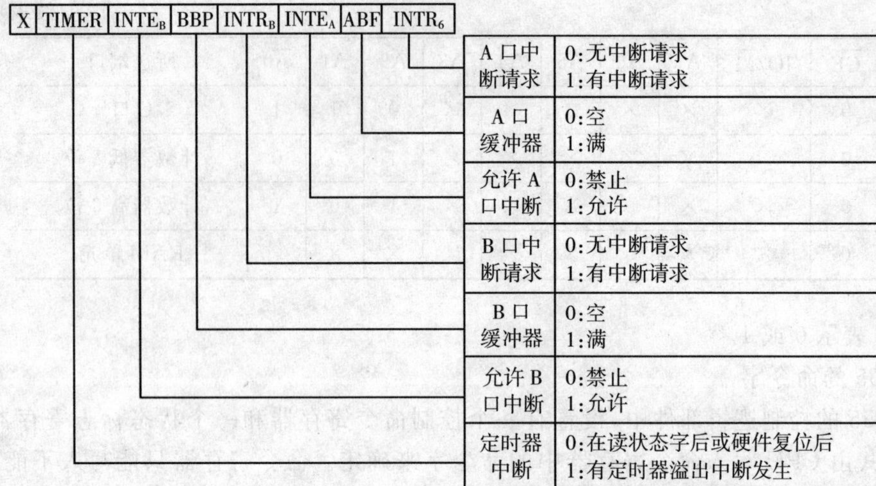

8155 的状态字

(3)8155 的工作方式

①存储器方式

8155 的存储器方式用于对片内 256 字节 RAM 单元进行读写，若 IO/$\overline{M}$=0 和$\overline{CE}$=0，则 8155 立即处于本工作方式。此时，CPU 可以通过 AD7～AD0 上的地址选择 RAM 存储器中任一单元读写。

② I/O 方式

8155 的 I/O 方式可分为基本 I/O 和选通 I/O 两种方式，见表 7-2 所列。在 I/O 方式下，8155 可选择对片内任一寄存器读写，端口地址由 A2、A1、A0 三位决定。

表 7-2 C 口在两种 I/O 工作方式下各位定义

C口	通用 I/O 口方式		选通 I/O 口方式	
	ALT1	ALT2		
PC0	输入	输出	A INTR(A 口中断)	A INTR(A 口中断)
PC1	输入	输出	A BF(A 口缓冲器满)	A BF(A 口缓冲器满)
PC2	输入	输出	A $\overline{STB}$(A 口选通)	A $\overline{STB}$(A 口选通)
PC3	输入	输出	输出	B INTR(B 口中断)
PC4	输入	输出	输出	B BF(B 口缓冲器满)
PC5	输入	输出	输出	B $\overline{STB}$(B 口选通)

第一，基本 I/O 方式

在本方式下，A、B、C 三口用作输入/输出，由命令字决定。其中，A、B 两口的输入/输出由 D1、D0 决定，C 口各位由 D3、D2 状态决定。例如：若把 02H 的命令字送到 8155 命令寄存器，则 8155 的 A 口和 C 口各位设定为输入方式，B 口设定为输出方式。

第二，选通 I/O 方式

由命令字中的 D3、D2 状态决定，A 口和 B 口都可独立工作于这种方式。此时，A 口和 B

口用作数据口,C 口各位联络线的定义是在设计 8155 时规定的,起分配和命名如表 7－2 所列。

选通 I/O 方式又可分为选通输入和选通输出两种方式。

选通输入是 A 口和 B 口都可设定为本工作方式:若命令字中 D0＝0 和 D3、D2＝10B(或 11B),则 A 口设定为本工作方式;若命令字中 D1＝0 和 D3、D2＝ 11B,则 B 口设定为本工作方式。选通输入的工作过程和 8155A 的选通输入的情况类似,如图 7－13 所示。

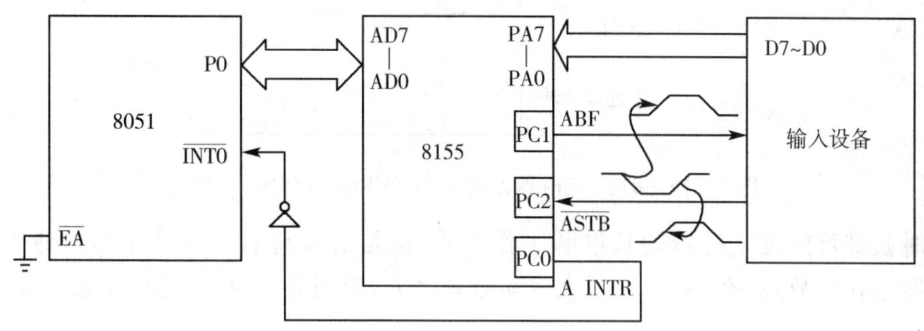

图 7－13　选通 I/O 数据输入示意图

选通输出是 A 口和 B 口都可设定为本工作方式:若命令字中 D0＝1 和 D3、D2＝10B(或 11B),则 A 口设定为本工作方式;若命令字中 D1＝1 和 D3、D2＝ 11B,则 B 口设定为本工作方式。选通输入的工作过程也和 8155A 的选通输入的情况类似,如图 7－14 所示。

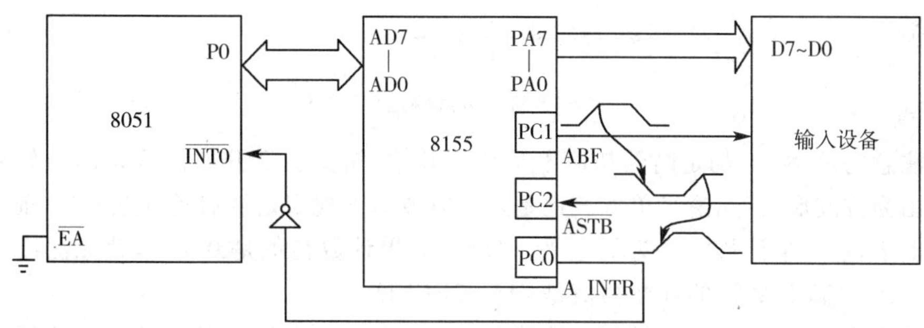

图 7－14　选通 I/O 输入输出示意图

(4)8155 内部定时器/计数器及使用

在 8155 中还设置有一个 14 位的减 1 计数器,可用来定时或对外部事件计数,CPU 可通过程序选择计数长度和计数方式。计数长度和计数方式由输入给计数寄存器的计数控制字来确定,计数寄存器的格式如图 7－15 所示。

	D7							D0
T_L(04H)	T7	T6	T5	T4	T3	T2	T1	T0

	D7							D0
T_H(05H)	M2	M1	T13	T12	T11	T10	T9	T8

图 7－15　8155 计数寄存器的格式

其中，T13－T0 为计数长度。M2、M1 用来设置定时器的输出方式。8155 定时器 4 种工作方式及相应的$\overline{\text{TIMEROUT}}$脚输出波形如图 7－16 所示。

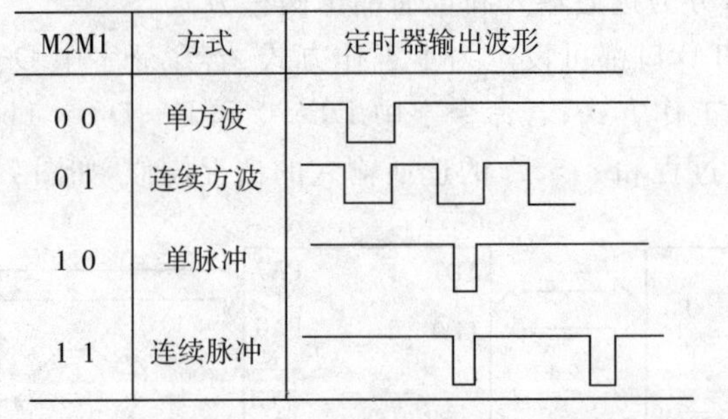

M2M1
方式
定时器输出波形
0 0
单方波
0 1
连续方波
1 0
单脉冲
1 1
连续脉冲

图 7－16　8155 定时器方式及$\overline{\text{TIMEROUT}}$脚输出波形

任何时候都可以置定时器的长度和工作方式，但是必须将启动命令字写入命令寄存器。如果定时器正在计数，那么，只有在写入启动命令之后，定时器才接收新的计数长度并按新的工作方式计数。

若写入定时器的初值为奇数，方波输出是不对称的，例如初值为 9 时，定时器输出的 5 个脉冲周期内为高电平，4 个脉冲周期内为低电平，如图 7－17 所示。

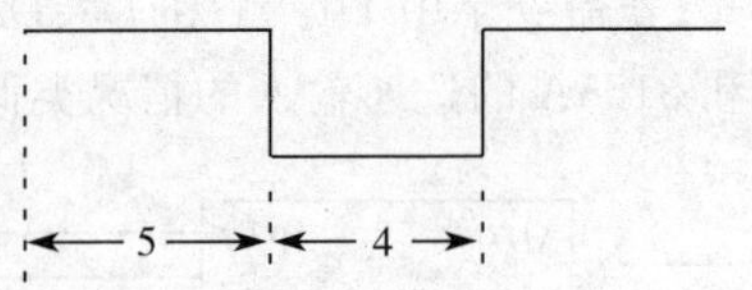

图 7－17　不对称方波输出（长度为 9）

值得注意的是，8155 的定时器初值不是从 0 开始，而要从 2 开始。这是因为如果选择定时器的输出为方波形式（无论是单方波还是连续方波），则规定是从启动计数开始，前一半计数输出为高电平，后一半计数输出为低电平。显然，如果计数初值是 0 或 1，就无法产生这种方波。因此写入 8155 计数器的计数初值是 2H－3FFFH。

如果硬要将 0 或 1 作为初值写入，其效果将与送入初值 2 的情况一样。8155 复位后并不预置定时器的方式和长度，但是停止计数器计数。

2. MCS-51 与 8155 的接口及软件编程

(1)MCS-51 与 8155 的硬件接口电路

MCS-51 单片机可以和 8155 直接连接而不需要任何外加逻辑器件。8031 和 8155 的接口电路如图 7－18 所示。

在图 7－18 中，8031 单片机 P0 口输出的低 8 位不需要另加锁存器而直接与 8155 的 AD0－AD7 相连，既作低 8 位地址总线又作数据总线，地址锁存直接用 ALE 在 8155 锁存。8155 的/CE 端接 P2.7，IO/$\overline{\text{M}}$ 端与 P2.0 相连。当 P2.7 为低电平时，若 P2.0＝1，访问 8155 的 I/O 口；若 P2.0＝0，访问 8155 的 RAM 的单元。由此我们得到图 7－18 中 8155 的地址编码如下。

RAM 单元地址：　7E00H—7EFFH

I/O 口地址：

命令/状态口：　7F00H

PA 口：　　7F01H
PB 口：　　7F02H
PC 口：　　7F03H
定时器低 8 位：　　7F04H
定时器高 6 位：　　7F05H

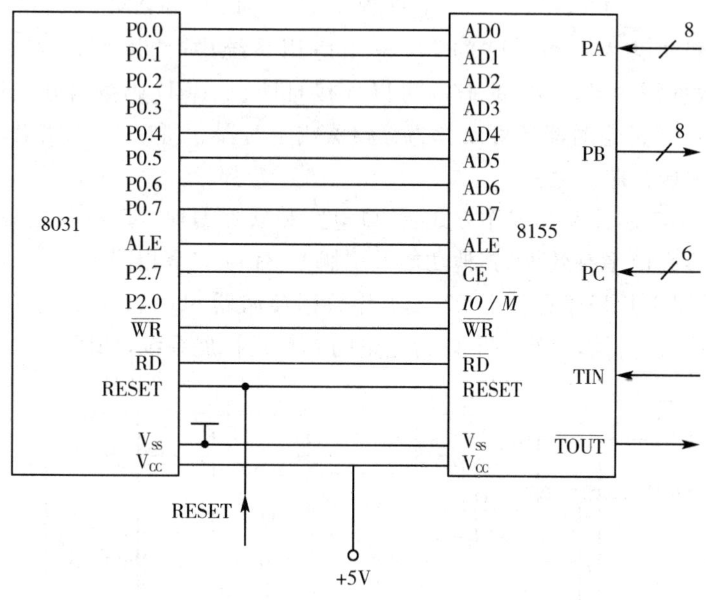

图 7－18　8155 和 8031 的接口电路

(2)8155 编程举例

根据图 7－18 所示的接口电路，说明对 8155 的操作方法。

(3)初始化程序设计

【例 7－4】 若 A 口定义为基本输入方式，B 口定义为基本输出方式，对输入脉冲进行 24 分频(8155 的计数器的最高计数频率为 4MHz)，则 8155 的 I/O 初始化程序如下：

```
START:  MOV   DPTR,#7F04H        ;指向定时器低 8 位
        MOV   A,#18H             ;计数常数 18 H
        MOVX  @DPTR,A            ;计数常数低 8 位装入
        INC   DPTR               ;指向定时器高 8 位
        MOV   A,#40H             ;设定定时器连续方波输出
        MOVX  @DPTR,A            ;定时器高 6 位装入
        MOV   DPTR,#7F00H        ;指向命令/状态口
        MOV   A,#0C2H            ;命令字设定
        MOVX  @DPTR,A            ;A 口为基本输入方式,B 口为基本输出
                                  方式,开启定时器
```

【例 7－5】 读 8155RAM 的 7EF1H 单元内容。

程序如下：

```
    MOV   DPTR ,#7EF1H           ;指向 8155 的 7EF1H 单元
```

```
    MOVX  A,@DPTR            ;7EF1H 单元内容送 A
```

【例 7-6】 将立即数 41H 写入 8155RAM 的 7E20H 单元。

程序如下：

```
    MOV   A,＃41H            ;立即数送 A
    MOV   DPTR ,＃7E20H      ;指向 8155 的 7E20H 单元
    MOVX  @DPTR,A            ;立即数 41H 送到 8155RAM 的 20H 单元
```

在同时需要扩展 RAM 和 I/O 的 MCS-51 应用系统中，选用 8155 特别经济。8155 的 RAM 可以作为数据缓冲器，8155 的 I/O 可以外接打印机、BCD 码拨盘开关以及作为控制信号输入输出口。8155 的定时器还可以作为分频器或定时器。所以 8155 芯片是单片机应用系统中最常用的外围接口芯片之一。

本节介绍了 8155 芯片及其工作方式、接口电路和软件编程。还有与之类似芯片如 8156，该芯片选片端/CE 高电平有效外，其他功能及引脚与 8155 完全相同。

现以 8031 扩展 1 片程序存储器 2764，1 片数据存储器 6264、1 片并行 I/O 接口 8155（用作键盘显示器的接口）为例，介绍一个较为完整的单片机扩展系统，如图 7-19 所示。

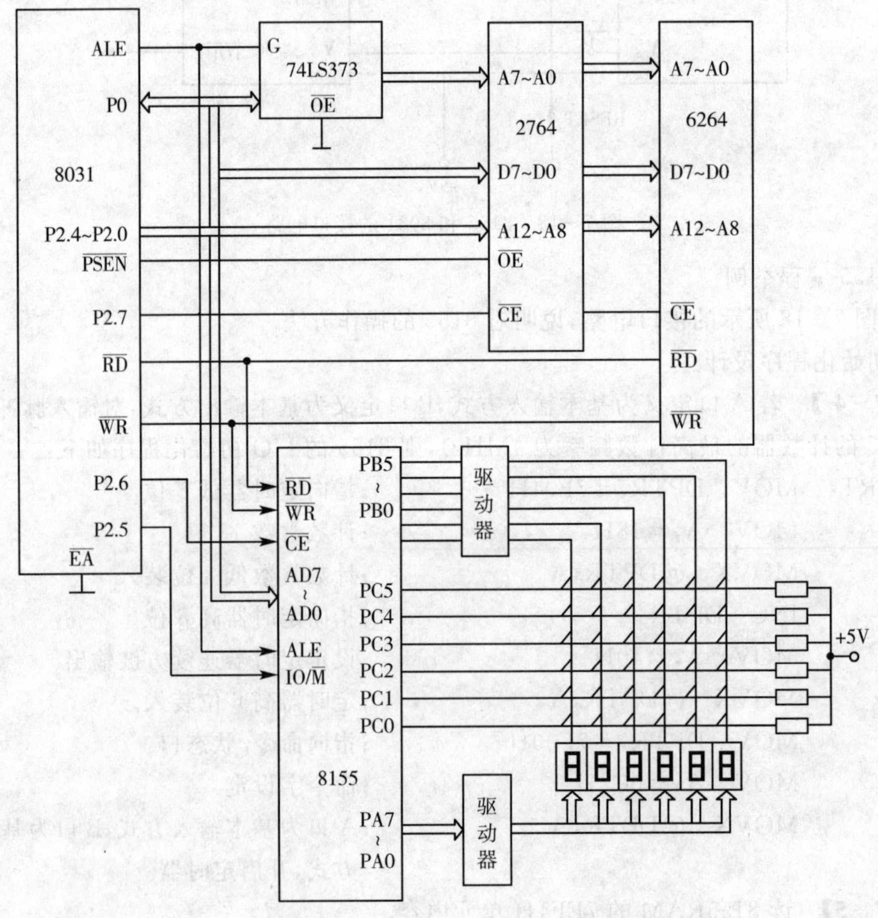

图 7-19 8031 单片机扩展系统

程序存储器 2764 与数据存储器所占用的地址范围为 4000H～5FFFH（或 6000H～

7FFFH);8155 片内 RAM 所占用的地址为 8000H～80FFH,其余口地址为 A000H～A005H。

7.4　D/A 和 A/D 转换器的接口设计

7.4.1　A/D 转换器接口

1. A/D 转换器概述

A/D 转换器用以实现模拟量向数字量的转换。按转换原理可分为 4 种:计数式、双积分式、逐次逼近式及并行式 A/D 转换器。

目前最常用的是双积分式和逐次逼近式。双积分式 A/D 转换器的主要优点为:转换精度高、抗干扰性能好、价格便宜;缺点为:转换速度较慢。因此这种转换器主要用于速度要求不高的场合。常用的产品有 ICL7106/ICL7107/ICL7126 系列、MC1443 以及 ICL7135 等。

另一种常用的 A/D 转换器是逐次逼近式。逐次逼近式 A/D 转换器是一种速度较快、精度较高的转换器,其转换时间大约在几微秒到几百微秒之间。常用的这类芯片有:

(1)ADC0801～ADC0805 型 8 位 MOS 型 A/D 转换器;

(2)ADC0808/0809 型 8 位 MOS 型 A/D 转换器;

(3)ADC0816/0817 型 8 位 MOS 型 A/D 转换器。

量化间隔和量化误差是 A/D 转换器的主要技术指标之一。量化间隔可由下式求得:

$$\Delta=\frac{\text{满量程输入电压}}{2^n-1}\approx\frac{\text{满量程电压}}{2^n}$$

其中 n 为 A/D 转换器的位数。

量化误差有两种表示方法:一种是绝对量化误差;另一种是相对量化误差。可分别由下式求得。

绝对量化误差:

$$\varepsilon=\frac{\text{量化间隔}}{2}=\frac{\Delta}{2}$$

相对量化误差:

$$\varepsilon=\frac{1}{2^{n+1}}$$

例如,当满量程电压为 5V,采用 10 位 A/D 转换器的量化间隔、绝对量化误差、相对量化误差分别为

量化间隔:

$$\Delta=\frac{1}{2^{10}}4.88\text{mV}$$

绝对量化误差:

$$\varepsilon=\frac{\Delta}{2}=\frac{4.88\text{mV}}{2}=2044\text{mV}$$

相对量化误差:

$$\Delta=\frac{1}{2^{11}}=0.00049=0.049\%$$

2. 典型 A/D 转换器芯片 ADC0809 简介

ADC0809 是典型的 8 位 8 通道逐次逼近式 A/D 转换器，采用 CMOS 工艺制造。

(1) ADC0809 的内部逻辑结构

ADC0809 的内部逻辑结构如图 7-20 所示。

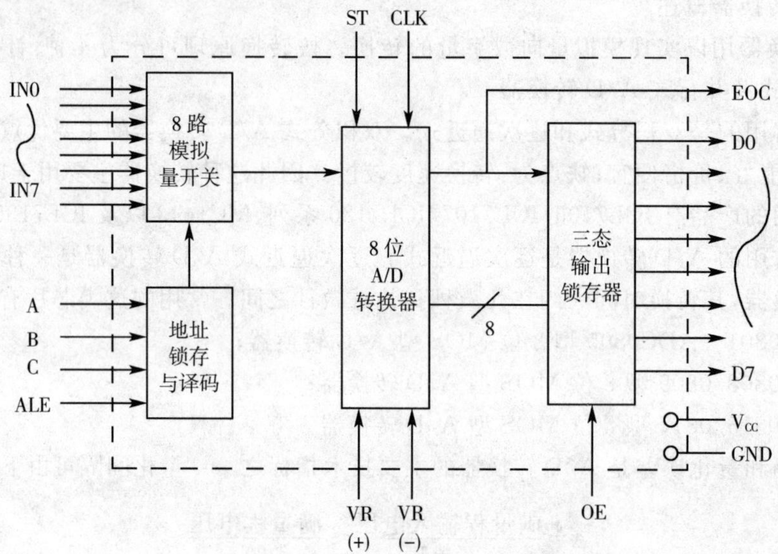

图 7-20　ADC0809 的内部逻辑结构图

(2) ADC0809 的引脚

ADC0809 芯片为 28 引脚双列直插式封装，其引脚排列如图 7-21 所示。

表 7-3　ADC0809 通道选择表

C (ADDC)	B (ADDB)	A (ADDA)	选择的通道
0	0	0	IN0
0	0	1	IN1
0	1	0	IN2
0	1	1	IN3
1	0	0	IN4
1	0	1	IN5
1	1	0	IN6
1	1	1	IN7

引脚名	引脚号	引脚号	引脚名
IN3	1	28	IN2
IN4	2	27	IN1
IN5	3	26	IN0
IN6	4	25	ADDA
IN7	5	24	ADDB
START	6	23	ADDC
EOC	7	22	ALE
D3	8	21	D7
OE	9	20	D6
CLOCK	10	19	D5
V_{CC}	11	18	D4
$V_{ref}(+)$	12	17	D0
GND	13	16	$V_{ref}(-)$
D1	14	15	D2

图 7-21　ADC0809 的引脚图

① IN7～IN0：模拟量输入通道。

②ADDA、ADDB、ADDC：模拟通道地址线。

③ ALE:地址锁存信号。

④ START:转换启动信号。

⑤D7～D0:数据输出线。

⑥OE:输出允许信号。

⑦CLK:时钟信号。

⑧EOC:转换结束状态信号。

⑨VCC:+5V 电源。

⑩V_{ref}:参考电压。

3. MCS-51 单片机与 ADC0809 的接口

ADC0809 与 MCS-51 单片机的一种常用连接方法如图 7-22 所示。

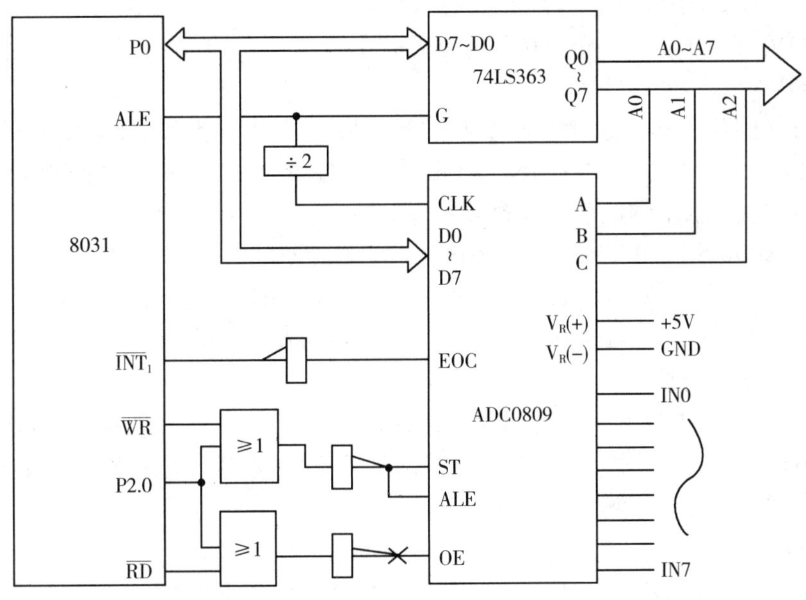

图 7-22　ADC0809 与 8031 的连接图

电路连接主要涉及两个问题:一个是 8 路模拟信号的通道选择,另一个是 A/D 转换完成后转换数据的传送。

(1)8 路模拟通道选择

ADDA、ADDB、ADDC 分别接系统地址锁存器提供的末 3 位地址,只要把 3 位地址写入 0809 中的地址锁存器,就实现了模拟通道选择。

启动 A/D 转换只需使用 1 条 MOVX 指令。在此之前要将 P2.0 清"0",并将末 3 位与所选择的通道号相对应的口地址送入数据指针 DPTR 中。例如要选择 IN0 通道时,可采用如下两条指令即可启动 A/D 转换:

```
MOV    DPTR,#0FE00H          ;送入 0809 的口地址
MOVX   @DPTR,A               ;启动 A/D 转换(IN0)
```

注意:此处的 A 与 A/D 转换无关,可为任意值。

(2)转换数据的传送

A/D 转换后得到的数据为数字量,这些数据应传送给单片机进行处理。数据传送的关键

问题是如何确认A/D转换的完成，因为只有确认数据转换完成后，才能进行传送。通常可采用下述三种方式。

①定时传送方式

对于一种A/D转换器来说，转换时间作为一项技术指标是已知的和固定的。

②查询方式

A/D转换芯片有表示转换结束的状态信号，例如ADC0809的EOC端。

③中断方式

如果把表示转换结束的状态信号(EOC)作为中断请求信号，那么，便可以用中断方式进行数据传送。

不管使用上述哪种方式，只要一旦确认转换结束，便可通过指令进行数据传送。所用的指令为MOVX读指令，仍以图7-22所示为例，则有：

```
MOV     DPTR,#0FE00H
MOVX    A,@DPTR
```

例如与D0~D2相连。这时启动A/D转换的指令，与上述类似，只不过A的内容不能为任意数，而必须和所选输入通道号IN0~IN7相一致。例如当ADDA、ADDB、ADDC分别与D0、D1、D2相连时，启动IN7的A/D转换指令如下：

```
MOV     DPTR,#0FE00H          ;送入0809的口地址
MOV     A,#07H                ;D2D1D0=111选择IN7通道
MOVX    @DPRT,A               ;启动A/D转换
```

(3)A/D转换应用举例

设有一个8路模拟量输入的巡回检测系统，使用中断方式采样数据，并依次存放在外部RAM的A0H~A7H单元中。采集完一遍以后即停止采集，其数据采样的初始化程序和中断服务程序如下。

初始化程序：

```
        MOV     R0,#A0H       ;设立数据存储区指针
        MOV     R2,#08H       ;8路计数值
        SETB    IT1           ;边沿触发方式
        SETB    EA            ;CPU开中断
        SETB    EX1           ;允许外部中断1中断
        MOV     DPTR,#0FEF0H  ;送入口地址并指向IN0
LOOP:   MOVX    @DPTR,A       ;启动A/D转换
HERE:   SJMP    HERE          ;等待中断
```

中断服务程序：

```
        MOVX    A,@DPTR       ;采样数据
        MOVX    @R0,A         ;存数
        INC     DPTR          ;指向下一个模拟通道
        INC     R0            ;指向数据存储区下一个单元
        DJNZ    R2,INT1       ;8路未转换完则继续
        CLR     EA            ;已转换完则关中断
```

```
        CLR     EX1          ;禁止外部中断1中断
        RETI                 ;从中断返回
INT1:   MOVX    @DPTR,A      ;再次启动A/D转换
        RETI                 ;从中断返回
```

7.4.2 D/A 转换器接口

1. D/A 转换器接口的技术性能指标

D/A 转换器的输入为数字量，经转换后输出为模拟量。有关 D/A 转换器的技术性能指标很多，例如绝对精度、相对精度、线性度、输出电压范围、温度系数、输入数字代码种类（二进制或 BCD 码）等等。对这些技术性能指标这里不作全面详细说明，仅对几个与接口有关的技术性能指标作一介绍。

(1)分辨率

分辨率是 D/A 转换器对输入量变化敏感程度的描述，与输入数字量的位数有关。如果数字量的位数为 n，则 D/A 转换器的分辨率为 2^{-n}。这就意味着 D/A 转换器能对满刻度的 2^{-n} 输入量作出反应。

(2)建立时间

建立时间是描述 D/A 转换速度快慢的一个参数，指从输入数字量变化到输出达到终值误差±1/2LSB(最低有效位)时所需的时间。通常以建立时间来表明转换速度。

(3)接口形式。

D/A 转换器与单片机的接口方便与否，主要决定于转换器本身是否带数据锁存器。

2. 典型 D/A 转换器芯片 DAC0832 简介

DAC0832 为一个 8 位 D/A 转换器，单电源供电，在＋5～＋15V 范围内均可正常工作。基准电压的范围为±10V，电流建立时间为 1μs，CMOS 工艺，低功耗 20mW。DAC0832 的内部结构框图如图 7－23 所示。

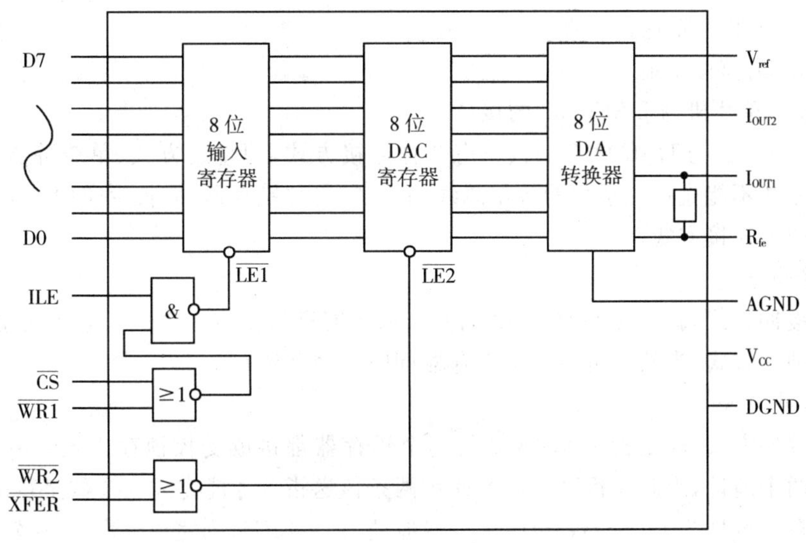

图 7－23　DAC0832 内部结构框图

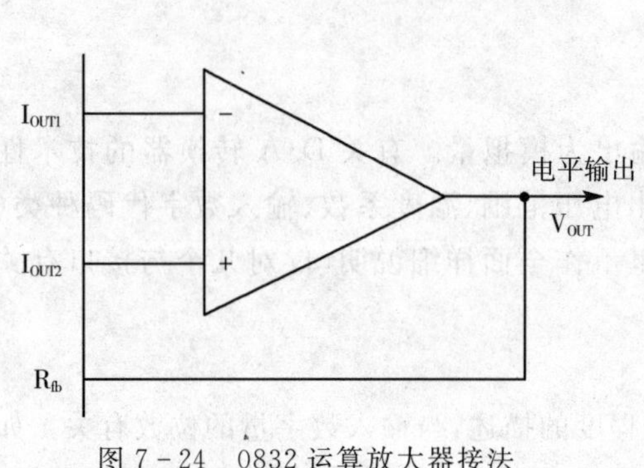

图 7-24 0832 运算放大器接法

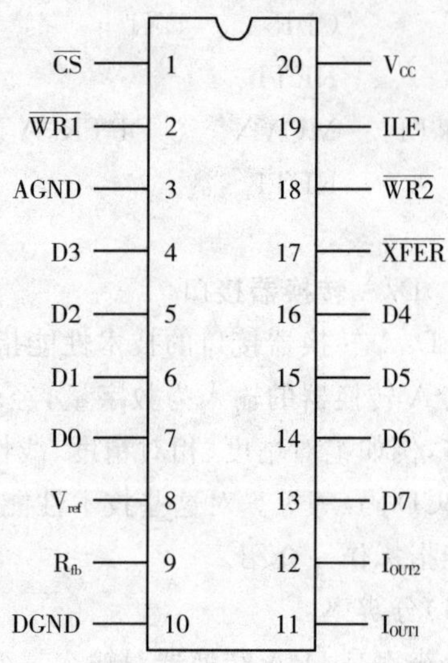

图 7-25 DAC0832 引脚图

各引脚的功能如下。

(1)D7～D0:转换数据输入端。

(2)$\overline{CS}$:片选信号输入低电平有效。

(3) ILE:数据锁存允许信号,输入高电平有效。

(4)$\overline{WR1}$:写信号 1,输入低电平有效。

(5)$\overline{WR2}$:写信号 2,输入低电平有效。

(6)$\overline{XFER}$:数据传送控制信号,输入低电平有效。

(7)IOUT1:电流输出 1,当 DAC 寄存器中各位为全“1”时,电流最大;为全“0”时,电流为 0。

(8)IOUT2:电流输出 2,电路中保证 IOUT1＋IOUT2＝常数。

(9)R_{fb}:反馈电阻端,片内集成的电阻为 15kΩ。

(10)V_{ref}:参考电压可正可负范围为－10～＋10V。

(11)DGND:数字量地。

(12)AGND:模拟量地。

3. MCS-51 单片机与 DAC0832 的接口

MCS-51 单片机与 DAC0832 的接口有 3 种连接方式,即直通方式、单缓冲方式及双缓冲方式。直通方式不能直接与系统的数据总线相连,需另加锁存器,故较少应用。下面介绍单缓冲与双缓冲两种连接方式。

(1)单缓冲方式

所谓单缓冲方式,就是使 DAC0832 的两个输入寄存器中有一个处于直通方式,而另一个处于受控的锁存方式,当然也可使两个寄存器同时选通及锁存。

(2)双缓冲方式

所谓双缓冲方式,就是把 DAC0832 的两个锁存器都接成受控锁存方式。由于两个锁存器分别占据两个地址,因此在程序中需要使用两条传送指令才能完成一个数字量的模拟转换。假设输入寄存器地址为 FEFFH,DAC 寄存器地址为 FDFFH,则完成一次 D/A 转换的程序段应为:

```
MOV     A,#DATA          ;转换数据送入 A
MOV     DPTR,#0FEFFH     ;指向输入寄存器
MOVX    @DPTR,A          ;转换数据送输入寄存器
MOV     DPTR,#0FDFFH     ;指向 DAC 寄存器
MOVX    @DPTR,A          ;数据进入 DAC 寄存器并进行 D/A 转换
```

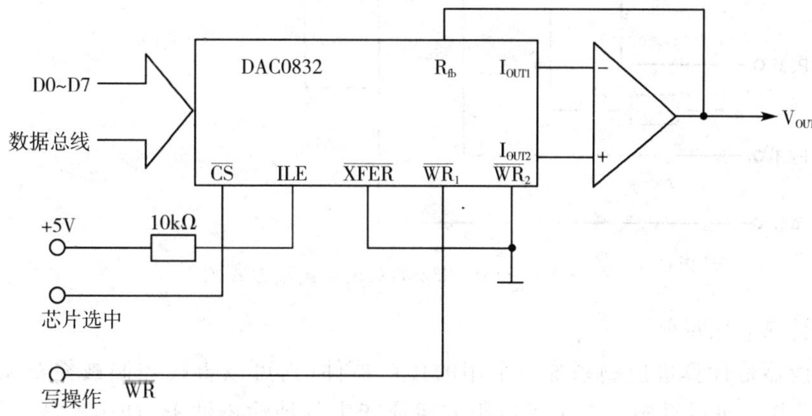

(a) DAC 寄存器直通方式

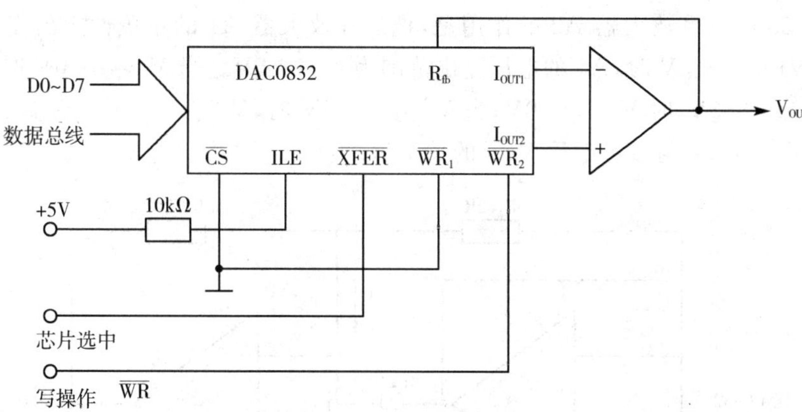

(b) 输入寄存器直通方式

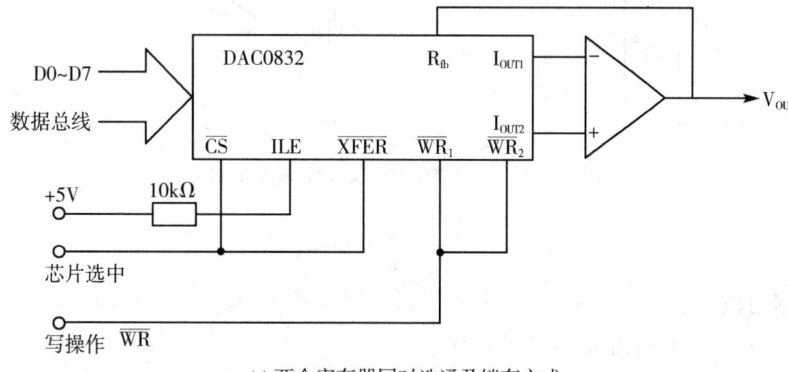

(c) 两个寄存器同时选通及锁存方式

图 7-26　DAC0832 的 3 种单缓冲连接方式

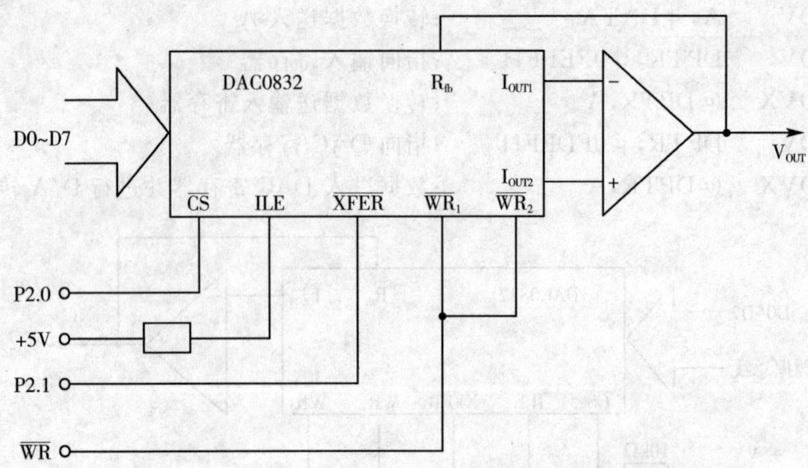

图 7-27 DAC0832 的双缓冲连接方式图

4. D/A 转换应用举例

D/A 转换器是计算机控制系统中常用的接口器件，它可以直接控制被控对象，例如控制伺服电动机或其他执行机构。它也可以很方便地产生各种输出波形，如矩形波、三角波、阶梯波、锯齿波、梯形波、正弦波及余弦波等。

在图 7-28 中运算放大器 A2 的作用是，把运算放大器 A1 的单极性输出变为双极性输出。例如当 Vref ＝＋5V 时，A1 的电压输出范围为 0 ～－5V。当 $V_{OUT1}=0V$ 时，$V_{OUT2}=-5V$；当 $V_{OUT1}=-2.5V$，时 $V_{OUT2}=0V$；当 $V_{OUT1}=-5V$ 时，$V_{OUT2}=+5V$。V_{OUT2} 的输出范围为－5V～＋5V。V_{OUT2} 与参考电压 Vref 的关系为：

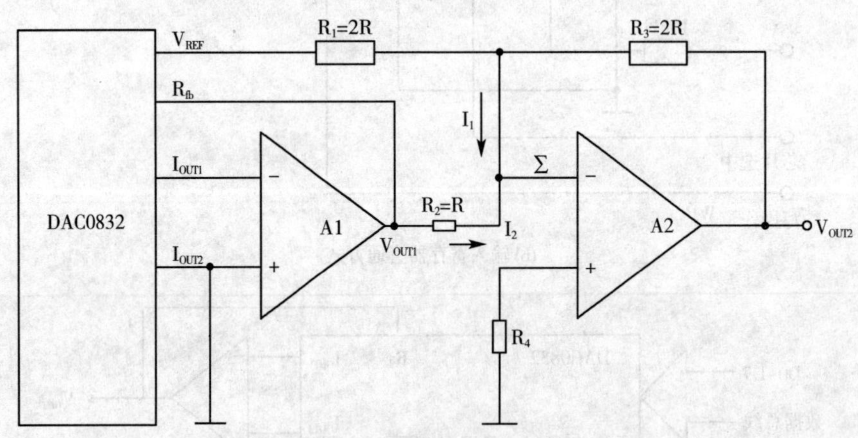

图 7-28 DAC0832 的双极性输出接口

$$V_{OUT2}=\frac{\text{数字码}-128}{128}\times V_{ref}$$

(1)产生锯齿波

利用 DAC0832 产生锯齿波的参考程序如下：

```
MOV    A,#00H           ;取下限值
MOV    DPTR,#0FEFFH     ;指向 0832 口地址
```

```
MM:     MOVX    @DPTR,A         ;输出
        INC     A               ;转换值增量
        NOP                     ;延时
        NOP
        NOP
        SJMP    MM              ;反复
```

几点说明：

①程序每循环 1 次 A 加 1,可见锯齿波的上升沿是由 256 个小阶梯构成的。

②可通过循环程序段的机器周期数计算出锯齿波的周期,并可根据需要通过延时的办法来改变波形周期。

③通过 A 加 1 可得到正向的锯齿波;如要得到负向的锯齿波,只要将 A 加 1 改为 A 减 1 指令即可实现。

④程序中 A 的变化范围为 0～255,所得到的锯齿波为满幅度。

(2)产生三角波

利用 DAC0832 产生三角波的参考程序如下：

```
        MOV     A,#00H          ;取下限值
        MOV     DPTR,#0FEFFH    ;指向 0832 口地址
SS1:    MOVX    @DPTR,A         ;输出
        NOP                     ;延时
        NOP
        NOP
SS2:    INC     A               ;转换值增量
        JNZ     SS1             ;未到峰值则继续
SS3:    DEC     A               ;已到峰值则取后沿
        MOVX    @DPTR,A         ;输出
        NOP                     ;延时
        NOP
        NOP
        JNZ     SS3             ;未到谷值则继续
        SJMP    SS2             ;已到谷值则反复
```

几点说明：

①本程序所产生的三角波谷值为 0,峰值为＋5V(或－5V)。若改变下限值和上限值,那么三角波的谷值和峰值也随之改变。

②改变延时时间可改变三角波的斜率。

③若在谷值和峰值处延时较长时间的话,则输出梯形波延时时间的长短,取决于梯形波上下边的宽度。

7.5 键盘/显示器接口设计

7.5.1 键盘接口设计

键盘实际上是由排列成矩阵形式的一系列按键开关组成的，它是单片机系统中最常用的人机联系的一种输入设备。用户通过键盘可以向 CPU 输入数据、地址和命令。

键盘按其结构形式可分为编码式键盘和非编码式键盘两大类。

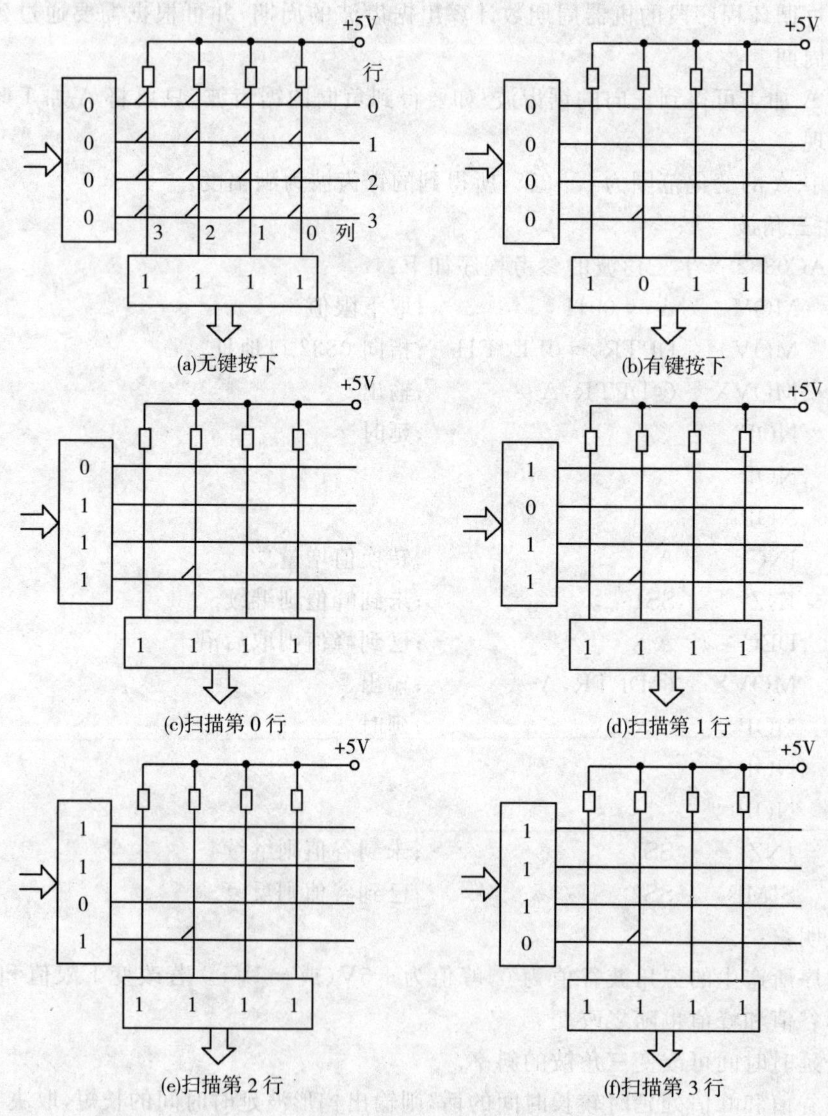

图 7-29 非编码式键盘行扫描法的工作原理

编码式键盘是由其内部硬件逻辑电路自动产生被按键的编码。这种键盘使用方便但价格较贵。

单片机系统中普遍使用非编码式键盘，这类键盘应主要解决以下几个问题：

(1)键的识别；

(2)如何消除键的抖动；

(3)键的保护。

在以上几个问题中，最主要的是键的识别。

1. 非编码式键盘的结构与工作原理

非编码式键盘一般采用行列式结构，并按矩阵形式排列，如图 7-29 所示。

图 7-29 示出 4×4 行列式键盘的基本结构示意图。4×4 表示有 4 根行线和 4 根列线，在每根行线和列线的交叉点上均分布 1 个单触点按键，共有 16 个按键。

非编码式键盘识别闭合键通常有两种方法：一种称为行扫描法，另一种称为线反转法。

(1)行扫描法

所谓行扫描法就是通过行线发出低电平信号，如果该行线所连接的键没有按下的话，则列线所连接的输出端口得到的是全“1”信号；如果有键按下的话则得到的是非全“1”信号，如图 7-29(a)所示。

具体过程如下：首先为了提高效率，一般先快速检查整个键盘中是否有键按下；然后再确定按下的是哪一个键。其次再用逐行扫描的方法来确定闭合键的具体位置。方法是：从第 0 行至第 4 行逐行扫描，判断所读入列信号是否为全“1”。如图 7-29(c)～(d)所示，本原理图中第 4 行扫描时，输出列信号为“1011”，所以键(4,2)按下。

(2) 线反转法

线反转法也是识别闭合键的一种常用方法。该方法比行扫描法速度要快，但在硬件电路上要求行线与列线均需有上拉电阻，故比行扫描法稍复杂些。方法是先向行线送全“0”，读列线；再向列线送全“0”读行线。两者所读数据可以方便确定是哪个键按下。

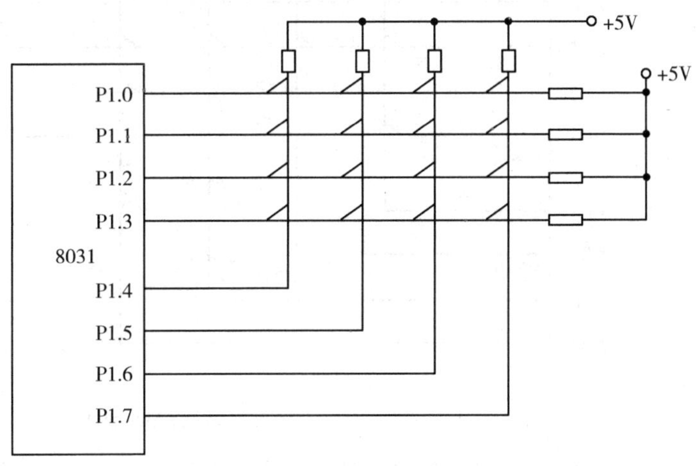

图 7-30　8031 与 4×4 键盘接口电路(线反转法)

2. 如何消除键的抖动

由于按键为机械开关结构，因此机械触点的弹性及电压突跳等原因往往在触点闭合或断开的瞬间会出现电压抖动，如图 7-31 所示。

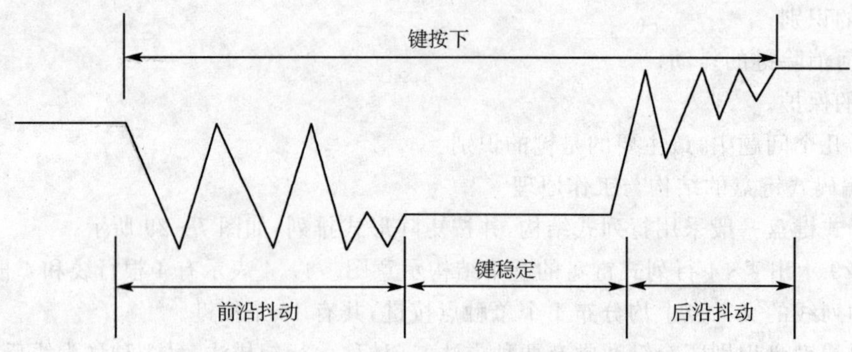

图 7－31 键闭合和断开时的电压抖动

3．键的保护

键的保护问题指的是当有双键或多键同时按下时会出现什么问题，以及如何加以解决。以图 7－30 所示为例，若在同一行上有两个键同时按下，从硬件上来说不会出现什么问题；从软件上来说，由于这时读入的列代码中出现了两个 0，由此代码与行值组合成的键特征值（键码）就超出了原来设定键的范围，因此也就查不出有效的键值来。一旦出现这种情况，一般作为废键处理。

4．键盘接口电路

对于 8031 单片机来说，如果 P1 口不作其他用途的话，则可与 4×4 的键盘相连接，如图 7－32所示，其中 P1.0～P1.3 作为输出口，P1.4～P1.7 作为输入口。

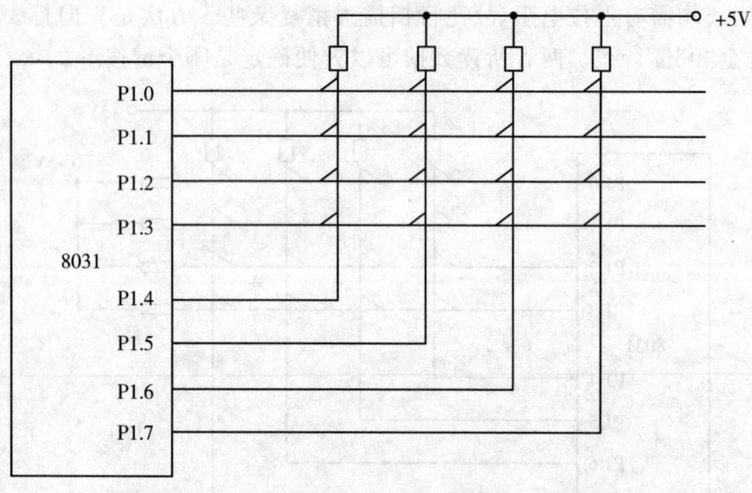

图 7－32 8031 与 4×4 键盘的接口电路（行扫描法）

对于 8751 或 8051 型单片机来说，如果不外扩程序存储器的话，则可以利用 P0～P2 口中的任意两个口构成多达 8×8 的键盘，其中 1 个作为输出口，1 个作为输入口，既可以采用行扫描法，也可以采用线反转法。

如果单片机本身的口线已被占用，则可以通过外扩 I/O 接口芯片来构成键盘接口电路，较常用的是 8155、8255A 等接口芯片。图 7－33 是采用 8155 接口芯片构成 8×4 键盘的接口电路，其中 A 口为输出作为行线；C 口为输入作为列线（只用了 PC0～PC3 四根口线）。

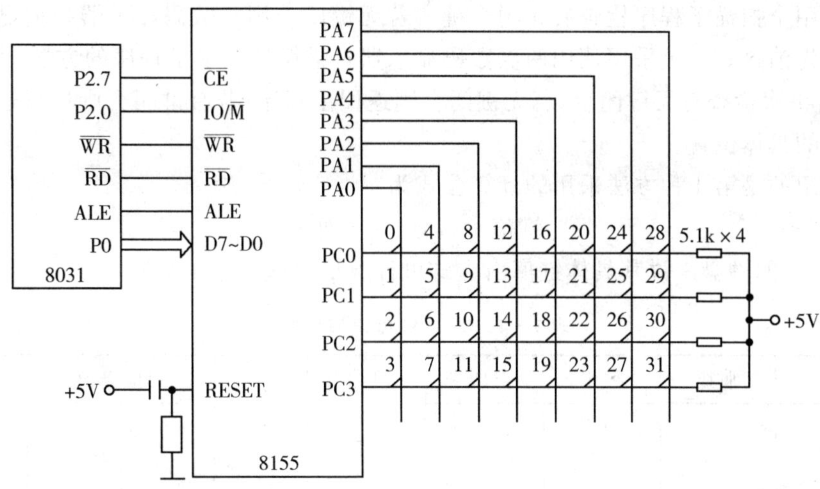

图 7 - 33　采用 8155 的键盘接口电路

5. 键盘扫描程序

现以图 7 - 33 所示接口电路为例说明键盘扫描程序的编制方法。

(1)采用行扫描法

采用行扫描法识别闭合键的程序流程图如图 7 - 34 所示。

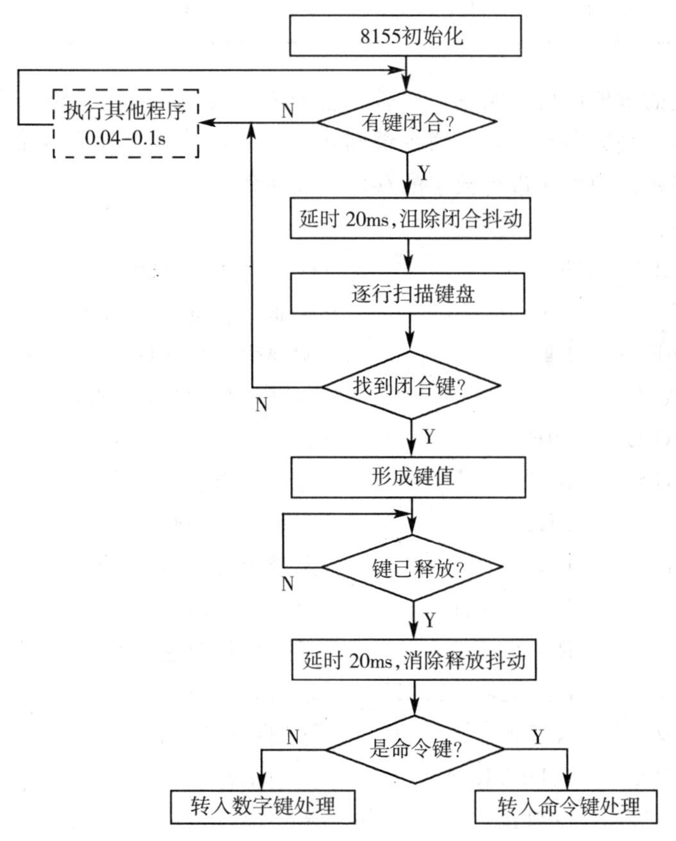

图 7 - 34　键分析程序流程图

首先调用全扫描子程序检查有无闭合键。若无键闭合则对数码显示器扫描显示1遍，若有键闭合则先消抖。这里采用调用两次数码显示器扫描循环显示子程序的方法，每次6ms共12ms。然后再次检查有无键闭合，若无键闭合则返回主程序；若有键闭合则进行逐行扫描，以判别闭合键的具体位置。

本例介绍的是第1种方法采用的计算公式为

$$键值=行号\times 4+列号$$

对于8×4的键盘来说其具体键值由上式可计算出，见表7-4所列。

表7-4　8×4键盘键值计算法

行号	乘数	乘积	加	列号	对应键值			
0		0			0	1	2	3
1		4			4	5	6	7
2		8		0	8	9	10	11
3		12		1	12	13	14	15
4	×4	16	＋	2	16	17	18	19
5		20		3	20	21	22	23
6		24			24	25	26	27
7		28			28	29	30	31

计算出闭合键的键值后再判断键释放否？若键未释放，则等待；若键已释放则再延时消抖然后判断是命令键还是数字键。若是命令键则转入命令键处理程序完成命令键的功能；若是数字键则转入数字键处理程序进行数字的存储和显示等。

键盘扫描程序：

```
KEY1:  LCALL   KS1          ;检查有闭合键否？
       JNZ     LK1          ;A非0有键闭合则转
       LJMP    LK8          ;无键闭合转返回
LK1:   LCALL   DIR          ;有键闭合则延时12ms
       LCALL   DIR          ;消抖
       LCALL   KS1          ;再次检查有键闭合否？
       JNZ     LK2          ;有键闭合则转
       LJMP    LK8          ;无键闭合转返回
LK2:   MOV     R3,#00H      ;行号初值送R3
       MOV     R2,#0FEH     ;行扫描初值送R2
LK3:   MOV     DPTR,#0101H  ;指向8155口A
       MOV     A,R2         ;行扫描值送A
       MOVX    @DPTR,A      ;扫描1行
       INC     DPTR
       INC     DPTR         ;指向8155口C
```

```
        MOVX    A,@DPTR         ;读入列值
        ANL     A,#0FH          ;保留低 4 位
        MOV     R4,A            ;暂存列值
        CJNE    A,#0FH,LK4      ;列值非全"1"则转
        MOV     A,R2            ;行扫描值送 A
        JNB     ACC.7,LK8       ;已扫到最后 1 行则转
        RL      A               ;未扫完则移至下 1 行
        MOV     R2,A            ;行值存入 R2 中
        INC     R3              ;行号加 1
        SJMP    LK3             ;转至扫描下 1 行
LK4:    MOV     A,R3            ;行号送入 A
        ADD     A,R3            ;行号×2
        MOV     R5,A            ;暂存
        ADD     A,R5            ;行号×4
        MOV     R5,A            ;存入 R5 中
        MOV     A,R4            ;列值送入 A
LK5:    RRC     A               ;右移 1 位
        JNC     LK6             ;该位为 0 则转
        INC     R5              ;列号加 1(行号 * 4+列号)
        SJMP    LK5             ;列号未判完继续
LK6:    PUSH    05H             ;保护键值
LK7:    LCALL   DIR             ;扫描 1 遍显示器
        LCALL   KS1             ;发全扫描信号
        JNZ     LK7             ;键未释放则等待
        LCALL   DIR             ;键已释放
        LCALL   DIR             ;延时 12ms 消抖
        POP     A               ;键值存入 A 中
KND:    RET                     ;返主
LK8:    MOV     A,#0FFH         ;无闭合键标志 FFH 存入 A 中
        RET                     ;返主
KS1:    MOV     DPTR,#0101H     ;有无闭合键判断子程序
        MOV     A,#00H          ;取全扫描信号
        MOVX    @DPTR,A         ;发全扫描信号
        INC     DPTR
        INC     DPTR            ;指向 8155 口 C
        MOVX    A,@DPTR         ;读入列值
        ANL     A,#0FH          ;保留低 4 位
        ORL     A,#0F0H         ;高 4 位取"1"
        CPL     A               ;取反无键按下则全 0
```

```
        RET                    ;返主
```

DIR 数码显示器扫描显示子程序可参阅 LED 数码显示器接口一节。

(2)采用线反转法

本例程序采用线反转法来识别闭合键。为简单起见采用 4×4 的键盘，其接口电路如图 7－35所示。

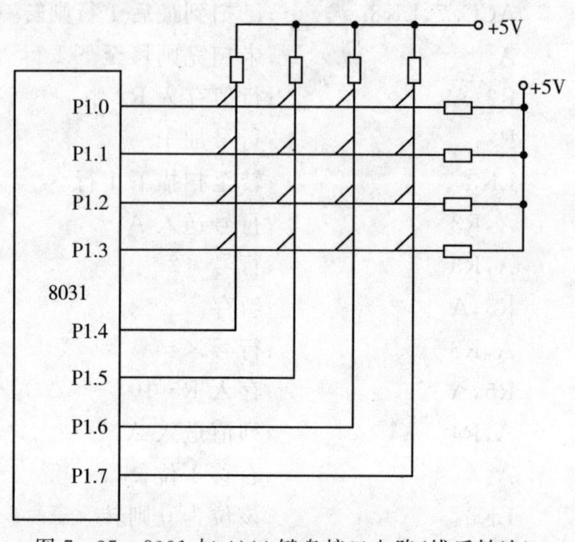

图 7－35　8031 与 4×4 键盘接口电路(线反转法)

与上例不同的是本例先求出闭合键的特征值，然后采用查表的方法求出键值，因此预先要建立 1 个键值表。如果采用一般的查表方法，由于键的特征值不是依次排列的数值，因此键值表的长度将会很长。例如对于 4×4 的键盘来说有效键值只有 16 个键的特征值也是 16 个。但这 16 个特征值却不是依次排列的，而是从 77H 到 EEH 共占用了半页左右的范围(即占用了 100 多个地址单元)。如果键的数目增加的话那么占用的范围还要增加。实际上这是对有效地址单元的一种浪费。

程序中有一点需要说明的是 8031 的 P1 口是准双向口，在输入之前先要输出高电平。由于本例采用 4×4 的键盘，P1 口的低 4 位作为输出，高 4 位作为输入。在先输出低 4 位全扫描信号的同时，将高 4 位输出全“1”信号，所以就不需要再专门输出高 4 位的全“1”信号了。

与上例程序一样，本例程序也应作为子程序执行一遍后，若(A)＝FFH，则无闭合键；若(A)≠FFH，则有闭合键，A 中存放的即为该闭合键的键值。

线反转法程序如下：

```
KEYZ:   LCALL   KS2            ;检查有闭合键否?
        JNZ     MK1            ;A 非 0 有键闭合则转
        LJMP    MK7            ;无键闭合转返回
MK1:    LCALL   DIR            ;有键闭合则延时 12ms
        LCALL   DIR            ;消抖
        LCALL   KS2            ;再次检查有键闭合吗?
        JNZ     MK2            ;若有键闭合则转
        LJMP    MK7            ;若无键闭合则转返回
```

```
MK2:   MOV    P1,#0F0H         ;发行线全扫描信号列线全"1"
       MOV    A,P1             ;读入列状态
       ANL    A,#0F0H          ;保留高 4 位
       CJNE   A,#0F0H,MK3      ;有键按下则转
       LJMP   MK7              ;无闭合键转返回
MK3:   MOV    R2,A             ;保存列值
       ORL    A,#0FH           ;列线信号保留行线全"1"
       MOV    P1,A             ;从列线输出
       MOV    A,P1             ;读入 P1 口状态
       ANL    A,#0FH           ;保留行线值
       ADD    A,R2             ;将行线值和列线值合并得到键特征值
       MOV    R2,A             ;暂存于 R2 中
       MOV    R3,#00H          ;R3 存键值(先送初始值 0)
       MOV    DPTR,#TRBE       ;指向键值表首址
       MOV    R4,#10H          ;查找次数送 R4
MK4:   CLR    A
       MOVC   A,@A+DPTR        ;表中值送入 A
       MOV    70H,A            ;暂存于 70H 单元中
       MOV    A,R2             ;键特征值送入 A
       CJNE   A,70H,MK6        ;未查到则转
MK5:   LCALL  DIR              ;扫描 1 遍显示器
       LCALL  KS2              ;还有键闭合否?
       JNZ    MK5              ;若键未释放则等待
       LCALL  DIR              ;若键已释放则延时 12ms
       LCALL  DIR              ;消抖
       MOV    A,R3             ;将键值存入 A 中
       RET                     ;返主
MK6:   INC    R3               ;键值加 1
       INC    DPTR             ;表地址加 1
       DJNE   R4,MK4           ;未查到反复查找
MK7:   MOV    A,#0FFH          ;无闭合键标志存入 A 中
       RET                     ;返主
KS2:   MOV    P1,#0F0H         ;闭合键判断子程序
       MOV    A,P1             ;发全扫描信号读入列线值
       ANL    A,#0F0H          ;保留列线值
       CPL    A                ;取反无键按下为全 0
       RET                     ;返主
TRBE:  DB 7EH,0BEH,0DEH,0EEH,7DH,0BDH,0DDH,0EDH
       DB 7BH,0BBH,0DBH,0EBH,77H,0B7H,0D7H,0E7H
```

7.5.2 显示器接口

上节阐述的键盘是单片机应用系统的常用输入器件，而显示器是常用的输出器件。显示器件种类很多，有 LED 发光二极管、LED 数码管、液晶显示器 LCD、阴极射线管 CRT 等。本节主要阐述 LED 数码管。

1. LED 数码显示器的结构与显示段码

LED 数码显示器是 1 种由 LED 发光二极管组合显示字符的显示器件。它使用了 8 个 LED 发光二极管，其中 7 个用于显示字符，1 个用于显示小数点。故通常称之为 7 段（也有称作 8 段）发光二极管数码显示器。其内部结构如图 7-36 所示。

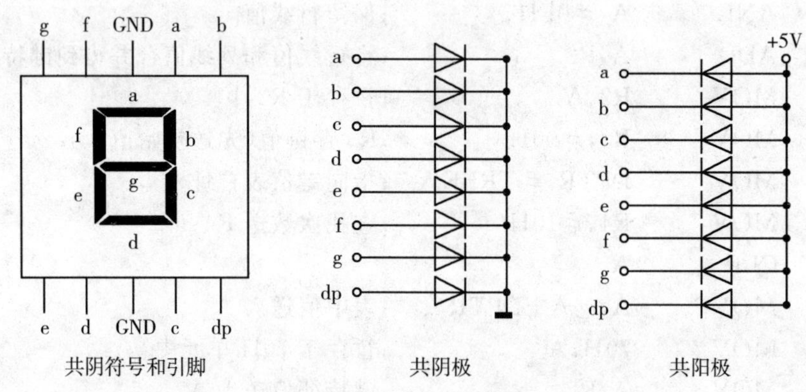

图 7-36 7 段 LED 数码显示器

LED 数码显示器有两种连接方法：

(1)共阳极接法

把发光二极管的阳极连在一起构成公共阳极，使用时公共阳极接＋5V，每个发光二极管的阴极通过电阻与输入端相连。

(2)共阴极接法

把发光二极管的阴极连在一起构成公共阴极，使用时公共阴极接地。每个发光二极管的阳极通过电阻与输入端相连。

2. LED 数码显示器的显示段码

为了显示字符，要为 LED 显示器提供显示段码（或称字形代码），组成一个“8”字形。字符的 7 段，再加上 1 个小数点位共计 8 段。因此提供给 LED 显示器的显示段码为 1 个字节。各段码位的对应关系如下：

段码位	D7	D6	D5	D4	D3	D2	D1	D0
显示段	dp	g	f	e	d	c	b	a

表7-5　十六进制数及空白字符与P的显示段码

字型	共阳极段码	共阴极段码	字型	共阳极段码	共阴极段码
0	C0H	3FH	9	90H	6FH
1	F9H	06H	A	88H	77H
2	A4H	5BM	b	83H	7CH
3	B0H	4FH	C	A7H	39H
4	99H	66H	d	A1H	5EH
5	92H	6DH	E	86H	79H
6	82H	7DH	F	8EH	71H
7	F8H	07H	空白	FFH	00H
8	80H	7FH	P	8CH	73H

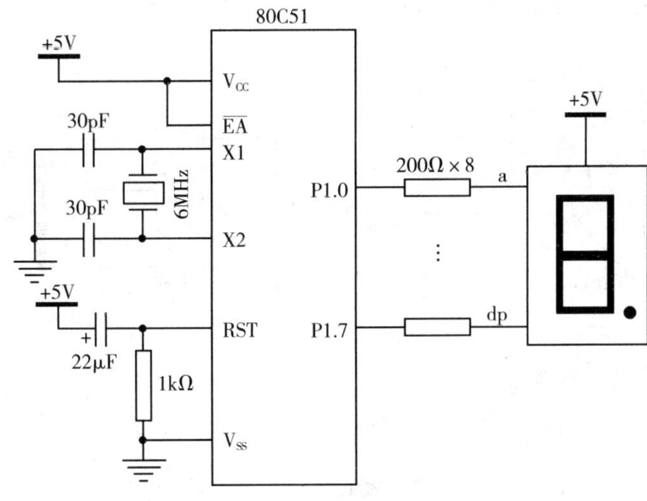

图7-37　一位LED显示电路

【例7-7】 循环显示0～9十个数字，显示时间为1s。

具体程序如下：

```
        ORG     0000H
        AJMP    MAIN
        ORG     1000H
MAIN：  MOV     R2,＃00H          ;初始化段码地址表指针
        MOV     DPTR,＃TABLE      ;指向段码地址表起始地址
DISP：  MOV     A,R2
        MOVC    A,@A+DPTR
        MOV     P1,A              ;将显示字形送P1口
        LCALL   DALAY1S           ;调用1S延时子程序
        INC     R2                ;修改地址表指针
```

```
          CJNE    R2,#0AH,DISP
          AJMP    MAIN
DALAY1S:  MOV     R3,#05H
LOOP0:    MOV     R4,#0C8H
LOOP1:    MOV     R5,#0FAH
LOOP2:    DJNZ    R5,LOOP2
          DJNZ    R4,LOOP1
          DJNZ    R3,LOOP0
          RET
TABLE:    0C0H,0F9H,0A4H,0B0H,99H,92H,82H,0F8H,80H,90H
```

3. LED 数码显示器的接口方法与接口电路

(1)LED 数码显示器的接口方法

单片机与 LED 数码显示器有以硬件为主和以软件为主的两种接口方法。

①以硬件为主的接口方法:这种接口方法的电路如图 7-38 所示。

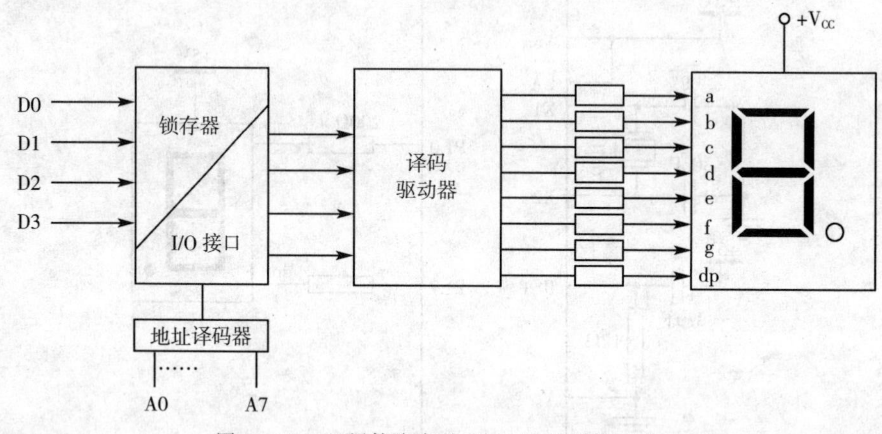

图 7-38 以硬件为主的 LED 显示器接口电路

②以软件为主的接口方法

这种接口方法的电路如图 7-39 所示,它是以软件查表代替硬件译码。不但省去了译码器,而且还能显示更多的字符。但是驱动器是必不可少的,因为仅靠接口提供不了较大的电流供 LED 显示器使用。

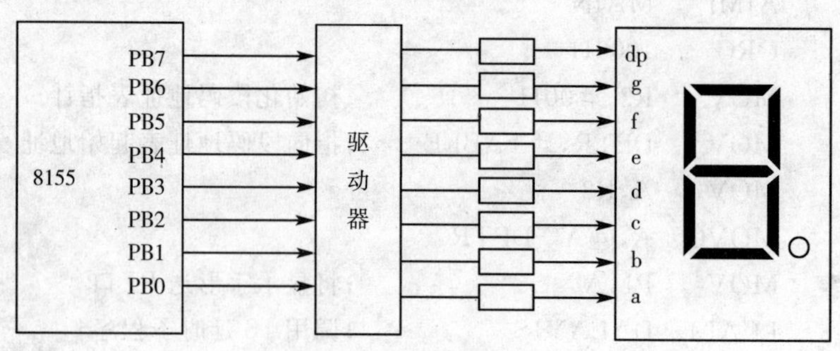

图 7-39 以软件为主的 LED 显示器接口电路

(2)LED 数码显示器的接口电路

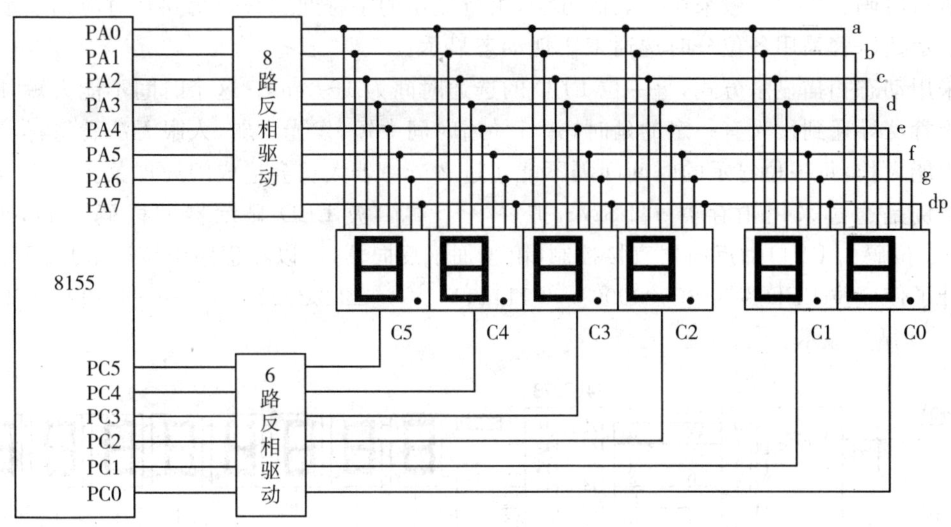

图 7-40　8155 作 6 位 LED 显示器接口的电路

实际使用的 LED 数码显示器位数较多。为了简化线路、降低成本，大多采用以软件为主的接口方法。对于多位 LED 数码显示器通常采用动态扫描显示方法，即逐个、循环地点亮各位显示器。这样虽然在任一时刻只有 1 位显示器被点亮，但是由于人眼具有视觉残留效应，看起来与全部显示器持续点亮的效果基本一样(在亮度上是有差别的)。

4. LED 数码显示器的显示方法

对于多位数码显示器来说，为了简化线路、降低成本，往往采用以软件为主的接口方法。即不使用专门的硬件译码器，而采用软件程序进行译码。如前所述由于各位数码管的显示，段码是互相并联的，由一个 8 位的 I/O 口控制。因此在同一时刻只能显示同一种字符。对于这种接口电路来说其显示方法有静态显示和动态显示两种。

(1)静态显示

所谓静态显示就是在同一时刻只显示 1 种字符，或者说被显示的字符在同一时刻是稳定不变的。其显示方法比较简单，只要将显示段码送至段码口，并把位控字送至位控口即可。所用指令为：

```
MOV     DPTR,#SEGPORT          ;指向段码口
MOV     A,#SEG                 ;取显示段码
MOVX    @DPTR,A                ;输出段码
MOV     DPTR,#BITPORT          ;指向位控口
MOV     A,#BIT                 ;取位控字
MOVX    @DPTR,A                ;输出位控字
```

(2)动态显示

如果要在同一时刻显示不同的字符，从电路上看这是办不到的。因此只能利用人眼对视觉的残留效应，采用动态扫描显示的方法逐个地循环点亮各位数码管，每位显示 1ms 左右，使人看起来就好像在同时显示不同的字符一样。

在进行动态扫描显示时，往往事先并不知道应显示什么内容，这样也就无从选择被显示字符的显示段码。为此一般采用查表的方法，由待显示的字符通过查表得到其对应的显示段码，对各显示数码管采用各位分时选通来实现动态显示。

采用动态扫描显示方式，每一位LED的选通时间为1～2ms。这个时间不能太短，因为发光二极管从导通到发光有一定的延时，并且导通时间太短，发光太弱，人眼无法看清；但这个时间也不能太长，每一位显示的时间间隔不能超过20ms；若太长会造成闪烁现象。

下例是通过采用锁存器74LS273扩展8个共阳极LED显示器的段码，端口地址为7FFFH，位码由P1口加反向器直接控制（由于加了反向器，所以在程序中位码取反码）。程序中设计了使8位LED发生00000000⟶11111111⟶22222222⟶……⟶99999999⟶00000000循环显示。

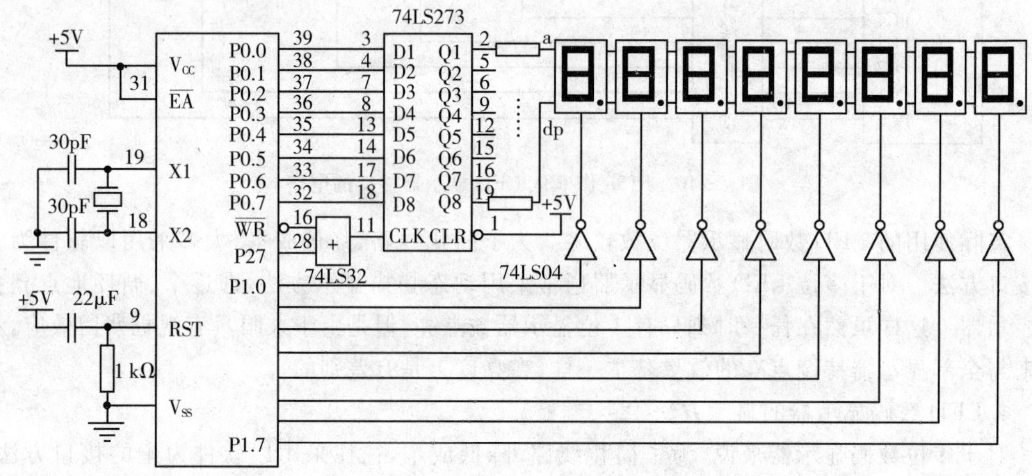

图7-41 8位LED显示器接口的电路

下面是其动态扫描显示子程序：

```
DIR:    MOV     R2,#00H         ;指向显示缓冲区首址
SSS:    MOV     DPTR,#TABLE     ;指向显示段码表首址
        MOV     A,R2            ;
        MOVC    A,@A+DPTR       ;查显示段码表
        MOV     R0,A            ;送R0
        MOV     R6,#40H         ;以下3条语句是循环调用显示程序
XSH1:   LCALL   DISP1           ;延时1.5s
        DJNZ    R6,XSH1
        INC     R2              ;将下一要显示的数字送R2
        CJNE    R2,#0AH,SSS     ;以下2条语句是判断数字9显示完了吗?
        AJMP    MAIN            ;如果完了,转程序起始,否则,继续
DISP1:  MOV     R5,#08H         ;显示子程序。显示位数送R5
        MOV     R1,#0FEH        ;要显示的位码送R1
DISP2:  MOV     DPTR,#7FFFH     ;以下3条语句是将要显示的数字送74LS273
        MOV     A,R0
```

```
        MOVX   @DPTR,A
        MOV    A,R1              ;以下 2 条语句是位选码送 P1 口
        MOV    P1,A
        LCALL  DELAY             ;调用延时 1ms 子程序
        RL     A                 ;位选左移,选中下一位。
        MOV    R1,A
        DJNZ   R5,DISP2          ;如果显示完 8 位则返回
        RET
DELAY:  MOV    R3,#05H           ;延时 1ms 子程序
LOOP0:  MOV    R4,#0C8H
LOOP1:  MOV    R5,#0FAH
LOOP2:  DJNZ   R5,LOOP2
        DJNZ   R4,LOOP1
        DJNZ   R3,LOOP0
        RET
TABLE:  DB  0C0H,0F9H,0A4H,0B0H,99H,92H,82H   ;显示段码表
        DB  0F8H,80H,90H,
        END
```

程序说明:

(1)本例接口电路是以软件为主的接口电路,显示数据有 8 位,每位数码管对应 1 位有效显示数据。

(2)在动态扫描显示过程中每位数码管的显示时间约 1ms,这由调用延时 1ms 子程序 DELAY 来实现。

(3)本程序是利用查表方法来得到显示段码的,这是一种既简便又快速的方法。由于 MCS-51 单片机具有查表指令(MOVC 指令),因此用来编制查表程序是非常方便的。

(4)在实际的单片机应用系统中,一般将显示程序作为 1 个子程序供监控程序调用。

5. LED 数码显示器应用举例

(1)静态显示举例

【例 7-8】 在数码显示器的最左边 1 位上显示 1 个“P”字。数码显示器的接口电路如图 7-40 所示设 8155 的端口地址为 7F00H～7F05H,数码管为共阳极。试编写相应的显示程序。

解:本例要显示的字符已知,且在同一时刻只显示 1 种字符,故可采用静态显示的方法。由图 7-40 可知,当采用共阳极数码管时,应按共阳极规律控制。在程序的开始,应对 8155 进行初始化编程,设 A、B 口均为输出。

程序如下:

```
        MOV    A,#03H            ;8155 命令字(A、B 口均为输出)
        MOV    DPTR,#7F00H       ;指向命令口
        MOVX   @DPTR,A           ;输出命令字
        MOV    A,#73H            ;取“P”字符的显示段码
```

```
        INC     DPTR            ;指向 A 口
        MOVX    @DPTR,A         ;输出显示段码
        INC     DPTR
        INC     DPTR            ;指向 C 口
        MOV     A,#1FH          ;取位控字(最左边一位上显示)
        MOVX    @DPTR,A         ;输出位控字
        SJMP    $               ;暂停
```

【例 7-9】 开始时在数码显示器的最右边一位上显示 1 个"0"字以后每隔 0.5 秒将"0"字左移 1 位直到最左边一位后则停止显示。接口电路与端口地址同上设有 20ms 延时子程序 D20MS 可供调用。试编写相应的程序。

解:本例仍可采用静态显示的方法。

程序如下:

```
        MOV     A,#03H          ;8155 命令字(A、B 口均为输出)
        MOV     DPTR,#7F00H     ;指向命令口
        MOVX    @DPTR,A         ;输出命令字
        MOV     A,#3FH          ;取"0"字的显示段码
        INC     DPTR            ;指向 A 口
        MOVX    @DPTR,A         ;输出显示段码
        INC     DPTR
        INC     DPTR            ;指向 C 口
        MOV     A,#3EH          ;取位控字(最右边一位上显示)
LOOP1:  MOVX    @DPTR,A         ;输出位控字
        MOV     R0,#19H         ;延时 0.5 秒
LOOP2:  LCALL   D20MS
        DJNZ    R0,LOOP2
        JNB     A.5,LOOP3       ;若已到最左边一位则转
        RL      A               ;未到,则将位控字左移 1 位
        SJMP    LOOP1           ;继续
LOOP3:  MOV     A,#3FH          ;停止显示
        MOVX    @DPTR,A
        SJMP    $               ;暂停
```

(2)动态显示举例

【例 7-10】 编一动态显示程序使数码显示器同时显示"ABCDEF"6 个字符。设显示缓冲区的首地址为 7AH 可调用动态扫描显示子程序 DIR。

```
解:     MOV     A,#0FH          ;取最右边 1 位字符
        MOV     R0,#7AH         ;指向显缓区首址(最低位)
        MOV     R1,#06H         ;共送入 6 个字符
LOOP:   MOV     @R0,A           ;将字符送入显缓区
        INC     R0              ;指向下一显示单元
```

```
        DEC     A               ;取下一个显示字符
        DJNZ    R1,LOOP         ;6 个数未送完则重复
MM:     LCALL   DIR             ;扫描显示一遍
        SJMP    MM              ;重复扫描
```

复习思考题

7-1　使用 8031 外扩 8KB EPROM。请画出系统电路原理图,写出地址分布。

7-2　请设计一个 2×2 行列式键盘,并编写键盘扫描程序。

7-3　8155A 控制字地址为 300FH,请按:A 口方式 0 输入,B 口方式 1 输出,C 口高位输出、C 口低位输入,确定 8155A 控制字并编初始化程序。

7-4　试用 DAC0832 芯片设计单缓冲方式的 D/A 转换接口电路,并编写两个程序,分别使 DAC0832 输出负向锯齿波和 15 个正向阶梯波。

7-5　试设计 ADC0809 对 1 路模拟信号进行转换的电路,并编制采集 100 个数据存入 8051 的程序。

7-6　设计一个 4 位数码显示电路,并用汇编语言编程使“8”从右到左显示一遍。

第8章 单片机应用系统设计和开发

8.1 MCS-51单片机应用系统的设计和开发过程

单片机应用系统的设计和开发是指采用单片机构成应用系统，从任务的提出到设计方案确定、系统调试、设计定型使用的整个过程。

由于单片机的种类繁多，用它构成的应用系统也千变万化，技术要求及指标也各不相同，所以其应用系统的开发过程不完全相同，但存在一些共性的问题。单片机应用系统的设计和开发一般包括总体设计、硬件设计、软件设计、仿真调试、可靠性设计、产品定型等几个阶段，这几个阶段并不是绝对分立的，它们之间互有交叉。单片机应用系统开发过程一般如图8-1所示。

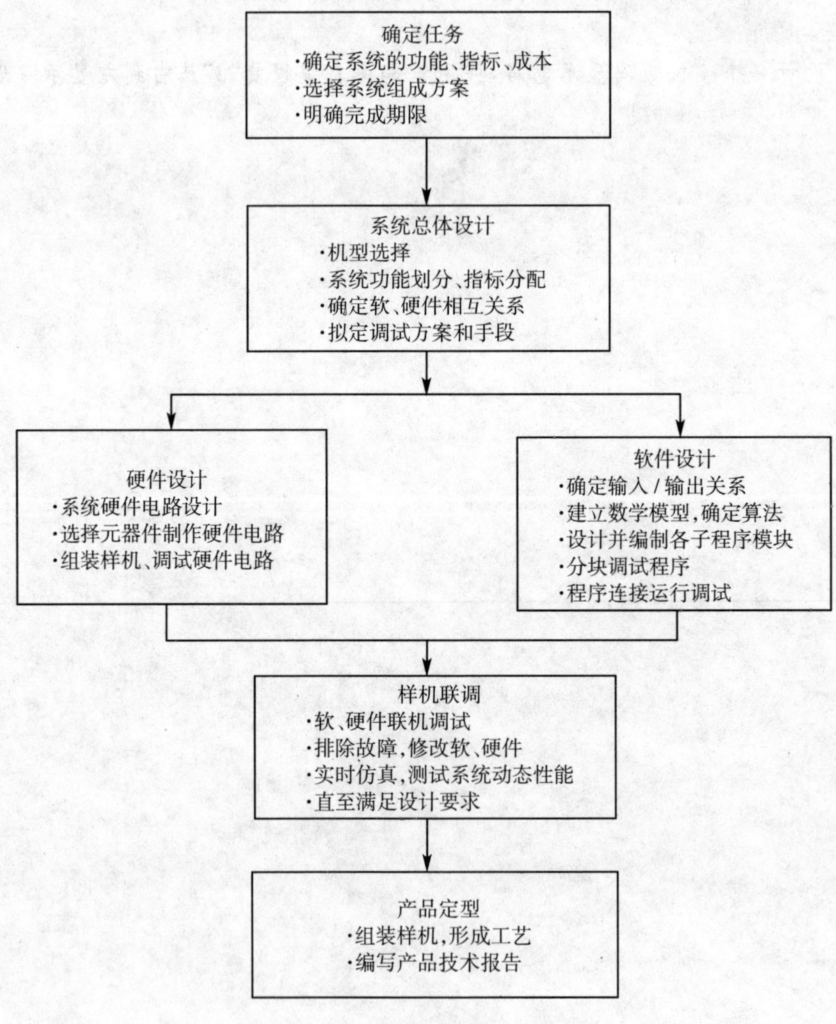

图8-1 单片机应用系统开发过程

8.1.1　确定任务

在设计产品之前一定要明确设计要完成的任务，了解自己将要设计的系统应具有的功能、性能指标、使用环境、可靠性要求、外形尺寸及重量等，还要对应用系统技术实现的先进性、设计成品的性价比、设计过程的时限等进行必要的分析，讨论并论证系统的组成方案，明确设计方向。

8.1.2 系统总体设计

在设计任务明确后，即可考虑技术实现，进行系统总体设计，包括机型选择、系统功能划分和指标分配、确定软硬件设计任务及调试手段。要了解成熟的可移植的实现技术，了解软硬件技术难度，明确技术主攻方向，拟定出性价比最高的一套实现方案。

1. 机型及关键元器件的选择

由于单片机的发展十分迅速，目前世界上生产单片机的厂家多达几十家，单片机的型号有上千种，性能和价格差别较大，所以选择机型时必须考虑如下几个方面：

(1)根据对系统的功能要求，综合考虑性价比，选择能满足系统的技术指标且最易实现的价格低的产品；

(2)由于单片机自身无开发和编程能力，须借助于开发工具来开发，所以应要有性能良好的开发工具；

(3)选择用户广泛、技术成熟、性能稳定且自己熟悉的单片机系列；

(4)综合考虑外围接口功能，可能的情况下考虑含相关接口功能的芯片；

(5)选择的机型应有稳定、充足的市场货源。

在选定好单片机类型后，还应对一些严重影响性能指标的关键元器件进行选择，以使得系统整体性能达到匹配。

2. 系统功能的划分及软硬件设计

一个单片机应用系统的设计，既有硬件设计任务也有软件设计任务。系统功能的划分既包括应用系统的软、硬件划分，也包括软、硬件系统内各模块之间的功能划分。在机型选定的基础上，就要对软、硬件分担的任务进行划分。

单片机应用系统的软件和硬件之间有密切的相互制约的联系。在某些方面，要从硬件设计角度对软件提出一些特定的要求；而在另一方面则可能要以软件的考虑因素为主，对硬件的设计提出一些要求或限制。而且，软件和硬件在某些场合还具有一定的互换性，有些硬件实现的功能可由软件来实现，反之，软件实现的功能也可由硬件来完成。较多地使用硬件来完成一些功能，可以提高工作速度，减少软件工作量；而较多地使用软件来完成某些功能，可降低硬件成本，简化电路，但降低了系统运行速度，也增加了软件工作量。在总体设计时，可根据应用系统的功能、成本、可靠性和研制周期等要求，权衡利弊，仔细划分好软件和硬件的功能。

在软件和硬件的功能划分好后，就可对应用系统的总体方案进行功能分解，针对总体方案的任务、条件和要求，用具有一定功能的若干单元方框图构成一个总的系统框图，并将系统的性能指标分配到各单元方框中去。在系统总体框图拟定以后，就可按照系统的指标分配分别进行硬件设计和软件设计。

8.1.3 硬件设计

硬件设计是系统设计的关键,任何软件设计思想没有可靠的物理载体都是空中楼阁,纸上谈兵。一个单片机应用系统的硬件电路设计包含两部分内容:一是系统扩展,即当选用的单片机内部功能单元,如 ROM、RAM、I/O、定时器/计数器、中断系统等不能满足应用系统的要求时,必须在片外进行相应的扩展,选择适当的芯片,设计相应的电路。二是系统的配置,即按照系统功能要求配置外围设备,如键盘、显示器、打印机、A/D、D/A 转换器等,要设计合适的接口电路。在满足性能的基础上,结构越简单系统就越可靠,芯片越通用价格就越低。

系统的扩展和配置一般应遵循以下原则:

1. 在选择单片机时,尽可能地选择与应用系统要求配置适当的机型,使得设计的硬件系统所用器件尽可能地少。因为系统器件越多,器件之间相互干扰也越强,功耗也增大,系统的稳定性也不可避免地降低了。随着集成电路技术的发展,新型的单片机片内集成的功能越来越强,现在很多家公司新近推出了多种集成了 8051 核的系列产品可供选择,这类产品在一块芯片上除了集成了 8051 内核外,还集成了大容量 FLASH 存储器、SRAM、A/D、D/A、I/O、串口、看门狗、复位电路等等,适用于不同的应用系统。

2. 尽可能选择符合单片机系统设计常规用法的典型电路,既方便了设计,也为硬件系统的标准化、模块化打下了良好的基础。

3. 系统扩展与外围设备的配置水平应在充分满足应用系统功能要求的情况下留有适当余地,以便进行二次开发或方案更改。

4. 硬件结构设计和应用软件方案是相互影响的,应结合应用系统功能的实现统一考虑。确定设计方案的原则是:在满足系统功能的条件下,能用软件实现的功能尽可能由软件实现,以简化硬件结构。但必须注意,由软件实现的硬件功能一般响应时间比硬件实现时间长,且占用了 CPU 的运行时间,在对适时性要求较高的场合不宜采用这种方法。

5. 系统中的相关器件要尽可能做到性能匹配。如在高速系统中,相关的高速通道中的器件应保持处理速度的一致性;若选用 CMOS 芯片单片机构成低功耗系统时,系统中所有芯片都应尽可能选择低功耗产品等。

6. 可靠性及抗干扰设计是硬件设计必不可少的一部分,应给以充分的重视,它包括器件的选择、看门狗电路、去耦滤波电路、合理的印刷电路板布线、通道隔离等。

7. 单片机外围电路较多时,必须考虑其电路的驱动能力。当驱动能力不足时,系统易受干扰,工作不稳定,这可以通过增设线驱动器增强驱动能力或减少芯片功耗降低总线负载等手段来处理。

8.1.4 软件设计

在单片机应用系统中,除了注意硬件电路的正确设计外,还要考虑系统软件的开发。单片机应用系统之所以能应用于不同的场合,不仅是因为其连接的外围设备的不同,更主要的是因为支持它运行的软件的不同,系统的任务最终是靠程序的执行来完成的,应用系统软件设计的优劣也决定着应用系统设计的成功与否。

单片机应用系统的软件设计一般应注意以下几个方面:

1. 在系统软件开发前，应分析系统的功能要求，根据系统的输入输出关系，建立必要的数学模型，确定数据处理和控制的算法，合理安排数据结构。

2. 根据数学模型，设计系统流程图，确定系统的总体结构和操作控制过程。系统流程图中的每个部分就是一个功能模块，这样就自然地把整个设计任务划分为对各功能模块的设计要求。这就是单片机应用系统常用的程序设计方法——模块化程序设计，这种方法是把一个较长的完整的程序分成若干功能相对独立的功能程序模块，分别对其进行独立设计、编制、调试，最后将它们链接起来。这种模块程序编制和调试比较容易，且一个模块可以被多个任务所共享，便于程序移植和修改。

3. 在编写功能模块程序和连接程序前，应根据程序框图合理地分配存储器的空间，特别是堆栈区间一定要留有足够的余地。

4. 为提高程序效率，便于系统模块化，外部设备和外部事件尽量采用中断方式和 CPU 联络。

5. 在程序设计时，根据设计的需要可适当地使用成熟的实用子程序，借用他人的开发经验。

6. 如果条件许可，尽量选用高级语言来进行程序设计，如 C 语言。用高级语言来编写目标系统软件，会大大地缩短开发周期，且明显增加了软件的可读性，便于改进和扩充，从而能研制出规模更大、性能更完备的系统。

7. 在程序设计中应充分考虑系统的抗干扰措施，如软件看门狗、设置软件陷阱、数字滤波、容错设计等。

8.1.5　联机调试

一个单片机应用系统的设计，在经过硬件和软件设计后，还要进行软硬件的调试，以验证设计的正确性。由于单片机本身不具备自开发能力，所以其应用系统的调试须借助于单片机开发系统。

单片机开发系统也称为单片机仿真器，一般应具有的功能是：程序的录入、编辑和交叉汇编，仿真单片机在应用系统中的作用且能“透明”地监控调试，支持用户源文件跟踪调试，具有 EPROM 写入功能。目前，单片机开发系统种类很多，性能和价格各不相同，按仿真器的适应性可分为能开发多种机型的通用型（如 WAVE 的 E6000、E2000 系列）和开发特定系列单片机的专用型（如 WAVE 的 K51、E51 系列）。

单片机应用系统的硬件调试可采用分块调试的方法，先易后难，在局部调试都通过后再进行统调。在对硬件分块调试中，也可编制相应模块的测试程序，有的测试程序稍加改动就可成为功能模块程序。

单片机应用系统的软件调试一般在单片机仿真器上进行，也采用分块调试的方法。在程序的分块调试中，可以根据所调试的程序功能块入口参量或变量初值编制一个特殊程序段，连同被调试程序功能块一起汇编成目标代码，装入仿真器上运行，观察结果是否正确，可采用设置断点等辅助手段找出并改正错误，一直到完成所有模块的调试。

在完成了硬件和软件的分别调试以后，就可进行联机调试。联调时通常借助于单片机仿真器先进行静态调试，进一步排除软、硬件设计的错误和不足，然后采用最接近真实情况的全速运行程序，进行动态调试，查看相关的各项技术指标是否达到要求。如有问题，则对硬件或软件进行修改,反复调试,直到满足系统设计要求。

最后,将调试好的程序固化到设计的单片机应用系统的 EPROM 中,使系统进行实际脱机运行。如有问题,则分析原因,合理解决。

8.1.6 产品定型

当所有的调试通过以后,则应用系统的设计基本结束,根据最终的技术测试结果,编制出测试报告、技术说明书、用户说明书等技术文件,同时制定出合理的装配和调试工艺。

8.2 MCS-51 单片机应用系统设计举例

单片机应用系统的构成随应用系统的功能要求而各不相同,但一般包括单片机基本系统和各种接口电路。由于现在集成技术的快速发展,集成功能式的芯片应用越来越多,对系统的配置选型的余地也越来越大。在系统组成上应尽可能地采用这种集成化的先进芯片,一方面使得应用系统生成以后在技术上具有一定的先进性,另一方面功能集成的系统在性价比上也具有一定的优势。

单片机应用系统的实例很多,作为实用的应用系统一般牵涉到多方面的应用知识。下面以几个应用系统的设计为例进行介绍,希望能收到举一反三、触类旁通的效果。

8.2.1 单片机最小系统设计制作

1. 单片机最小系统电路板硬件设计

单片机最小系统电路板可选用与 8051 兼容的 AT89C51、AT89C52 等 DIP—40 封装的单片机作为 MCU。系统包括时钟电路、复位电路、扩展了片外数据存储器和地址锁存器。系统无需扩展程序存储器,用户可根据系统程序大小选择片内带不同容量闪存的单片机,例如 AT89C51 单片机,其片内 Flash ROM 容量为 4KB,AT89C52 为 8KB。系统还提供基于 8279 的通用键盘显示电路、A/D、D/A 转换等众多外围器件和设备接口。系统硬件原理图如图 8-2所示。

(1)时钟电路设计

单片机时钟源电路原理图如图 8-3 所示。在引脚 XTAL1 和 XTAL2 跨接一个晶振和两个微调电容就构成了内部振荡方式,由于单片机内部有一个高增益反相放大器,当外接晶振后,就构成了自激振荡器并产生振荡时钟脉冲。其中晶振是可拔插更换的,默认值是 11.0592MHz。

(2)复位电路设计

系统板采用上电自动复位方式。上电复位要求接通电源后,自动实现复位操作。其电路原理图如图 8-4 所示。

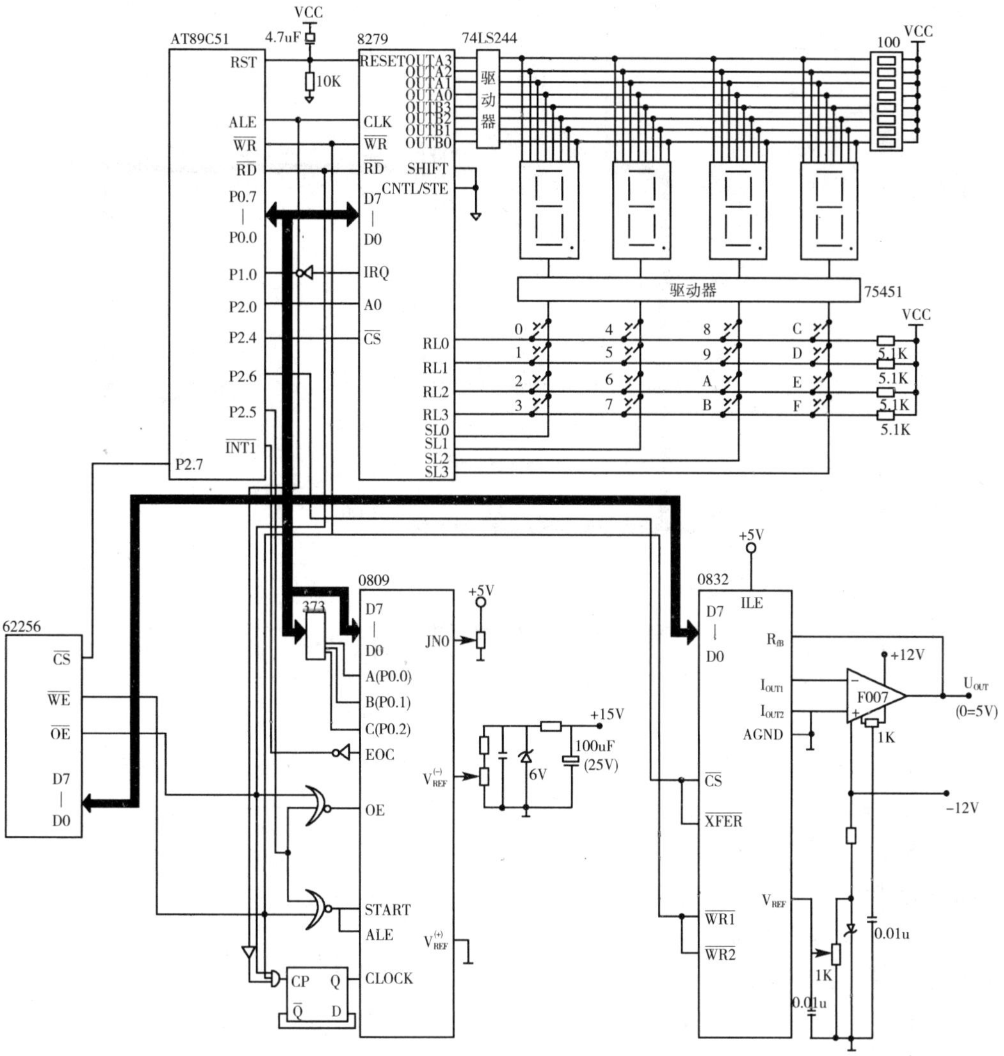

图 8－2　系统电路原理图

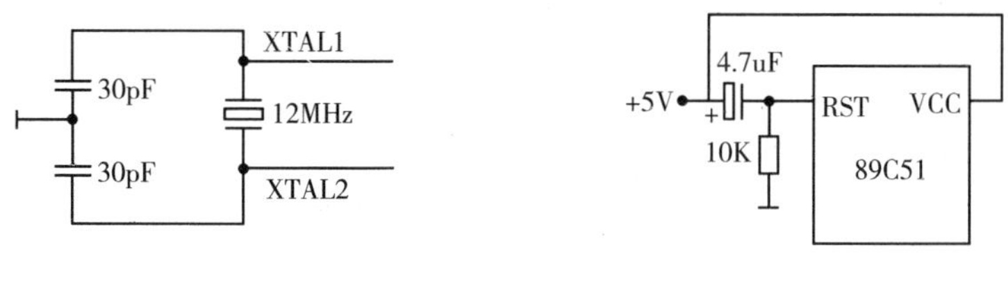

图 8－3　时钟源　　　　图 8－4　复位电路原理图

(3)数据存储器的扩展

系统板扩展了一片 32K 的数据存储器 62256，如图 8－5 所示。数据线 D0～D7 直接与单片机的数据地址复用口 P0 相连，地址的低 8 位 A0～A7 由锁存器 74LS373 获得，地址的高 7 位则直接与单片机的 P2.0～P2.6 相连。片选信号则由地址线 A15(P2.7 引脚)获得，低电平有效。这样数据存储器占用了系统从 00000H～07FFFH 的数据空间。

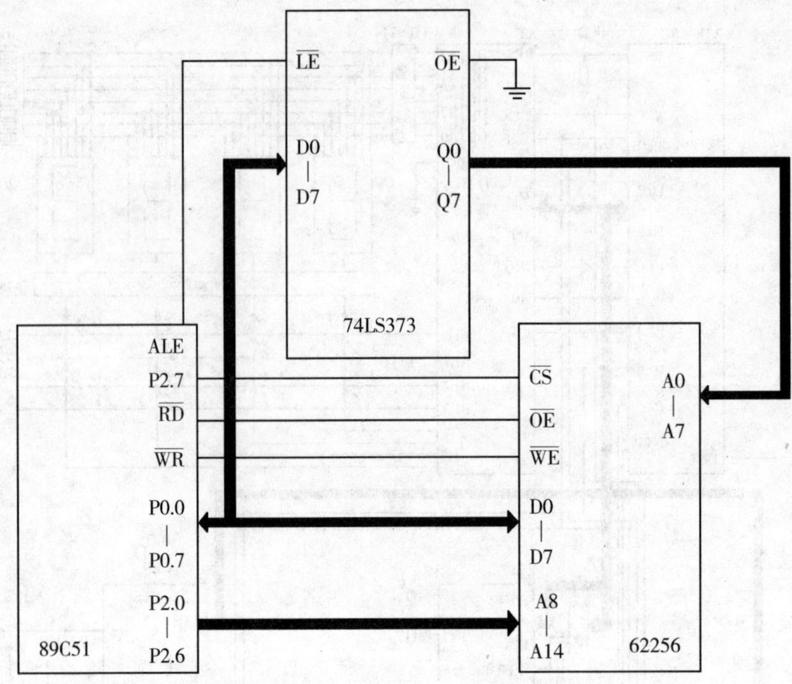

图 8-5　数据存储器的扩展

(4) 通用键盘显示电路设计

①通用可编程键盘和显示器的接口芯片 8279

通用键盘显示电路采用 Intel 公司生产的通用可编程键盘和显示器的接口电路芯片 8279。8279 可以实现对键盘和显示器的自动扫描，识别闭合键的键号，完成显示器动态显示，可以节省 CPU 处理键盘和显示器的时间，提高 CPU 的工作效率。另外，8279 与单片机的接口简单，显示稳定，工作可靠。所以使用 8279 的通用键盘显示电路可使系统设计简单化。

8279 采用 40 脚双列直插式封装，引脚封装形式如图 8-6 所示。各引脚功能如下。

图 8-6　8279 引脚分布图

DB0～DB7：双向数据总线。在 CPU 与 8279 间做数据与命令的传送。

CLK：8279 的系统时钟，100kHz 为最佳选择。

RESET：复位信号，输入线，当 RESET＝1 时，8279 复位，其复位状态为：16 个字符显示，编码扫描键盘——双键锁定，程序时钟分频器被置为 31H。

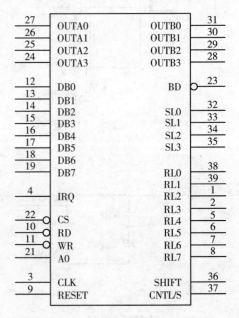

CS：芯片扫描信号，低电平有效。

A0：区分信息的特征位。A0＝1 时，读取状态标志位或写入命令；A0＝0 时，读写一般数据。

RD：读取控制线。RD＝0，8279 会送数据至外部总线。

WR：写入控制线。WR＝0，8279 会从外部总线捕捉数据。

IRQ：中断请求输出线，高电平有效。在键盘工作方式中，当 FIFO 传感器 RAM 中有数据时为“1”，CPU 每读一次就变成 0，如果 RAM 中仍有数据则 IRQ 又变为“1”。在传感器工作方式中，传感器矩阵无论哪里发生变化都会使 IRQ 为“1”。

SL0～SL3：扫描按键开关或传感器矩阵及显示器，可以是编码模式或解码模式。

RL0～RL7：回复输入线，它们是键盘或传感器的列(或行)信号输入线；平时保持为“1”，当矩阵结点上有键(开关)闭合时变为“0”。

SHIFT：移位信号输入线，高电平有效。通常用来扩充键开关的功能，可以用作键盘上、下档功能键。在传感器方式和选通方式中，SHIFT 无效。

CNTL/S：控制/选通输入线，高电平有效。通常用来扩充键开关的控制功能，作为控制功能键用。在选通输入方式时，该信号的上升沿可把来自 RL0～RL7 的数据存入 FIFO/RAM 中；在传感器方式下，该信号无效。

OUTA0～OUTA3：动态扫描显示的输出口(高四位)。

OUTB0～OUTB3：动态扫描显示的输出口(低四位)。

BD：消隐输出线，低电平有效，当显示器切换或使用显示消隐命令时，将显示器消隐。

②基于 8279 的通用键盘和显示电路硬件设计

基于 8279 的通用键盘和显示电路原理图如图 8－7 所示。

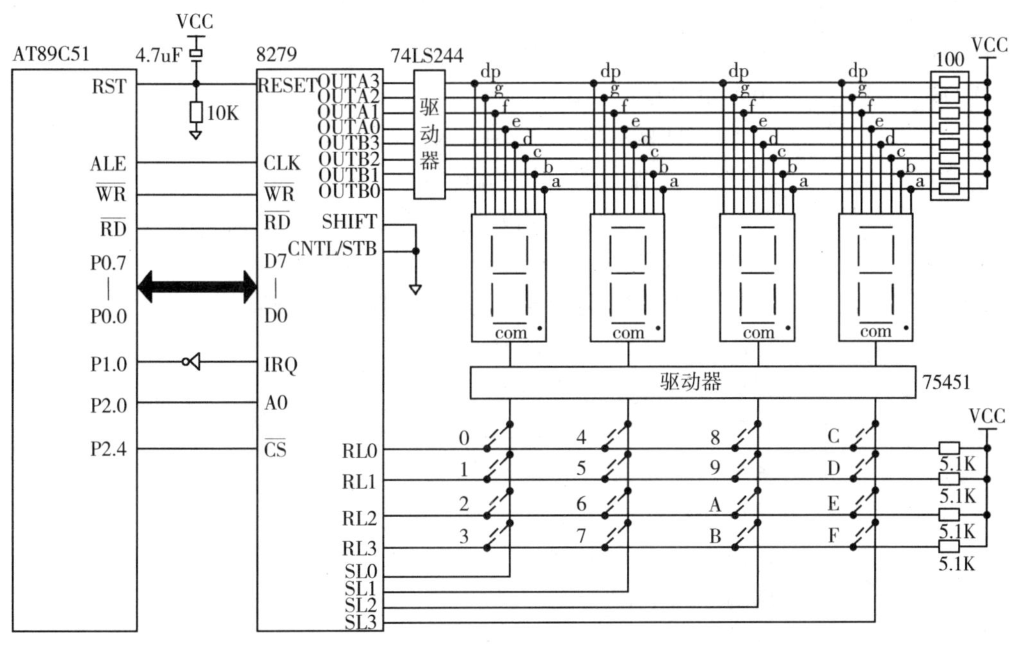

图 8－7　键盘与显示器的接口电路图

③ 8279 与单片机最小系统电路板的连接

如图 8－7 所示，ALE 信号作为 8279 的时钟信号，从而与系统时钟同步。8279 的中断信号 IRQ 接到单片机的 P1.0 引脚。缓冲器地址 A0 接到单片机的 P2.0，信号$\overline{CS}$则接到单片机的 P2.4 引脚，这样 8279 的命令口地址为 0EFFFH，数据口地址为 0EEFFH。读写信号分别和单片机的$\overline{RD}$和$\overline{WR}$相连。8279 的数据线 D0～D7 与单片机的数据线直接相连。

8279 与 AT89C51 的许多信号是兼容的，可直接连接，十分方便。8279 的 8 位数据线直接接 AT89C51 的 P0 口。$\overline{RD}$、$\overline{WR}$与 89C51 的读写信号($\overline{RD}$、$\overline{WR}$)直接连接。AT89C51 的地址锁存信号 ALE 接 8279 的 CLK，在内部分频后产生其内部时钟信号。8279 的中断请求信号 IRQ 经一个反相器反相后接 AT89C51 的 P1.0。8279 的三个可寻址寄存器只需两个地址，即：命令/状态寄存器地址和数据寄存器地址。8279 中与地址有关的信号为 A0 和$\overline{CS}$，它们的连接情况直接决定着寄存器的地址，一旦硬件电路确定，寄存器的地址也就确定下来了。

在图 8-7 中，命令和状态区分信号 A0 接 AT89C51 的 P2.0，片选信号$\overline{CS}$接 P2.4。当 P2.0=1 时，对应命令/状态寄存器；当 P2.0=0 时，对应数据寄存器；P2.4=0 时，8279 芯片被选通。因此，命令/状态寄存器的地址为 0EFFFH，数据寄存器的地址为 0EEFFH。

④基于 8279 的通用键盘和显示电路程序设计

8279 的编程可分为初始化、向显示 RAM 中写入数据和读键盘数据三部分。在实际应用中，通常初始化编程在主程序中完成；显示部分一般作为子程序；而键盘读入部分作为中断服务程序编写。在此主要介绍 8279 的初始化编程。初始化编程是向 8279 写入工作方式命令字，确定其工作方式及相关操作功能。

Ⅰ.8279 的命令及格式

8279 共用 8 条命令，均为 8 位，各命令的格式及功能分述如下。

键盘/显示器方式设置命令

此命令用于设置键盘与显示器的工作方式，其各位定义为：

D7D6D5=000　　为此命令的特征位或称命令码。

D4D3　　用来设定显示方式。

0 0　　8 个 LED 显示器，从左端输入。

0 1　　16 个 LED 显示器，从左端输入。

1 0　　8 个 LED 显示器，从右端输入。

1 1　　16 个 LED 显示器，从右端输入。

D2D1D0　　用来设定键盘、传感器矩阵、显示器操作方式。

0 0 0　　编码扫描键盘，双键锁定。

0 0 1　　译码扫描键盘，双键锁定。

0 1 0　　编码扫描键盘，N 键依次读出。

0 1 1　　译码扫描键盘，N 键依次读出。

1 0 0　　编码扫描传感器矩阵。

1 0 1　　译码扫描传感器矩阵。

1 1 0　　选通输入，编码显示扫描。

1 1 1　　选通输入，译码显示扫描。

译码方式即为内部译码方式；编码方式即为外部译码方式。

程序时钟命令

此命令用来设置分配系数，其定义为：

D7D6D5=001　　为此命令的命令码。

D4～D0=2～31　　此 5 位用来设定对外部输入时钟 CLK 进行分频值，用以产生 100kHz 的频率信号作为 8279 的内部时钟，其值可取 2～31。例如：假定 CLK 为 2MHz，为取得 100kHz 的内部时钟信号，则分频系数＝2MHz/100kHz＝20，应使 D4D3D2D1D0＝10100B，即十进制数 20D。

读 FIFO/传感器 RAM 命令

此命令用来设置读 FIFO/传感器 RAM，其定义为：

D7D6D5＝010　　为此命令的命令码。

D4＝1　　设置 FIFO/传感器 RAM 地址读后自动加 1。

D4＝0　　读后地址保持不变。

D3　　没有定义，可为任意。

D2D1D0　　在传感器方式及选通输入方式时该三位为 FIFO RAM 的地址。

在键盘扫描方式时，每次读取数据总是按先进先出的原则依次读出的，D4 位和此 3 位无关。

读显示 RAM 命令此命令用来设置读显示 RAM，各位定义为：

D7D6D5＝011　　为此命令的命令码。

D4　　定义同上。

D3D2D1D0　　为显示 RAM 的存储单元地址。当 D4 设为 1 时，每次读出显示 RAM 后地址自动加 1，指向下一个单元地址，D4 为 0 时读出后地址保持不变。

写显示 RAM 命令此命令用来设置写显示 RAM，其各位定义为：

D7D6D5＝100　　为此命令的命令码。

D4～D0　　定义同上。

显示禁止写入/熄灭（消隐）命令此命令用来禁止数据写入显示 RAM 或向显示 RAM 写入空格（即熄灭），其各位定义为：

D7D6D5＝101　　为此命令的命令码。

D4　　没有定义，可以任意。

D3D2 位分别为 A、B 组显示 RAM 或写入屏蔽位，设为“1”时禁止写入。

这样可以使得 A、B 组显示 RAM 单独送数，而又不影响另一组的显示。

D1D0 位分别为 A、B 组的熄灭设置位，若设为 1，则对应组的显示输出被熄灭；若设为 0 则被恢复显示。

清除命令此命令用来清楚显示器 RAM 和 FIFO RAM，其各位定义为：

D7D6D5＝110　　为此命令的命令码。

D4＝1　　清除显示 RAM 有效，与 D3D2 配合使用。

D3D2　　用来设定清除显示 RAM 的方式。

0　x　　将显示 RAM 全部清 0

1　0　　将显示 RAM 置为 20H（即 A 组＝0010，B 组＝0000）

1　1　　将显示 RAM 全部置 1

若 D4＝0，则不清除显示 RAM，D3D2 位设置无效；但若 D4＝1，则 D3D2 的设置仍有效。

D1＝1　　清除 FIFO RAM 存储器，并使中断输出线复位；同时传感器 RAM 的读出地址也被置 0。

D0 位为中断清除标志位。

中断结束/出错方式设置命令此命令用来设置中断结束及出错方式，其各位定义为：

D7D6D5＝111　　为此命令的命令码。

D4＝1 时，对 N 键依次读出方式可工作在特殊出错方式(多重按键按下时出错)。对于传感器工作方式，此命令使 IRQ 变低，而结束中断，并允许 FIFO RAM 的再次写入。

D3～D0　　　　　没有定义，可为任意。

8279 这 8 条命令根据程序的需要可在主程序，显示子程序和中断服务程序中使用。

Ⅱ.8279 与键盘的连接与操作

我们设计的键盘不超过 4 条扫描线，可利用 8279 内部译码器直接从 SL0～SL3 输出扫描信号。为此 8279 应设计成译码方式。矩阵键盘的列线接 8279 的 RL0～RL7，列线状态的输入在其内部锁存，由内部逻辑判断是否有键按下。8279 内部逻辑以闭合键所在行和列产生 6 位键位置码，然后把键位置码连同换档键(SHIFT)和控制键(CNTL)的状态一起组成 8 位键位码送 FIFO RAM 中保存。

同时使 8279 的中断请求信号 IRQ 变高，取反后送入 P1.0，等待单片机查询后把保存在 FIFO RAM 中的键数据取走。FIFO RAM 有一定的容量(8 个单元)的缓冲能力，以免读取不及时造成键数据丢失。在查询程序中，单片机读取 FIFO RAM 中数据的过程可以是先读取状态寄存器，测试其低 3 位以判定 FIFO RAM 中是否有键数据，当确定有键数据时，才读取 FIFO RAM 等待进一步处理。换档键引线 SHIFT 和控制键 CNTL 的使用，可分别独立地连接到按键一端而按键另一端接地。如果不使用就直接把它们接地。

键位码格式如下：

D7	D6	D5	D4	D3	D2	D1	D0
CNTL	SHIFL	SCAL			RETURN		

CNTL(D7)表示控制键 CNTL 状态。

SHIFT(D6)表示换档键 SHIFT 状态。

SCAN(D5～D3)闭合键的行号，取决于 SL3～SL0 计数值(扫描编码)。

RETURN(D2～D0)闭合键的行号，取决于 RL7～RL0 计数值(编码)。

8279 的 FIFO/传感器状态寄存器及格式如下：

D7	D6	D5	D4	D3	D2	D1	D0
Du	S/E	0	U	F	N	N	N

NNN(D2D1D0)表示 FIFO RAM 中数据的个数，3 比特可以表示 8 个数值。

F(D3)FIFO RAM 已满特征位。F＝1 表示已满(存有 8 个键值)；F＝0 表示未满。

U(D4)为“不足”错误特征位。单片机企图向已空 FIFO RAM 读出操作，则置位 U＝1。

O(D5)为“超出”错误特征位。单片机企图向已满 FIFO RAM 写入操作，则置位 O＝1。

S/E(D6)为传感器闭合/多键闭合特征位。在传感器输入方式下，S/E＝1 表示至少一个传感器闭合；在多键扫描方式下，并工作于特征错误方式时，S/E＝1 表示发现多键同时按下的错误。

Du(D7)为显示无效特征位。当清除显示 RAM 或全清除命令尚未完成时，8279 设置 Du＝1。清除操作维持约 160us 左右，这时对显示 RAM 的写操作无效。

Ⅲ.8279 与显示器的连接与操作

8279 连接 LED 数码管的个数取决于扫描线的数量。采用译码方式 4 条扫描线最多只能支持 4 位 LED 显示器。显示器的显示段码由 8279 显示缓冲输出提供，由于驱动能力的限制，必须外加段驱动器（例如：7407、7406、74LS244、MC1413 等）以提高段驱动能力。位扫描线驱动能力亦不足，必须外加位驱动器（例如：7407、7406、75451、75452、MC1413 等）以提高位驱动能力。由于位驱动器连接到数码管的公共端 COM，因此应该选择驱动电流较大的驱动芯片。

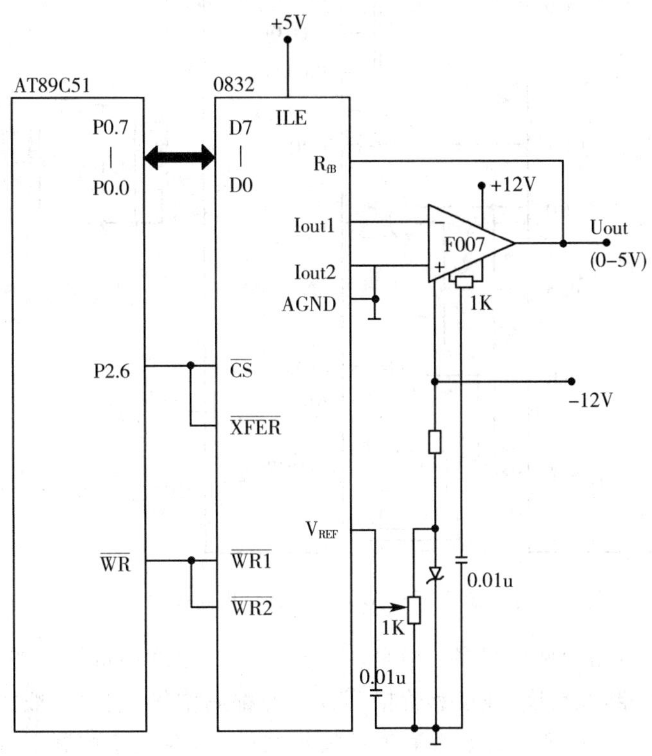

图 8－8　DAC0832 接口电路图

数码管选共阴极接法还是共阳极接法，取决于选用的段驱动器和位驱动器是同相还是反相，因此数码管和驱动器的选择必须综合考虑。段驱动器各输出线（OUTA3～0，OUTB3～0）相应连接到所有数码管段引脚（g～a），位驱动器各输出线分别连接到各数码管公共端 COM。我们设计的电路段驱动器选用 1 片 74LS244 驱动芯片，位驱动器选用 2 片双与门驱动器 75451，4 个数码管采用共阴极接法。

（5）单片机与 D/A 及 A/D 转换电路制作

Ⅰ. D/A 转换电路设计

DAC0832 应用电路

0832 由 8 位数据输入寄存器，8 位 DAC 寄存器和 8 位 D/A 转换器三部分组成。它是电流输出型的，即将输入的数字量转换成模拟电流量输出。IOUT1 与 IOUT2 的和是常数，它们的值随 DAC 寄存器的内容成线性变化。但是，在单片机的应用系统中，往往需要电压信号输出，为此，将电流输出再通过运算放大器，即可得到转换电压输出了。电路如图 8－8 所示。0832 的片选接到单片机的 P2.6 引脚，当 P2.6 引脚为低电平时，0832 就被选中。因此 0832 的地址为 0BFFFH。

Ⅱ. A/D 转换电路设计

ADC0809 应用电路

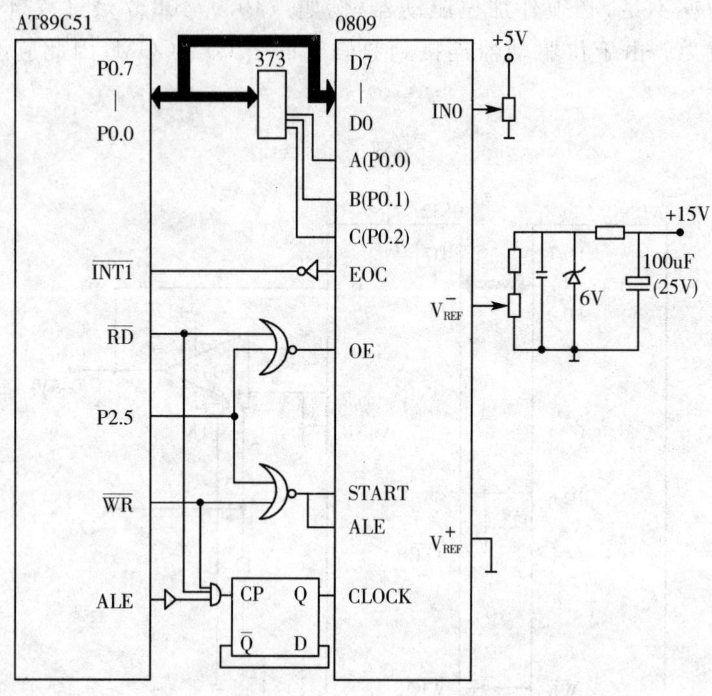

图 8-9 ADC0809 接口电路图

当前 A/D 转换电路的型号很多。但是,它们在精度、速度和价格上的差别也很大。我们采用 0809A/D 转换器,在精度,速度和价格等各方面都属中等,这对一般实时控制,数据采集系统来讲是合适的。ADC0809 有 8 个通道的模拟量输入,在程序控制下,可令任意通道进行 A/D 转换,并可得到相应的 8 位二进制数字量。电路如图 8-9 所示。由于我们选择的是通道 0,所以我们选中 0809 的条件为 P2.5=0、P0.0=0、P0.1=0、P0.2=0。因此 0809 的地址为 0DFF8H。

2. 单片机最小系统程序设计

系统软件设计采用模块化结构。整个程序由主程序,显示,键盘扫描,A/D,D/A 转换等子程序模块组成。

AT89C51 单片机系统中,片内外 RAM,ROM 以及 I/O 口存储空间的地址编制是统一的,现地址分配如下。

堆栈栈顶地址设置在片内 RAM 数据缓冲区 60H。

显示缓冲区设在片内 RAM:30H~33H 单元。

8279:状态口 0EFFFH

　　数据口 0EEFFH

0809:口地址 0DFF8H

0832:口地址 0BFFFH

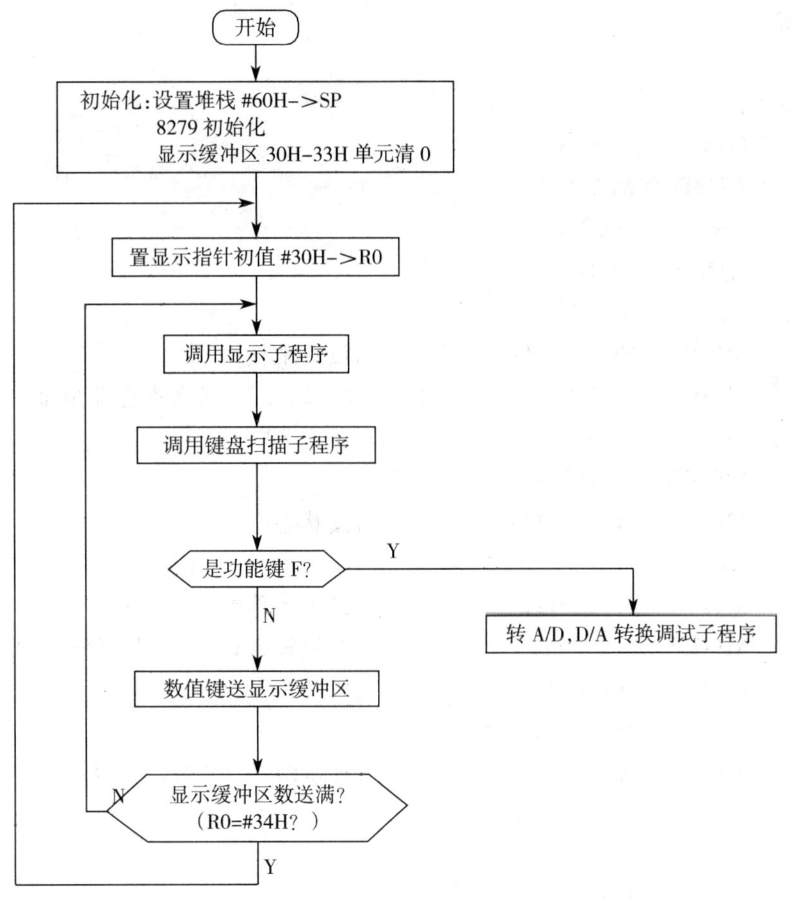

图 8-10　主程序流程框图

键盘值对应的七段码列表如下：

0　　3FH

1　　06H

2　　5BH

3　　4FH

4　　66H

5　　6DH

6　　7DH

7　　07H

8　　7FH

9　　6FH

A　　77H

B　　7CH

C　　39H

D　　5EH

E　　79H

F(功能键)　　71H

(1)主程序

主程序清单：

```
        ORG    0000H
        AJMP   MAIN
        ORG    0013H
        AJMP   SUB
        ORG    0100H
MAIN:   MOV    SP,#60H          ;设置堆栈
        MOV    DPTR,#0EFFFH     ;8279 命令/状态寄存器地址
        MOV    A,#0D1H          ;总清 8279
        MOVX   @DPTR,A
WAIT:   MOVX   A,@DPTR          ;读状态字
        JB     ACC.7,WAIT       ;Du=1,循环等待
        MOV    A,#01H           ;设置工作方式
        MOVX   @DPTR,A          ;左端输入,双键互锁,译码扫描
        MOV    A,#34H           ;内部分频为 20
        MOVX   @DPTR,A
        MOV    R0,#30H          ;显示缓冲区 30H～33H 清 0
        MOV    A,#00H
ML0:    MOV    @R0,A
        INC    R0
        CJNE   R0,#34H,ML0
ML1:    MOV    R1,#30H
ML2:    ACALL  DIR              ;调用显示子程序
        ACALL  KEY              ;调用键盘扫描子程序
        CJNE   A,#1BH,SS        ;如果 A≠1BH,转 SS
        AJMP   AD               ;如果 A=1BH,转 A/D,D/A 工作子程序
SS:     MOV    A,VUALUE         ;数字键,键值送显示缓冲区
        MOV    @R1,A
        INC    R1               ;修改显示缓冲区指针
        CJNE   R1,#34H,ML2      ;显示没完,转 ML2
        AJMP   ML1
```

(2)显示子程序

程序清单：

```
DIR:    MOV    R0,#30H
        MOV    DPTR,#0EFFFH     ;向 8279 发出写显示 RAM 命令
        MOV    A,#90H
        MOVX   @DPTR,A
```

```
        MOV     R2 ,#04H
LED:    MOV     A ,@R0               ;取显示数据
        MOV     DPTR , #LEDTAB       ;查表
        MOVC    A , @A+DPTR
        MOV     DPTR , #0EEFFH
        MOV     @DPTR , A            ;写入显示 RAM
        INC     R0                   ;缓冲区地址加 1
        DJNZ    R2 , LED             ;循环送完 4 个显示数据
        RET
LEDTAB: DB      3FH                  ;'0'共阴
        DB      06H                  ; '1'
        DB      5BH                  ; '2'
        DB      4FH                  ; '3'
        DB      66H                  ; 4'
        DB      6DII                 ; 5'
        DB      7DH                  ; 6'
        DB      07H                  ; '7'
        DB      7FH                  ; 8'
        DB      6FH                  ; 9'
        DB      77H                  ; A'
        DB      7CH                  ; B'
        DB      39H                  ; C'
        DB      5EH                  ; 'D'
        DB      79H                  ; 'E'
        DB      71H                  ; 'F'
```

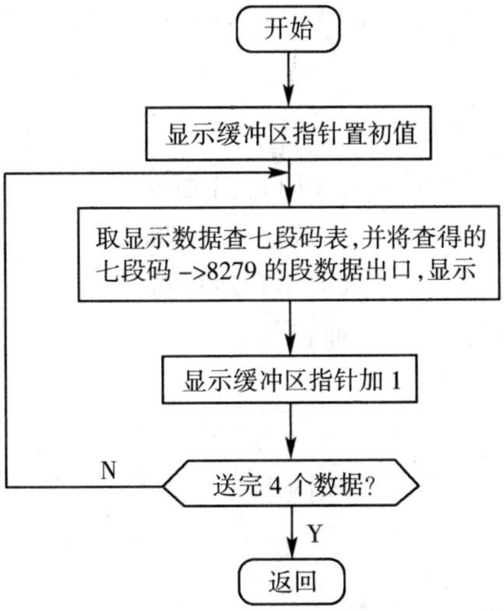

开始
显示缓冲区指针置初值
取显示数据查七段码表,并将查得的七段码 ->8279 的段数据出口,显示
显示缓冲区指针加 1
送完 4 个数据?
N
Y
返回

图 8 - 11　显示子程序流程框图

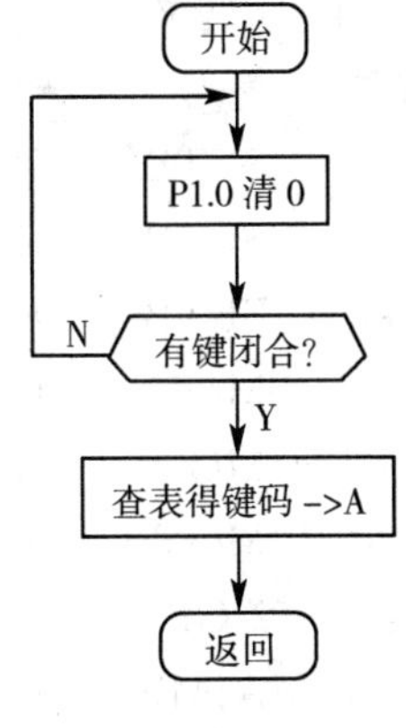

图 8 - 12　键盘扫描子程序流程框图

```
        DB      00H                    ;熄灭
```

(3)键盘扫描子程序

程序清单：

```
        VALUE   EQU    20H
KEY:    CLR     P1.0                   ;P1.0 清“0”
        JB      P1.0，KEY1             ;有键按下
        AJMP    KEY
KEY1:   MOV     DPTR，#0EFFFH          ;向 8279 写入读 FIFO RAM 命令
        MOV     A，#40H
        MOVX    @DPTR，A
        MOV     DPTR，#0EEFFH          ;读 FIFO RAM 内键盘数据
        MOVX    A，@DPTR
        ANL     A，#3FH                ;屏蔽 SHIFT 和 CNTL 两位
        MOV     VALUE，A
        MOV     DPTR，#KEYTAB          ;查表
        MOVC    A，@A+DPTR
        MOV     R5，A
        MOV     A，VALUE               ;A 中为键码
        MOV     VALUE，R5
        RET
KEYTAB: DB      0，1，2，3
        DB      0，0，0，0
        DB      4，5，6，7
        DB      0，0，0，0
        DB      8，9，A，B
        DB      0，0，0，0
        DB      C，D，E，F
```

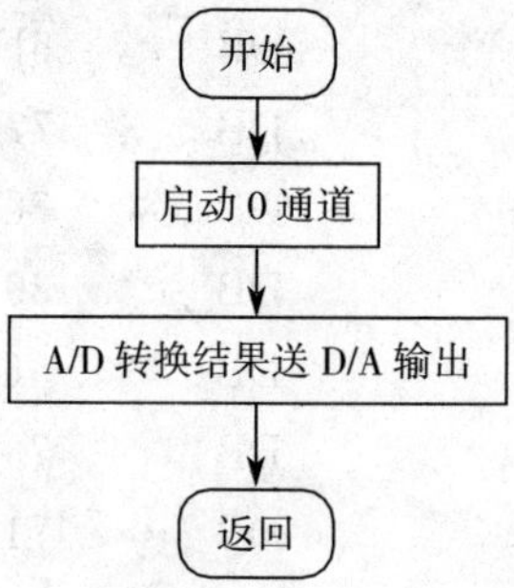

图 8-13　A/D、D/A 转换子程序流程框图

(4)A/D,D/A 转换子程序

程序清单：

```
SS:     SETB    IT1                    ;INT1边沿触发
        SETB    EX1                    ;开放INT1中断
        SETB    EA                     ;CPU 开放中断
        MOV     DPTR，#0DFF8H          ;通道 0 地址
        MOV     A，#00H
        MOV @DPTR，A                   ;启动 A/D
LOOP:   NOP                            ;等待中断
        AJMP    LOOP
        ORG     0013H
SUB:    PUSH    PSW
```

```
        PUSH    ACC
        PUSH    DPL
        PUSH    DPH
        MOV     DPTR , #0DFF8H
        MOVX    A ,@DPTR              ;读数据
        MOV     DPTR , #0BFFFH        ;0832 地址
        MOV     @DPTR , A             ;启动 D/A
        POP     DPH
        POP     DPL
        POP     ACC
        POP     PSW
        RETI
```

8.2.2 悬挂运动控制系统设计

1. 系统方案选择和论证

1.1 设计要求

1.1.1 基本要求

(1)控制系统能够通过键盘或其他方式任意设定坐标点参数。

(2)控制物体在 80cm×100cm 的范围内作自行设定的运动,运动轨迹长度不小 100cm,物体在运动时能够在板上画出运动轨迹,限 300 秒内完成。

(3)控制物体作圆心可任意设定、直径为 50cm 的圆周运动,限 300 秒内完成。

(4)物体从左下角坐标原点出发,在 150 秒内到达设定的一个坐标点(两点间直线距离不小于 40cm)。

1.1.2 发挥部分

(1)能够显示物体中画笔所在位置的坐标。

(2)控制物体沿板上标出的任意曲线运动,曲线在测试时现场标出,线宽 1.5cm～1.8cm,总长度约 50cm,颜色为黑色;曲线的前一部分是连续的,长约 30cm;后一部分是两段总长约 20cm 的间断线段,间断距离不大于 1cm;沿连续曲线运动限定在 200 秒内完成,沿间断曲线运动限定在 300 秒内完成。

(3)其他。

1.2 系统基本方案

根据题目要求,系统可规划为中央控制部分,轨迹跟踪部分、输入模块、执行机构、显示部分和供电部分。如图 8-14 所示。

1.2.1 各模块方案选择与论证

(1)控制器模块

中央控制器为整个系统的核心,通过接受外部信息,按照控制算法驱动执行机构。对中央处理器的选择是多种多样的,分析本设计的基本功能要求,选择一般 MCS-51 类的单片机芯片就可胜任。在这里,为简化设计可选择与 MCS-51 芯片兼容的带 Flash ROM 存储器的 CPU

芯片——89C51。

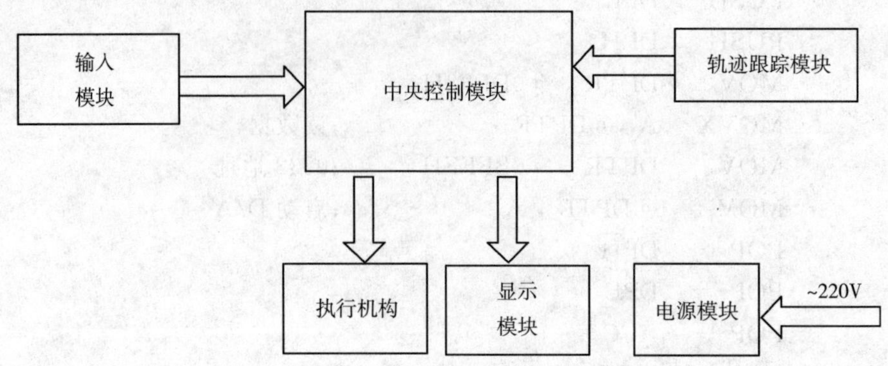

图 8-14 系统的基本模块方框

(2)执行机构

本系统中要求电动机步距角小,动态性能好,并能实现精确定位。

由于混合式步进电动机的输出转矩大,动态性能好,步距角小,所以选用混合式步进电动机。并选择与其相适配的专用驱动集成芯片 L297+L298,L297+L298 集驱动和保护于一体,性能稳定,易调试,且使用方便。

(3)输入模块

采用优良的 4×4 行列矩阵式键盘,此方法操作简单,节省单片机资源,且价格便宜。

(4)显示模块

本模块将实现的功能是实时显示物体所在位置的坐标并同步显示物体的运动轨迹。

液晶显示屏具有低耗电量,无辐射危险,以及影像不闪烁等优势,可视面积大,画面效果好,分辨率高,抗干扰能力强等特点。并能显示各种波形、菜单等,显示内容十分丰富。所以采用液晶显示屏(LCD)显示。

(5)轨迹跟踪模块

光电传感器接收红外辐射后,红外光子直接把材料的束缚态电子激发成传导电子,由此引起电信号输出,输出信号大小与所吸收的光子数成比例。且这些红外光子能量的大小(即红外光还必须满足一定的波长范围),必须满足一定的要求才能激发束缚电子,起激发作用。光电传感器吸收的光子必须满足一定的波长,否则不能被吸收,所以受外界影响比较小,抗干扰比较强。因此选定光电传感器。

1.2.2 系统各模块的最终方案

经过仔细分析和论证,决定了系统各模块的最终方案如下。

(1)控制器模块:采用单片机 89C51 控制。

(2)执行机构:采用混合式步进电机和专用的驱动集成芯片 L297+L298。

(3)输入模块:采用 4×4 行列矩阵式键盘。

(4)显示模块:采用点阵型液晶显示屏(LCD)WG320×240。

(5)轨迹跟踪模块:采用红外光电传感器。

系统的基本框图如图 8-15 所示。

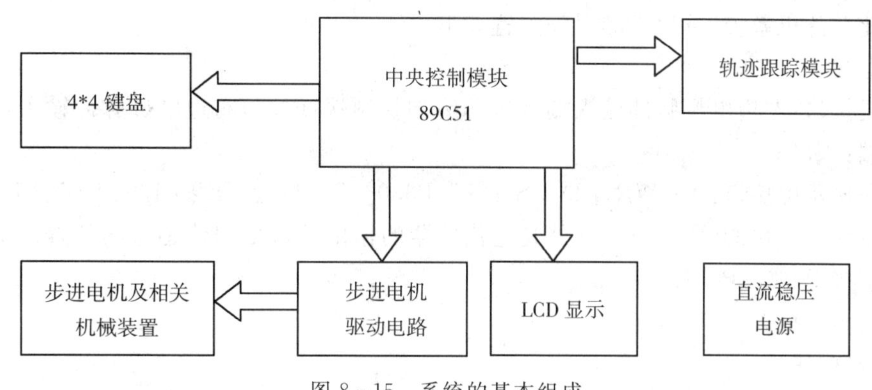

图 8-15　系统的基本组成

2. 系统的设计与实现

系统功能简述：

(1)控制系统能够通过 4×4 键盘输入物体的运动形式，例如直线运动，圆周运动，自行设定轨迹运动和轨迹跟踪运动。可以任意设定坐标点参数，并进行输入数据合法性检验。

(2)在规定时间内完成物体在 80cm×100cm 的范围内作自行设定的"M"形运动并能够在白板上画出物体的运动轨迹。

(3)在规定的时间内完成悬挂物体作圆心任意设定、直径为 50cm 的圆周运动。

(4)在规定的时间内完成悬挂物体作起点在原点、终点任意设定的直线运动。

(5)能够通过大屏幕的液晶屏显示当前的运动形式以及与其相关的特定参数，实时显示物体中画笔所在位置的坐标值，并同步显示物体的运动轨迹。

(6)在规定的时间内实现轨迹跟踪的功能。轨迹为任意设定的黑色轨迹，分为连续部分和间断部分。

2.1　系统的硬件组成部分

本设计是一个光、机、电一体的综合设计，在设计中运用了检测技术、自动控制技术和电子技术。系统可分为传感器检测部分，智能控制部分，LCD 显示部分和供电部分。

传感器检测部分：系统利用光电传感器将检测到的外部信息(例如轨迹情况)转化为可被控制器件辨认的电信号。轨迹跟踪模块即属于这一部分。

智能控制部分：系统中控制器件根据传感器变换输出的电信号进行逻辑判断和计算，控制电机动作，完成悬挂物体的轨迹跟踪运动。同时还可根据键盘的输入参数，控制悬挂物体作相应的轨迹运动。

LCD 显示部分：液晶显示屏(LCD)显示当前的运动形式以及与其相关的设定参数，实时显示物体所在位置的坐标值，并同步显示物体的运动轨迹。

供电部分：为系统各个单元提供正常稳定的工作电压。

2.2　主要单元电路设计

2.2.1　智能控制部分的单元电路设计

中央控制模块电路的设计

单片机 89C51 接收键盘的输入和轨迹跟踪模块的信息，并将输入信号进行运算处理，以控制脉冲的形式来控制电机动作，从而完成各项任务要求。

针对此单片机系统，单片机的引脚配置如下。

①键盘接口：P2 口；

②电机接口：左边电机脉冲输入端：P0.6，方向控制端：P0.7；右边电机脉冲输入端：P3.6，方向控制端：P3.7；

③液晶显示屏接口：A0、WR、RD、CS、RST：P3.0～P3.4；数据线 DB0～DB7：P1 口；

④轨迹跟踪模块的输入接口：红外光电传感器的输出接口根据传感器的位置从上到左按逆时针分别接 P0.0～P0.4。

⑤光指示二极管接口：P3.5。

(2)电机模块

电机的选择：本系统是一个电机控制系统，所以电机的选择至关重要。现对悬挂物体进行受力分析。

如图 8-16 所示：

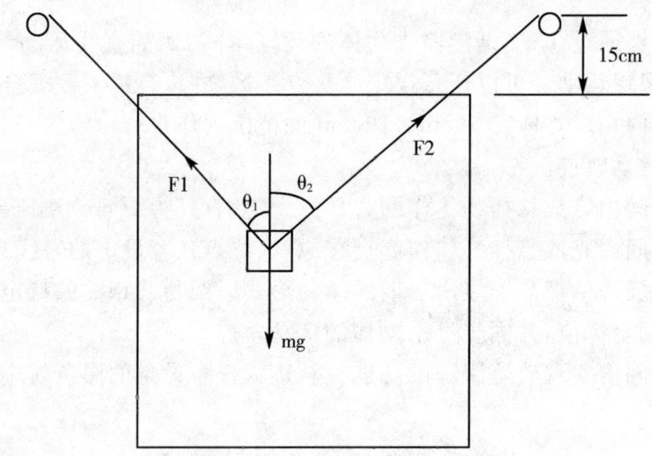

图 8-16 物体的受力分析

$F1\sin\theta1 = F2\sin\theta2$

$F1\cos\theta1 + F2\cos\theta2 = mg$

其中：根据白板尺寸，张角 $\theta max = arctg(115/15) \approx 82.5^\circ$

$\theta min = arctg(15/115) \approx 7.4^\circ$

所以，$7.4^\circ \leqslant \theta1 \leqslant 82.5^\circ$；$7.4^\circ \leqslant \theta2 \leqslant 82.5^\circ$。

由于是定滑轮两边受力相同，所以绳子对物体的拉力等于绕线轮对绳子的拉力，则算出绳子的最大拉力就可以得到拉力对绕线轮的最大转矩。

根据上述数学公式求得拉力的极值，$F1 \leqslant 1.9mg$。

取 $F1 = 2mg$，电动机上的绕线轮直径为 4.9cm，则半径 $r = 2.45cm$

悬挂物对绕线轮的转矩：$Tn = F1 \times r = 2 \times 0.1kg \times 9.8N/kg \times 0.0245m = 48mN.m$

即所选电机扭矩为 $\geqslant 48mN.m$

对照电机手册，选择混合式步进电机 28BYJ48A 可满足要求。

供电电压：直流电压 12V 电压供电。

脉冲步长：绕线轮周长为 $4.9\pi cm$，发 2050 个脉冲，电机转动一圈。

脉冲步长＝ 4.9π÷2050＝0.0075cm。

(3)电机驱动模块的设计与实现

28BYJ48A 型步进电机有与其配套的专用驱动芯片 L297＋L298，具体电路如图 8－17 所示。

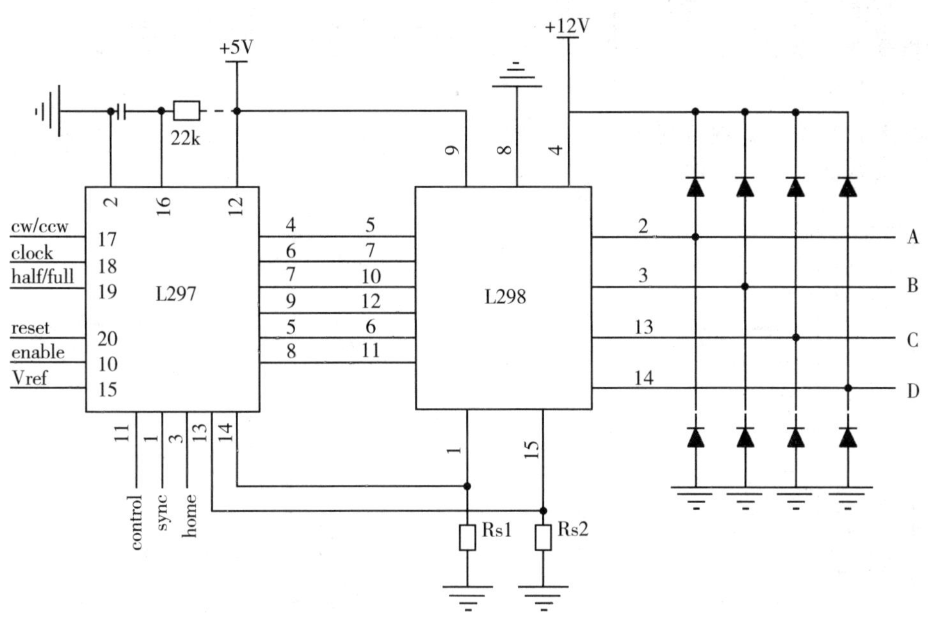

图 8－17　电机的专用驱动电路

①L298 的 2、3、13 和 14 脚分别接四相步进电机的 A 相，B 相，C 相和 D 相。

②L297 的 17 脚(cw/ccw)为转向控制端。高电平，电机顺时针转动，低电平，电机逆时针转动。

③L297 的 18 脚(clk)为脉冲输入端。每接收一个脉冲，步进电机前进一步。

④L297 的 19 脚(half/full) 为模式控制端。高电平为单步工作方式，低电平为双步工作方式，单步工作的步距角为双步的两倍。

⑤L297 的 15 脚(Vref)控制负载的最大电流。

⑥其他控制管脚接有效电平。

工作过程：

电机上 5 根接线分别接 L298 的 A、B、C、D 四相和 COM 端，当 L297 的 clock 端接收到一个脉冲，电机根据 cw/ccw 端的电平，顺时针或者逆时针运动一步，步长为 0.0075cm。

(4)键盘模块

数字键：数字 0～9，用于输入 X 轴坐标，Y 轴坐标和圆心坐标等数值。

功能键：X 轴坐标值与 Y 轴坐标值之间的分隔符，确认键，清除键，自行设定轨迹运动的标志键，圆周运动的标志键和轨迹跟踪标志键。

设定直线运动的终点坐标时，分隔符之前的值表示 X 坐标值，范围为 0cm～80cm；分隔符之后的值表示 Y 坐标值，范围为 0cm～100cm。若做圆周运动，先按下圆周运动标志键，圆心坐标可以任意设定，设定过程与直线的终点坐标设定相同。按下自行设定轨迹运动的标志键后，物体即可按照预先设定的“M”形轨迹运动。确认键按下后程序开始执行。清除键可以用来重新设置运动形式或坐标参数。整个键盘操作界面十分友好。

(5)显示模块

采用 LCD 显示悬挂物体运动的相关内容,设计中选择 SED1335,其特点如下:

①有较强功能的 I/O 缓冲器;

②指令功能丰富;

③四位数据并行发送,最大驱动能力为 640×256 点阵;

④图形和文本方式混合显示。

接口电路如图 8-18 所示。

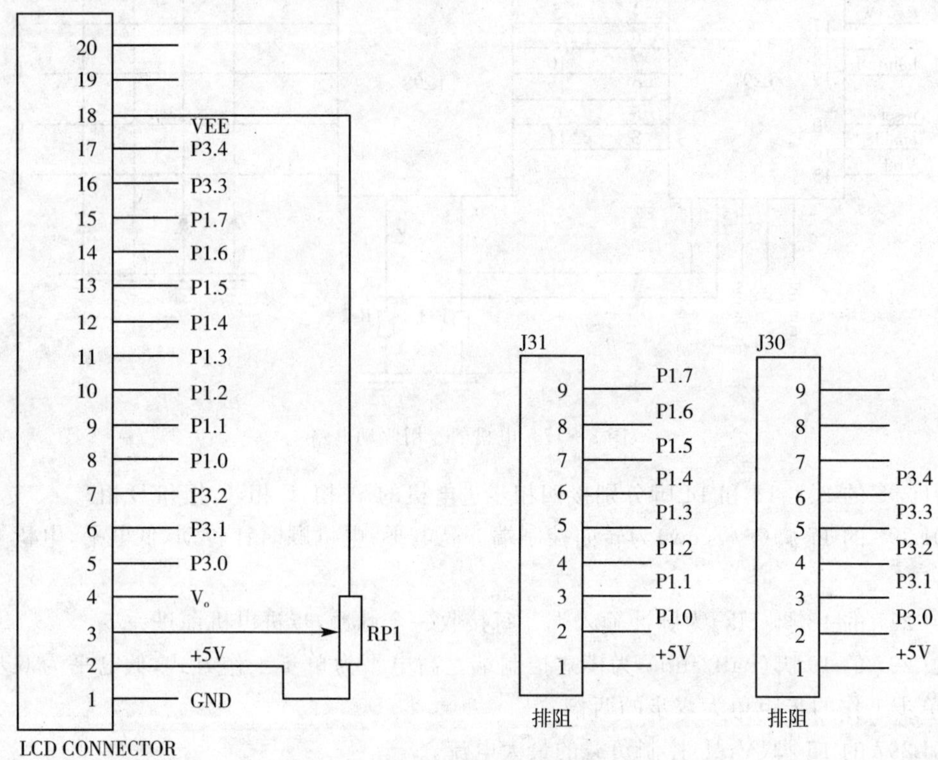

图 8-18 液晶与单片机接口

Ⅰ. DB0-DB7:三态,数据总线,可直接挂在 MCU 数据总线上;

Ⅱ. CS:输入,片选信号、低电平有效。当 MCU 访问 SED1335 时,将其置低;

Ⅲ. A0:输入,I/O 缓冲器选择信号,A0=1 写指令代码和读数据,A0=0 时写数据参数和读忙标志;

Ⅳ. RD:输入,读操作信号;

Ⅴ. WR:输入,写操作信号;

Ⅵ. RES:输入,复位信号,低有效,当重新启动 SED1335 时也需用指令 SYSTEMSET。

整个屏幕的最下方显示"悬挂运动控制系统"字样。左半边同步显示物体的运动轨迹,右上方根据键盘的输入情况显示物体的运动形式以及相关参数,右下方实时显示物体所在位置坐标值。例如作直线运动时,右上方会显示"直线"字样,"直线"字样下方显示用户设定的直线运动终点坐标,右下方实时显示物体所在位置的坐标值;左半边同步显示直线运动的运动轨迹。做圆周运动时，右上方会显示“圆”的字样，字样下方显示圆心坐标和半径，右下方实时显示物体所在位置的坐标值；左半边同步显示圆周运动的运动轨迹。其他运动时显示界面基本相同，此显示界面清晰、明了、美观、大方。

2.2.2　检测部分的单元电路设计

轨迹跟踪模块

根据题目要求，悬挂物体能沿着黑色轨迹运动。为了使物体能在特定的黑色轨迹上运动，系统需要将轨迹的状态及时地以电信号的形式反馈到控制部分，控制部分控制电机相应的动作，使物体一直沿着黑色轨迹运动。

图 8－19 为红外光电传感器具体的电路图。

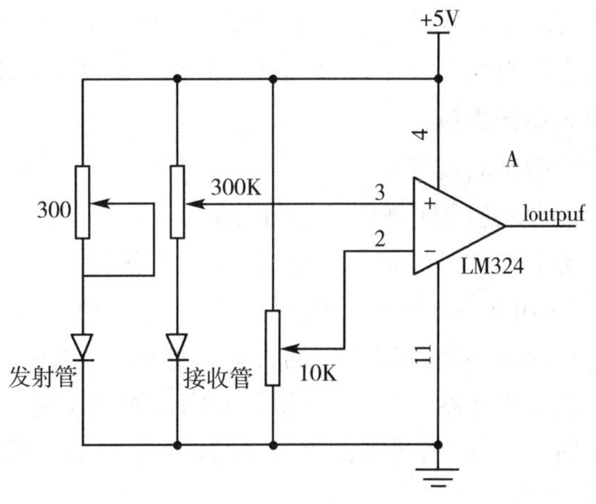

图 8－19　红外发射一接收电路图

传感器工作过程：红外发光二极管导通，发出红外光，经反射物体反射到接收管上，接收管导通，比较器 LM324 的正向输入端电压低于反向输入端电压，比较器输出为低电平；当红外光照射到黑色胶带时，反射到接收管上的光量减少，接收管处于截止状态，则比较器的正向输入端电压高于反向输入端电压，输出为高电平。由于光电传感器受外界的影响较大，容易引起单片机误判，因此在电路中加入了一个电位器(阻值为 300K)，调整电位器的阻值即可改变接收管的灵敏度，10K 电阻可调节比较器的反向输入端电压。

跟踪原理：

(1)线宽的选择

设计要求轨迹的宽度为 1.5cm～1.8cm，在此选定宽为 1.7cm 的黑色电工胶带，符合要求。

(2)传感器的安装

传感器的安装对轨迹状态的检测有至关重要的影响。安装时应该让传感器检测到的状态正确反应黑色轨迹的状态，从而正确判断下一步的走向，使物体能沿着黑色轨迹正确运动。

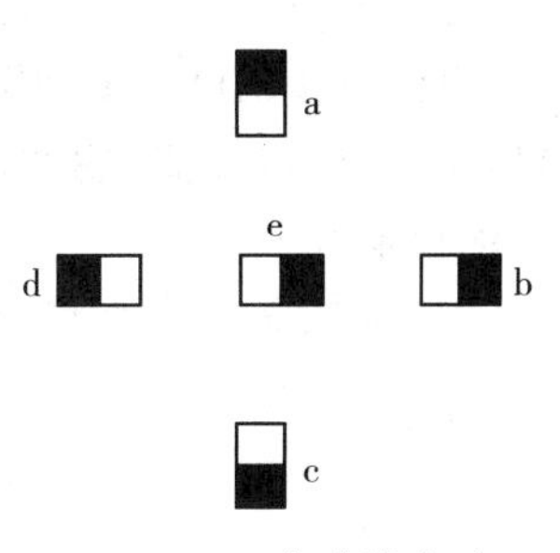

图 8－20　传感器阵列

如图 8－20 所示，物体上安装五个红外传感器，成上、下、左、右和正中的十字交叉形阵列，实现轨迹跟踪运动功能。白色小框表示发射管，黑色小框表示接收管。分别定义上方传感器为 a，右方传感器为 b，下方传感器为 c，左方传感器为 d，正中间传感器为 e。其中：为了不使五个传感器同时检测到轨迹(当五个传感器同时检测到轨迹时无法判断下一步的方向)，故四周的传感器到中心位置的传感器的距离应大于轨迹宽度的 1/2，即 $n>1.7/2$cm，同时 n 的值又不能大于轨迹宽度(大于轨迹宽度容易丢失轨迹，也导致无法判断)，即 $n<1.7$cm，又因为传感器自身长度为 0.4cm，所以在此选择 a，b，c，d 四个传感器与 e 传感器发射管之间的距离为 1.5cm。

(3)跟踪思想

单片机接收传感器检测的输出信号数据,来控制悬挂物体沿给定轨迹运动。根据+Y走向(向上运动)和-Y走向(向下运动)不可能同时有效,+X走向(向右运动)和-X走向(向左运动)也不可能同时有效,但 +Y和-X,+Y和+X,-Y和-X,-Y和+X走向可以同时有效的思想,来实现全方位轨迹跟踪的。

①设定运动方向标志位

设定向上标志位为 bitup,向下标志位为 bitdown,向左标志位为 bitleft,向右标志位为 bitright。标志位为“1”表示相应运动方向有效,为“0”表示相应运动方向无效。bitup 和 bitdown,bitleft 和 bitright 不能同时有效,最先检测到黑色轨迹传感器则设定该方向的运动方向标志位为“1”,当中心传感器 e 脱离了轨迹,并且该方向的方向传感器也为无效时,清除该方向的运动标志位。

②判断规则

Ⅰ. 连续轨迹判定:将传感器探头放在轨迹开始位置,保证中心传感器和一方向传感器在轨迹上。开始跟踪,系统检测五只传感器的状态,根据上述方法设置 bitup 和 bitdown,bitleft 和 bitright 方向标志,然后沿该方向运动一步(物体运动一步是指物体移动 0.1cm,以下相同),同时再检测该方向的方向传感器,是否仍然为有效,若有效将继续沿该方向运动一步,再检测 e 传感器,若中心传感器 e 的检测状态为 0,判断方向传感器的检测状态也为 0 时,原方向退回二步(因为轨迹的宽度为 1.7,传感器之间的距离为 1.5cm),并清除该方向标志位。否则,继续上述过程。

Ⅱ. 间断轨迹判定:当中心传感器 e 状态为“0”,而某一方向传感器的状态为“1”时,说明物体正处在间断轨迹上,这时继续向此方向走动 12 步(1.2cm,大于间断曲线之间的距离 1cm),若中心传感器的检测状态为“1”,则根据上述方法判定轨迹形态,继续跟踪;若不能检测到任何状态,当所有方向传感器都检测不到任何有效信息时,判断轨迹跟踪结束。

2.2.3 **供电部分的设计**

电源模块

电源模块的电路图如图 8-21 所示:系统通电后,交流电压 220V 经过变压器变换成交流电压 14V,经过整流,滤波,可调式三端稳压器 LM317 和三端稳压器 7805 分别得到 12V 和 5V 的稳定电压。

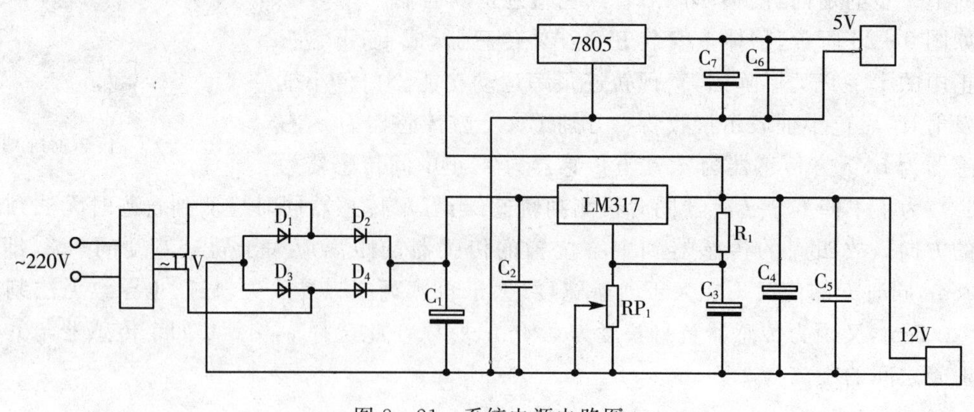

图 8-21 系统电源电路图

LM317 系列稳压器能在输出电压为 1.25V～37V 的范围内连续可调，其芯片内也有过流、过热和安全工作区保护。最大输出电流为 1.5A。输出电压 Uo 的表达式为：

$$Uo=1.25(1+RP1/R1)$$

式中，R1＝100Ω，输出端与调整端电压差为稳压器的基准电压（典型值为 1.25V），Uo＝12V，RP1＝(12/1.25－1) * R1＝860Ω，取 RP1 为一个 5.1K 的电位器。

3. 软件设计

在本系统中，软件的设计可以采用汇编语言进行，也可采用高级语言——C 语言编写（本设计的相关 C 语言程序见附录 3）。针对系统的各项功能分模块编程实现，并将它们连接起来以满足设计要求。

如图 8－22 所示，建立数学模型：

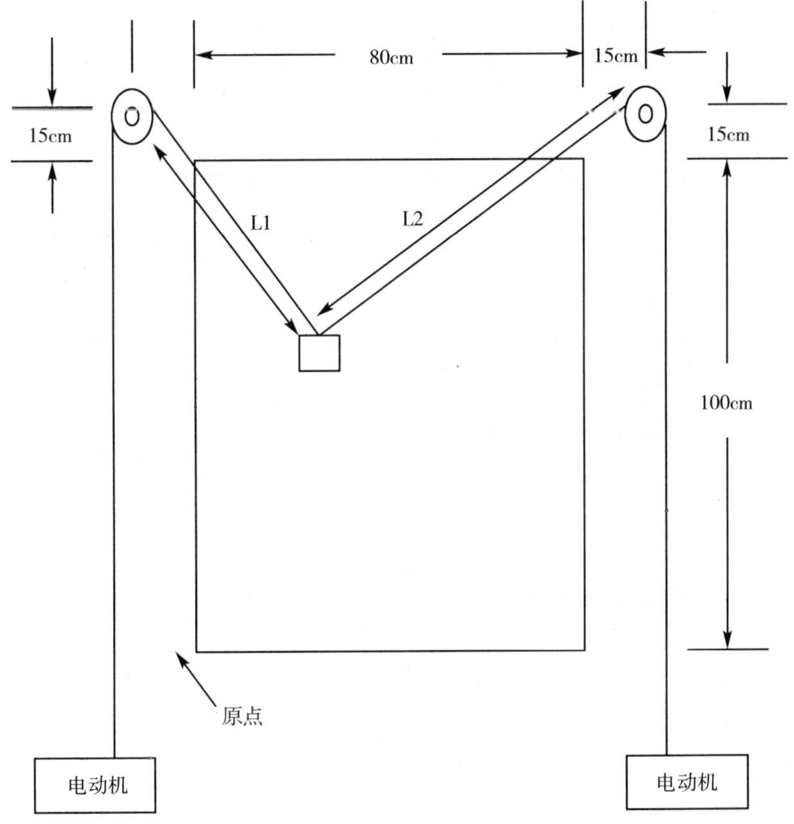

图 8－22　整体框架

$$L1=\sqrt{(x+15)^2+(115-y)^2}$$

$$L2=\sqrt{(95-x)^2+(115-y)^2}$$

$(0\leqslant x\leqslant 80cm;0\leqslant y\leqslant 100cm)$

控制思想：

设定左边电机控制 L1 的长度，右边电机控制 L2 的长度，通过电动机顺时针或者逆时针转动放线或者收线(跟绕线方向有关),以此改变 L1 和 L2 的长度。当 X 方向或 Y 方向改变了一个单位长度,通过上述关系式得到 L1 和 L2 的值,与未运动之前的数值进行比较,得出的差值转换成电机的动作。根据此数学模型,有两种算法可以实现物体的运动。

(1)逐点比较法

原理:计算机在控制加工过程中,能逐点的计算和判别加工误差与规定的运动轨迹进行比较,由比较结果决定下一步的移动方向。

特点:运算直观,插补误差小于一个脉冲当量,输出脉冲均匀而且输出脉冲的速度变化小,调节方便。

工作节拍:偏差—判别—进给

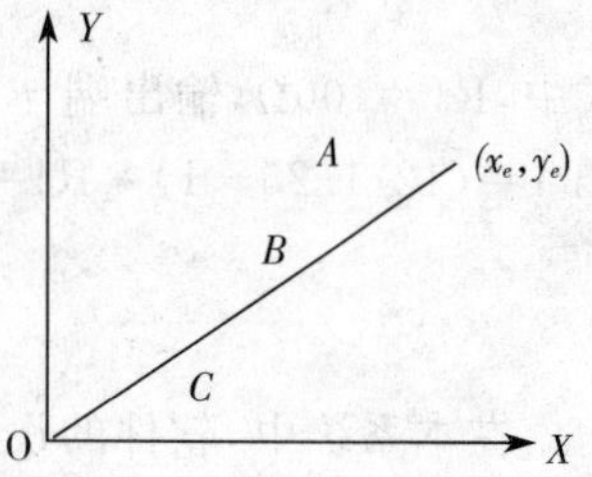

图 8-23 直线示意图

直线上方(点 A),直线上(B 点),直线下方(点 C)。显然,在点 A 处,为使物体向轮廓直线靠拢,应 $+X$ 向走一步;C 点处,应 $+Y$ 向走一步;至于 B 点,看来两个方向均可以,但考虑编程时的方便,现规定往 $+X$ 向走一步。

$F=\mathrm{Xe}Y-X\mathrm{Ye}$ 为原始的偏差计算公式(X,Y 为当前插补点动态坐标;Xe,Ye 为终点坐标),F 称为偏差,每走一步到达新位置点,就要计算相应的 F 值。

显然,$F\geqslant 0$ 时,须 $+X$ 向走一步;$F<0$ 时,须 $+Y$ 向走一步。为方便编程和提高计算速度,现对偏差 F 的计算公式加以简化:

插补点位于 A、B 点时,走完下一步($+X$),

动态坐标变为:($X=X+1,Y=Y$)

新偏差变为:$\mathrm{Fn}=\mathrm{Xe}Y-(X+1)\mathrm{Ye}=\mathrm{Xe}Y-X\mathrm{Ye}-\mathrm{Ye}=\mathrm{F}-\mathrm{Ye}$。

这个公式比 $\mathrm{F}=\mathrm{Xe}Y-X\mathrm{Ye}$ 计算要方便。

因此:走完 $+X$ 后:偏差计算公式为 $\mathrm{Fn}=\mathrm{F}-\mathrm{Ye}$;

走完 $+Y$ 后:偏差计算公式为 $\mathrm{Fn}=\mathrm{F}+\mathrm{Xe}$。

基本软件流程图如图 8-24 所示。

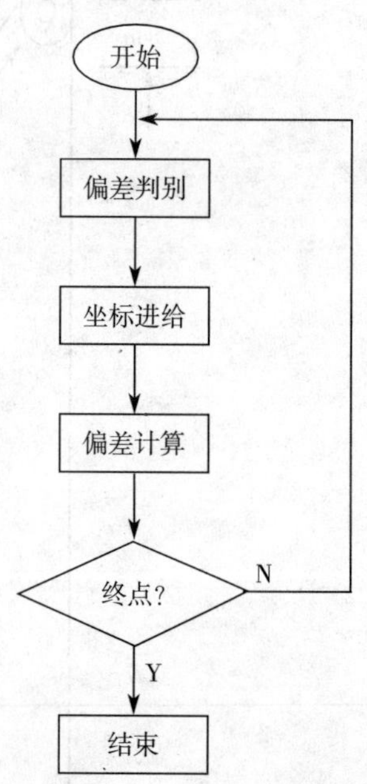

图 8-24 插补算法流程图

(2)数字积分法

数字积分法(DDA)就是使用一系列的小矩形面积之和来近似轮廓曲线函数积分的整个面积。

物理意义:使动点沿速度矢量的方向前进。

特点:脉冲源每产生一个脉冲,就控制被积函数进入累加器作一次累加(积分)运算,累加和一旦超过累加器的容量,就产生溢出脉冲,并控制相应坐标进给相当于一个脉冲当量的位移量。

经过比较,逐点比较法简单、直观,所以选用逐点比较法来实现各种运动形式。

3.1 直线运动

由上述分析,采用逐点比较法来实现物体的直线运动。当从键盘输入直线的终点坐标时,根据算法对单片机编程,控制电机的运转,以实现悬挂物体的直线运动。直线运动分为左上、左下、右上、右下四种情况。如图 8-25 所示,不同方向的直线运动,下一步的走向有所不同,但总体流程相似。

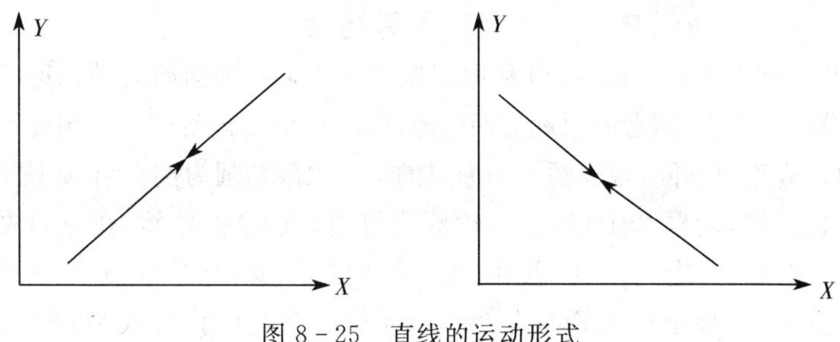

图 8-25　直线的运动形式

程序流程图如图 8-26 所示。

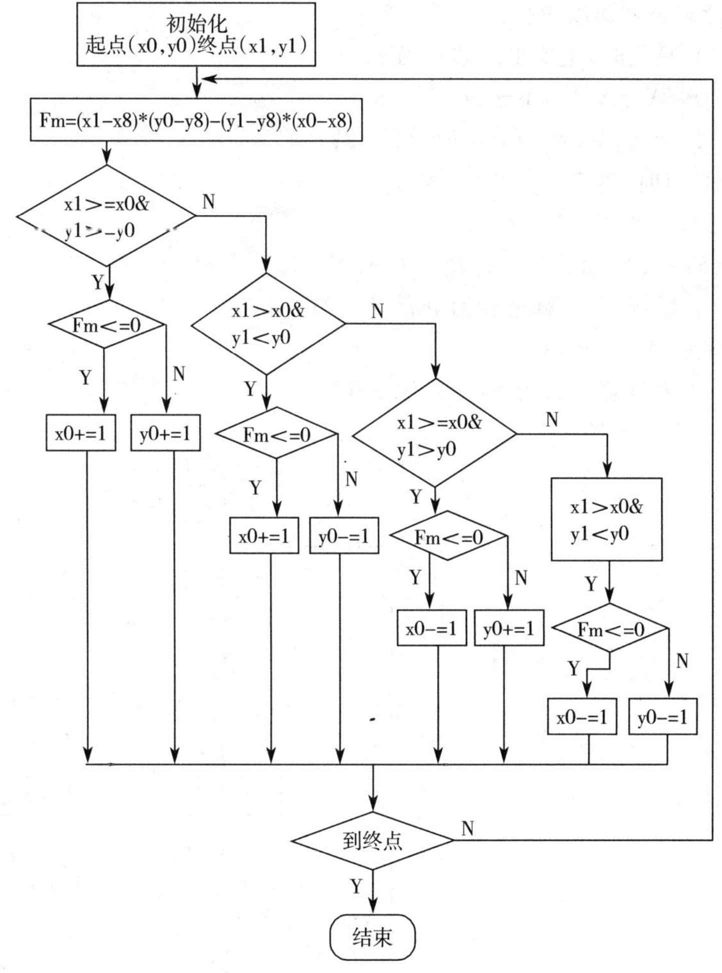

图 8-26　直线流程图

其中，直线的起点坐标：(x_0, y_0)，终点坐标：(x_1, y_1)，实时坐标：(x_8, y_8)。

3.2　自行设定轨迹运动

在平面内自行设定任意轨迹运动。可设定轨迹为“M”字样，主要是考虑到“M”这种轨迹基本上包含了各种直线运动方向，完成折线的运动。且设定两边长度为 42.5cm，中间两段长度 36cm，整个路程长 159cm，大于题目要求的 100cm，程序中调用 4 段直线运动即可。

3.3　圆周运动

一个圆周可以分成若干段圆弧，可以利用圆弧的算法来实现圆周运动。每段圆弧可通过逐点比较法和数字积分法来实现，两者的原理前面已经详述，这里不再赘述。采用逐点比较法来完成此动作，但对圆弧算法有稍稍不同，现以圆心为原点的第一象限顺圆为例介绍，如图 8-27 所示。

轮廓线外面（点 A），轮廓线上（B 点），轮廓线里面（点 C）。显然，在点 A 处，为使悬挂物体向轮廓圆弧靠拢，应 $-Y$ 向走一步；C 点处，应 $+X$ 向走一步；至于 B 点，看来两个方向均可以，但考虑编程时的方便，现规定往 $-Y$ 向走一步。原始的偏差计算公式为：$F=X^2+Y^2-R^2$（X，Y 为当前插补点动态坐标）。

显然，$F<0$ 时，须 $+X$ 向走一步；$F\geqslant 0$ 时，须 $-Y$ 向走一步。为方便编程和提高计算速度，对偏差 F 的计算公式加以简化：

插补点位于 A、B 点时，走完下一步（$-Y$），

动态坐标变为：$(X=X, Y=Y-1)$

新偏差变为：$Fn=X^2+(Y-1)^2-R^2=F-2Y+1$。

插补点位于 C 点时，走完下一步（$+X$），

动态坐标变为：$(X=X+1, Y=Y)$

新偏差变为 $Fn=(X+1)^2+Y^2-R^2=F+2X+1$。

因此：走完 $-Y$ 后：偏差计算公式为 $Fn=F-2Y+1$，

动态坐标修正为 $Y=Y-1$；

走完 $+X$ 后：偏差计算公式为 $Fn=F+2X+1$，

动态坐标修正为 $X=X+1$。

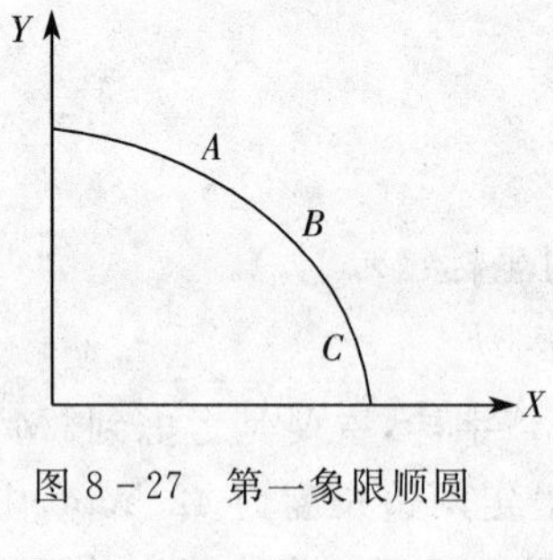

图 8-27　第一象限顺圆

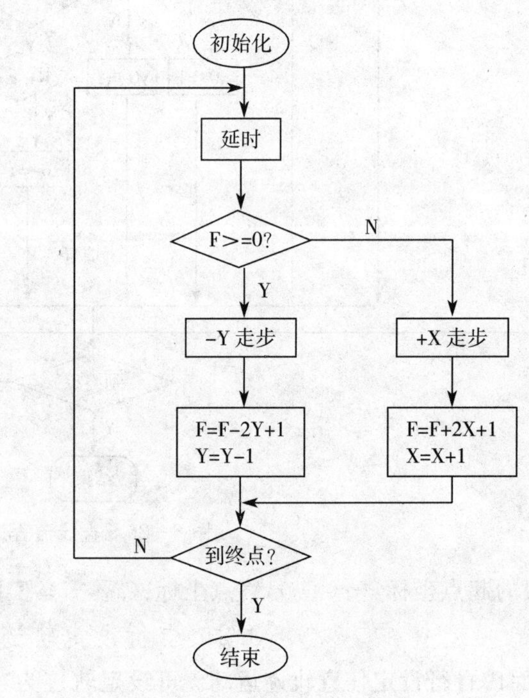

图 8-28　圆弧的插补流程图

流程图如图 8－28 所示。

我们采用逐点比较法来实现圆周运动。根据顺圆，逆圆和所处位置不同来考虑。

我们所画的是顺圆，逆圆流程图与其相似，只是 X，Y 方向的动作有所区别。

图中：(x_0, y_0) 为圆心坐标，Ⅰ 区坐标点范围为 $x_0 < x < x_0 + r$，$y_0 - r < y < y_0$；

Ⅱ 区的坐标点范围为 $x_0 < x < x_0 + r$，$y_0 < y < y_0 + r$；

Ⅲ 区的坐标点范围为 $x_0 - r < x < x_0$，$y_0 < y < y_0 + r$；

Ⅳ 区的坐标点范围为 $x_0 - r < x < x_0$，$y_0 - r < y < y_0$；

具体流程图如图 8－30 所示。

(x_q, y_q) 为圆周运动的实时坐标，(x_0, y_0) 为圆心坐标。

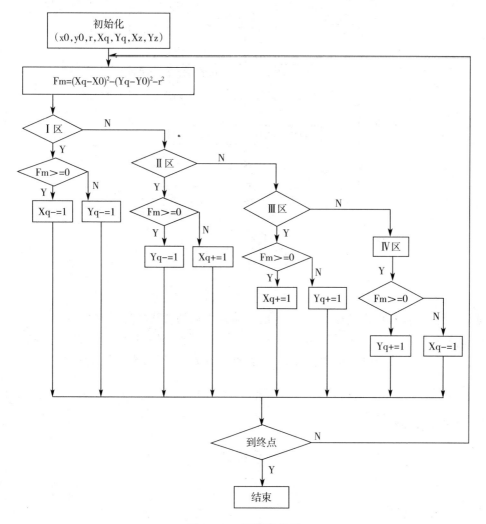

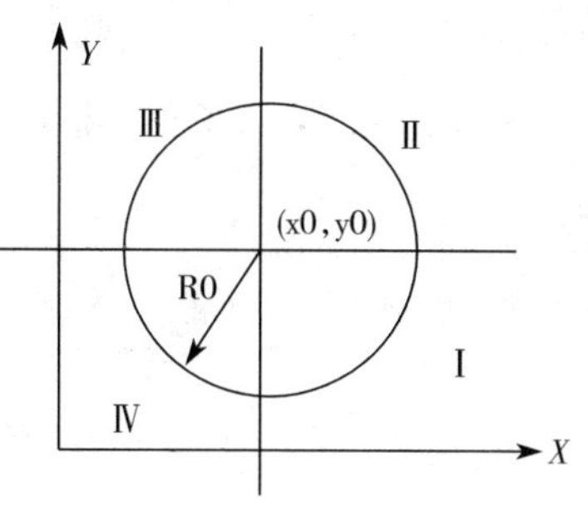

图 8－29　圆周运动示意图

初始化
(x0, y0, r, Xq, Yq, Xz, Yz)

$Fm=(Xq-X0)^2-(Yq-Y0)^2-r^2$

Ⅰ区 — Y: Fm>=0 (Y: Xq-=1; N: Yq-=1); N: Ⅱ区

Ⅱ区 — Y: Fm>=0 (Y: Yq-=1; N: Xq+=1); N: Ⅲ区

Ⅲ区 — Y: Fm>=0 (Y: Xq+=1; N: Yq+=1); N: Ⅳ区

Ⅳ区 — Y: Fm>=0 (Y: Yq+=1; N: Xq-=1)

到终点 — N: 返回; Y: 结束

图 8－30　圆的流程图

3.4 轨迹跟踪子程序

根据跟踪思想，子程序框图如图 8-31 所示。

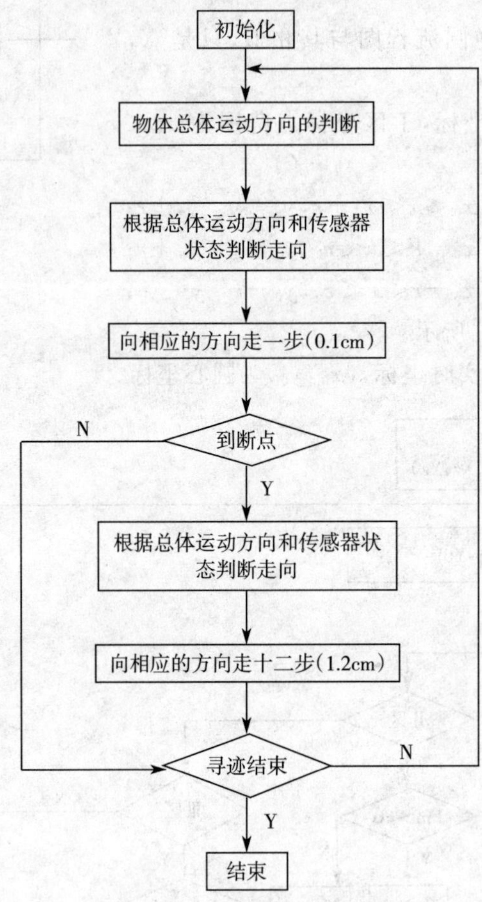

图 8-31　轨迹跟踪子程序

3.5 其他子程序

键盘子程序：任意设定坐标点参数，并能对输入数据的合法性进行校验。

液晶显示子程序：实时显示物体所在位置坐标值并同步显示物体的运动轨迹。

光指示子程序：按下确认键物体开始运动，点亮发光二极管；物体停止运动时，熄灭发光二极管。

8.2.3 失真度仪设计

1. 系统设计

1.1 总体设计方案

1.1.1 设计思路

题目要求设计一个失真度测试仪；而信号的非线性失真通常用失真系数来表示(简称失真度)。其定义为全部谐波分量的功率与基波功率之比的平方根值。如果负载与信号频率无关

(例如纯电阻负载),则信号的失真度又可定义为:全部谐波电压的有效值与基波电压的有效值之比,用 K 表示。由于在实际测量过程中很难测得基波分量的有效值,而测量被测信号总的电压有效值较容易。因此在实际测量时,可以利用公式:

$$K=K_O=U_h/U\times100\%$$

来计算信号失真度的大小。当失真度 $K>30\%$时,计算信号失真度要用公式:

$$K=K_O/(1-K_{O2})^{1/2}$$

我们采用模拟和数字相结合的方法实现。即采用有源文氏电桥组成三阶带阻滤波器用以滤除被测信号的基波成分。采用专门的有效值检波集成芯片得到被测信号的有效值和全部谐波分量的有效值。利用上面的公式计算出信号的失真度。控制和数据处理部分采用 CYGNAL 公司的全集成混合信号在片系统单片机 C8051F060。既可以完成整个系统的控制又可以进行数据处理;同时通过 FFT 运算可以很好地满足扩展部分的显示频谱要求。使得整个系统结构紧凑,控制灵活。显示部分利用液晶显示模块,液晶显示模块设定显示内容有:失真度、信号频率、电压有效值、信号波形。确定系统的基本方框图如图 8-32 所示。

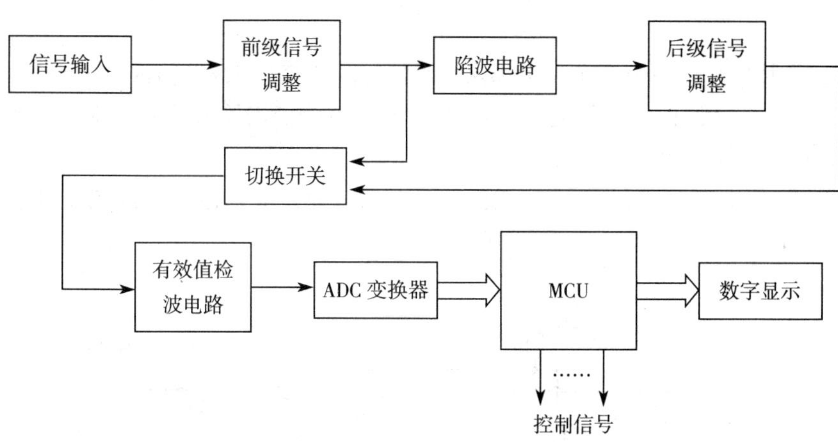

图 8-32　系统基本组成框图

1.1.2　方案论证与比较

1. 前级信号调整电路的设计方案论证与选择

由继电器和可控增益放大器构成前级信号调整电路。由 MCU 控制继电器来分别对大信号和小信号进行选通,大信号先衰减后再送后级放大,弱信号直接送后级放大。其基本框图如图 8-33 所示。具体实现电路将在后面部分给出。

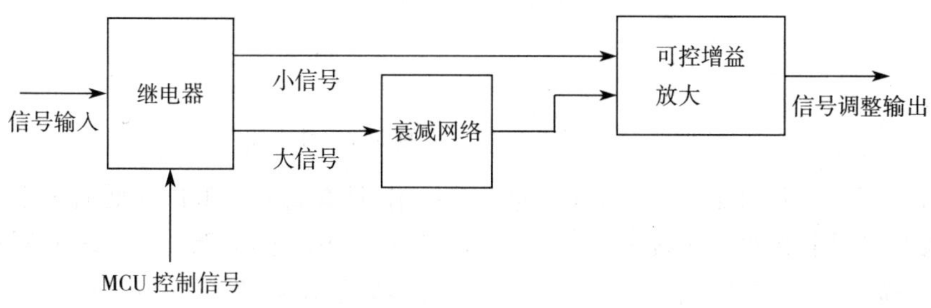

图 8-33　由继电器和可控增益放大器构成前级信号调整电路方框图

2. 陷波电路设计方案的论证与选择

采用模拟电路技术，利用 RC 文氏电桥组成陷波器。由文氏电桥组成的基波抑制电路(陷波器)如图8-34所示。

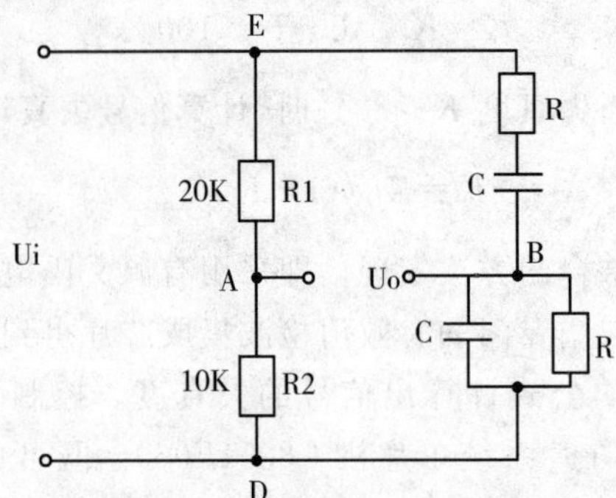

图 8-34 文氏电桥组成的基波抑制电路

电桥的元件参数在图中已给出，此时，电桥的抑制频率

$$f_0 = 1/2\pi RC$$

因为 R1=2R2，对任一频率的信号 $u_{AD}=1/3\ u_i$ 由计算可知：当输入信号频率 $f = f_0$ 时，$u_{BD}=1/3\ u_i$，则 $u_{AB}=0$。此时电桥处于平衡状态，输出为0。当输入信号频率 f 偏离 f_0 时，电桥失去平衡，则有一电压输出。

但文氏电桥无源滤波电路的选择性很差，考虑到精度要求，为此在实际设计时采用了由文氏电桥组成的有源陷波电路，如图 8-35 所示。

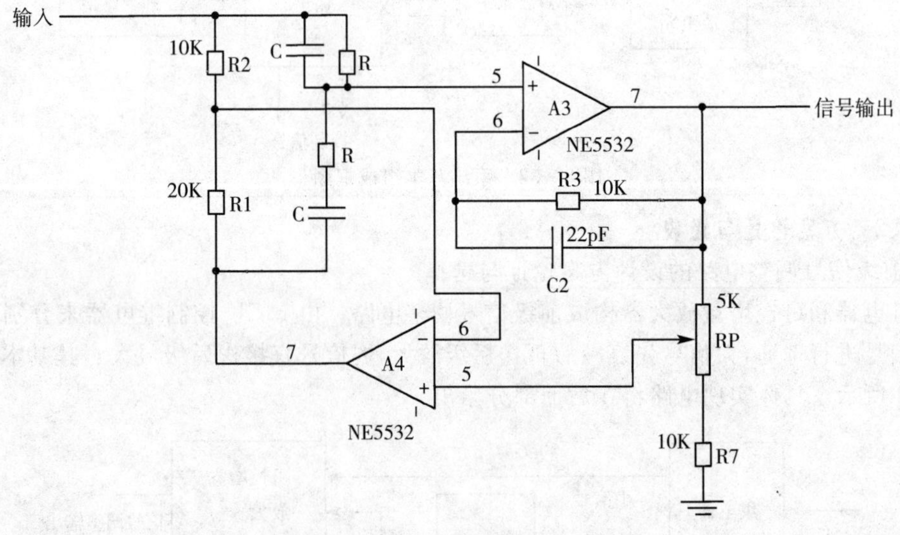

图 8-35 文氏电桥组成的有源陷波电路

A3，A4 都是电压跟随器组态，均有缓冲隔离作用，具有高输入阻抗和低输出阻抗的特性，它们的接入对选频电路的谐振频率没有影响，A4 输出的部分电压，反馈到 A3 的同相端，并经 A3 输出到电桥桥臂。通过调节可变电阻 R_p，改变反馈量，从而改变 Q 值，以达到锐通带选频作用。运算放大器 A3 的反馈回路中加入电阻 R_3 目的是为了抵消输入偏流，用以减小直流偏

移。C_2 的作用是抑制尖峰脉冲。当 $f = f_0$ 时，A4 的输出为 0，f 偏离 f_0 时，电桥失衡，有电压输出。因此该电路能抑制基波，使谐波通过。

3. 后级信号调整电路设计方案的论证与选择

利用精密运算放大器加数字电位器构成。该方案利用数字电位器作为运放的反馈电阻，通过 MCU 控制数字电位器，使之呈现不同的阻值，从而获得不同的增益，达到程控放大的目的。

4. 有效值检波电路设计方案的论证与选择

采用专门的有效值检波电路（RMS）来实现有效值检波。该方案的原理是将信号加到一电阻（R）上，使其发热，将其能量转化为相应的电压—有效值输出。这样处理的误差很小，能够很精确地测出全部谐波的有效值，达到任务书中对失真度精度的要求。我们选用的芯片为 AD536A。

5. 系统控制和数据处理部分设计方案的论证与选择

采用一款高性能的单片机（C8051F060）来实现整个系统的控制和数据处理。C8051F 系列 MCU 是 CYGNAL 推出的全集成混合信号在片系统（SOC）单片机，该系列 MCU 片内集成了高精度 A/D 和 D/A 转换器（C8051F060 片内集成了两个 16 位、1 Msps 的 ADC），并且与 8051 微控制器内核完全兼容。因此采用该方案能够很好地对整个系统进行控制，同时还能满足数据处理的要求。在速度要求不是很高的情况下，软件上用 C 语言来实现 FFT 算法也是可行的，硬件上避免了使用专门的高精度 A/D 转换芯片带来的难度。

6. 数字显示部分方式的选择

采用 320×240 的大液晶屏（LCD）构成整个系统的显示部分。这种方法可以通过软件编程来实现多级菜单显示，用户可以通过键盘输入设定信息，使之显示相应的内容。既可以显示数据、波形和频谱，也可以显示符号和汉字。设计简单，耗电小，显示内容丰富，用户界面友好。

7. 电源方案的选择

系统需要多个电源，单片机 C8051F060 使用 3.3V 稳压电源，运放的工作电压为±5V 稳压电源。

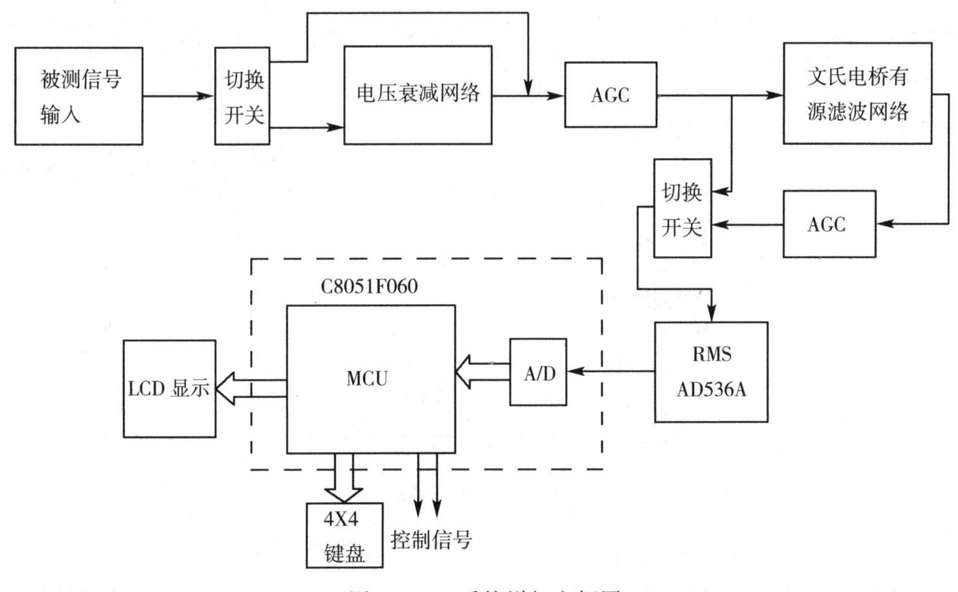

图 8－36　系统详细方框图

采用三端稳压集成芯片7805、7905、AS1117分别得到±5V和3.3V的稳定电压。采用该方法简单,工作稳定可靠。

1.1.3 系统组成

经过方案的对比与论证,最终确定详细的系统组成框图如图8-36所示。其中系统的核心部分陷波电路由三级有源文氏电桥陷波网络级连组成;有效值检波电路采用专门集成芯片AD536A;控制和数据处理由单片机C8051F060实现。系统中所用到的所有开关切换都采用ULN 2003芯片驱动继电器实现。

2. 单元电路的设计

2.1 前级调整电路的设计

前级信号调整电路的目的是根据不同的被测信号选用不同的分压电阻,再将信号放大到单片机可以检测的范围。主要由继电器和可控增益放大器组成。其具体电路如图8-37所示。

图中继电器用于对强弱信号的选通,由MCU的P1.0控制。两个二极管用以钳位保护,当输入电压大于5V时,上钳位二极管导通,使输出到后级的电压为5V,而当输入电压低于-5V时,下钳位二极管导通,使输出到后级的电压为-5V,这样输出到后级的电压始终维持在-5V~+5V。数字电位器所呈现的电阻由MCU的P1.1、P1.2输入不同的控制信号来进行选择,从而确定可控增益放大器的增益倍数。在AGC前加一级电压跟随以提高输入阻抗,10pF电容起高通滤波作用。A/D输出信号用以送MCU进行FFT运算,为了保证A/D的工作要求,前端加入了一级降压电路和一级加法器电路,降压电路确保输入到后级的电压在-1.25V~+1.25V范围内,加法器则是确保A/D的输入电压在0~2.5V范围内,即在降压输出的基础上抬高1.25V。

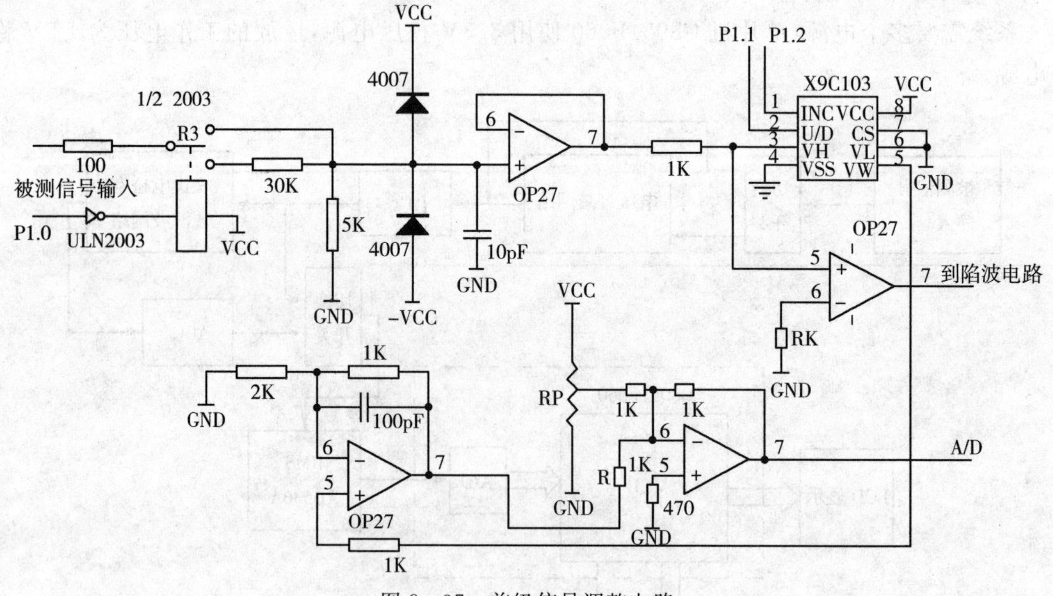

图8-37 前级信号调整电路

2.2 文氏电桥组成的有源陷波电路的设计

文氏电桥组成的有源陷波电路是以基本的文氏电桥有源陷波器为基础,通过改变桥臂上的电阻和电容，来抑制不同频率基波。其幅度特性和相位特性分别如图 8-38(a)、图 8-38(b)所示。

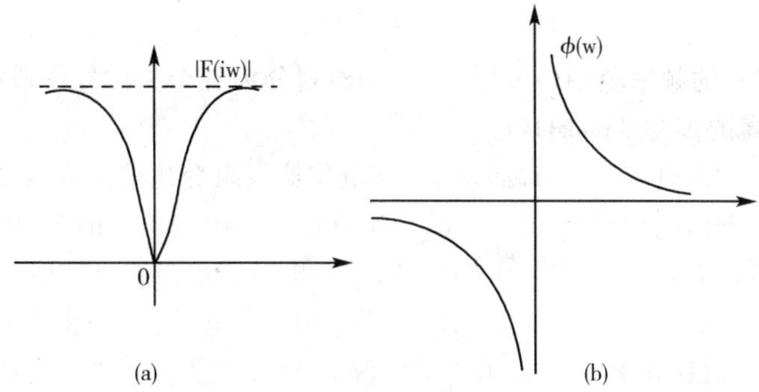

图 8-38　陷波网络的幅度特性和相位特性

挡位的调整和整个扫频的过程都是由 MCU 来控制的，MCU 对继电器发控制信号使之吸合和断开，为了实现锐通带选频的作用，要求要有很高的 Q 值，其计算式如下：

$$Q=1/4(1-F)\qquad(0<F<1)$$

其中，F 为反馈系数，可以通过调节可变电位器来改变 Q 值大小。

提高 Q 值可以使陷波器的选择性更好，但过高的 Q 值又会导致中心频率 f_0 易漂移，引起较大的误差，为此在测量失真度时，采用了三级串联调谐设计，使之具有中心频率为±2%的衰减带宽。第一级调谐电路如图 8-39 所示，图中通过发送不同的控制信号使相应的继电器工作，从而选择不同的频率挡，然后，再调节数字电位器，找到被测信号的基波频率。每个继电器都加有保护电路，提高了电路的稳定性和可靠性。第二级和第三级的接法是相同的，只不过在数字电位器上分别串联了一个阻值不同的电阻，这种设计同时也提高了扫频的效率。

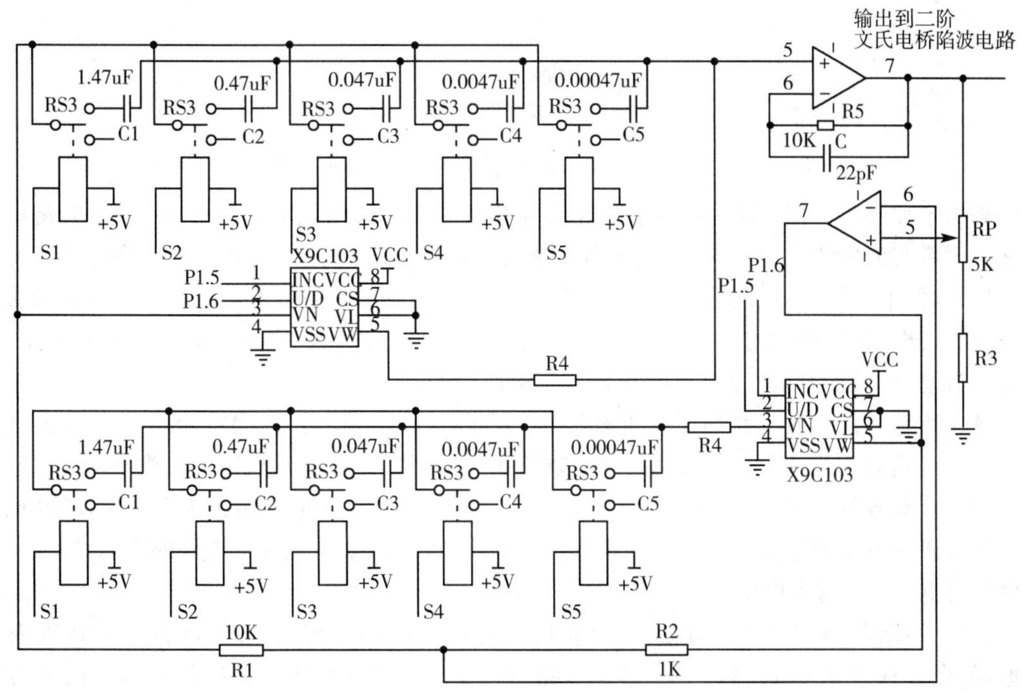

图 8-39　文氏电桥有源滤波网络调谐电路

实际设计时，为了能够满足精度要求，根据公式

$$f_0 = 1/2\pi RC$$

进行推算，把被测信号的频率范围(10Hz～100kHz)划分为五个大的频率段(设计被测信号的最大频率比要求的高的多为 338 kHz)：

1. 9.8 Hz～108 Hz，电容 C1＝1.47uF；数字电位器电阻变化范围为：40Ω～10kΩ；
2. 108 Hz～338 Hz，电容 C2＝0.47 uF；数字电位器电阻变化范围为：40Ω～10kΩ；
3. 338 Hz～3.38 kHz，电容 C3＝0.047 uF；数字电位器电阻变化范围为：40Ω～10kΩ；
4. 3.38 kHz～33.8 kHz，电容 C4＝0.0047 uF；数字电位器电阻变化范围为：40Ω～10kΩ；
5. 33.8 kHz～338 kHz，电容 C5＝0.00047 uF；数字电位器电阻变化范围为：40Ω～10kΩ。

2.3 后级信号调整电路的设计

后级信号调整电路主要起信号放大作用，即将被测信号经陷波网络后的全部谐波成分进行放大处理，以达到有效值检波电路的输入要求。其实现电路如图 8-40 所示。

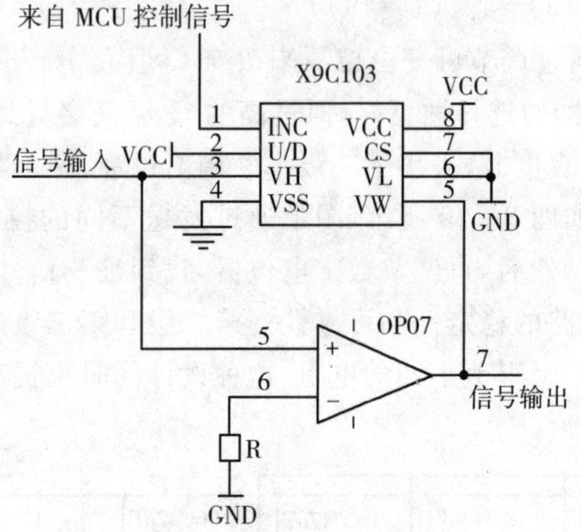

图 8-40 后级信号调整电路

2.4 有效值检波电路的设计

采用单片集成电路(AD536A)来实现信号有效值及全部谐波有效值的测量，使电路得以简化。测量交流电流或电压时，若波形是正弦波，可用平均值检波、峰值检波电路将其转换为平均值、峰值电压，将测量的示值换算成有效值。但对脉冲波形或失真度较大的正弦波采用这种普通检波电路进行测量换算，误差较大。为此，必须设计出能获得真有效值的运算电路，即由绝对值电路(或平方根电路)和积分电路组成的电路。

具体的有效值检波电路的设计如图 8-41 所示(图中电阻单位为 Ω)。被测信号经前级调整电路和经陷波电路的两路信号通过继电器分别选通，接入 AD536A，即可在输出端得到输入信号的电压有效值。因为 RMS 转换器 AD536A 集成电路的满量程输出为 7V 有效值(规范值)，所以调整电路要保证输入信号的电压值不小于 1V。为了避免失调电压的影响，输入端加了隔制直电容 C_1，输入电阻约为 16kΩ。

实现 RMS 转换的主要困难是，如何确定均化电容 C_2 的电容量。通常测量 50Hz 左右的波形，如允许误差在 0.1%以内，C_2 的电容量可取 1uF 以上；如允许误差为 1%，C_2 的值可取 0.33uF。根据设计精度要求，在设计中 C_2 的取值为 0.1uF。C_1 可用 1uF 的无极性电容也可用

两个 2.2uF 的电解电容串联。

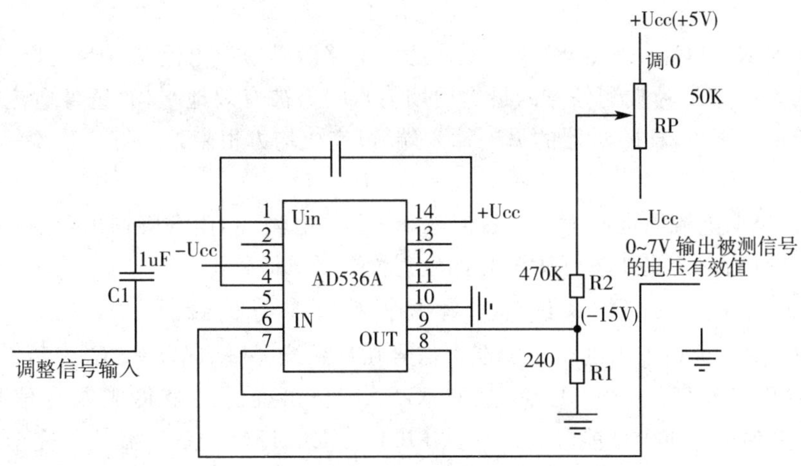

图 8-41　有效值检波电路

调整方法:用无失真的正弦波,其有效值电压是峰一峰值电压的 $1/2 \cdot 2^{1/2}$,先将输入端短路,调整 RP_1,使输出端为 0,将 0.7Urms 的电压加在输入端,然后调节信号调整电路的增益,使输出端有+7.00V 的输出,三角波的有效值为峰一峰值的 $1/2 \cdot 3^{1/2}$,方波是 1/2,可以用函数发生器提供输入信号,用数字多用表来测量输入、输出电压,这样可以提高测量准确度。

单片式 AD536 型 RMS—DC 的内部原理图如图 8-42 所示,该电路可分为绝对值电路、平方器/乘法器、镜像电流源及缓冲放大器四个主要部分。

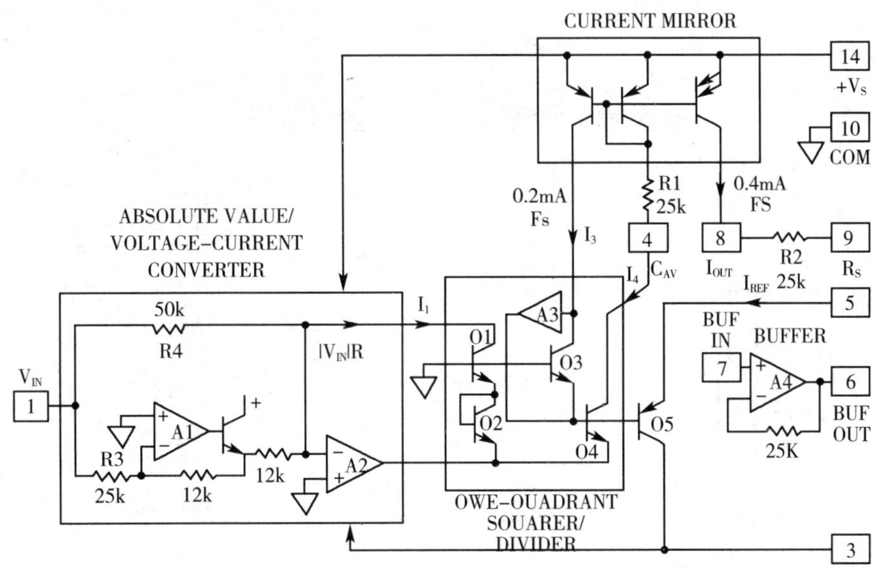

图 8-42　AD536 型 RMS—DC 变换器内部原理图

被测双级性交流电压 $u_i(t)$或直流电压 U_i经过 A_1及 A_2组成的绝对值电压一电流变换器,变换成单极性的电流 I_1,并且有

$$I_1 = |u_i(t)| / R_4$$

I_1加到由对数一反对数放大器 VT1～VT4 构成的单象限平方器/除法器的一个输入端。

其输出电流为

$$I_4 = I_1^2 / I_3$$

该电流 I_4 经 R_1 和 C_{AV}(外接)组成的低通滤波电路激励镜像电流源。若选择足够大的 C_{AV} 使时间 $R1C_{AV} \gg T_m$(T_m 为被测信号的最大周期值),则 I_4 被有效地平均,镜像电流 I_3 与 I_4 的平均值相等并返回至平方器/除法器的另一输入端,以完成均方根隐含计算

$$I_4 = I_1^2 / I_3 = I_1^2 / I_4 = I_{1rms}$$

与此同时,镜像电流源也产生一个数值等于 2 I_4 的电流 I_O,由 8 脚输出,也可经电阻 R_2 转换成电压,由 9 脚输出。此外还可从 VT_5 的发射极获得 dB 输出。

2.5 系统控制和数据处理部分的设计

采用 CYGNAL 公司推出的全集成混合信号在片系统(SOC)单片机 C8051F060 实现整个系统的控制和数据处理。C8051F060 是 CYGNAL 公司推出的全集成混合信号在片系统(SOC)8051F 系列单片机中性能较高的一款 MCU。C8051F06x 系列器件是完全集成的混合信号片上系统型 MCU,具有 59 个数字 I/O 引脚(C8051F060/2/4/6)或 24 个数字 I/O 引脚(C8051F061/3/5/7),片内集成了两个 16 位、1 Msps 的 ADC。

下面是 C8051F06x 的一些主要特性:

1. 高速、流水线结构的 8051 兼容的 CIP－51 内核(可达 25MIPS);

2. 两个 16 位、1 Msps 的 ADC,带 DMA 控制器;

3. 全速、非侵入式的在系统调试接口(片内);

4.10 位、200 ksps 的 ADC,带 8 通道模拟多路开关(C8051F060/1/2/3);

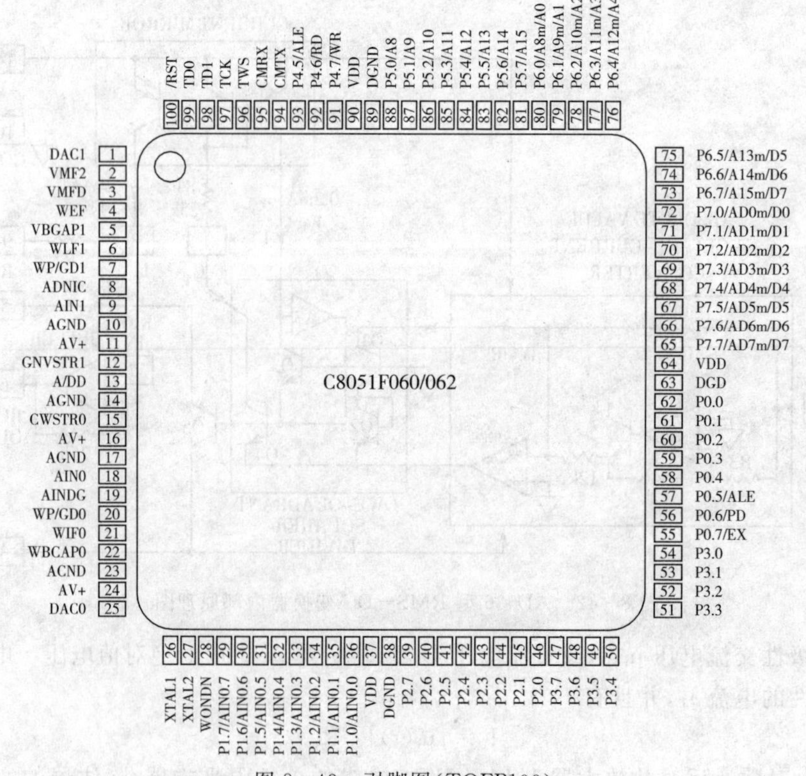

图 8－43 引脚图(TQFP100)

5. 两个 12 位 DAC,具有可编程数据更新方式(C8051F060/1/2/3);

6. 64KB(C8051F060/1/2/3/4/5)或 32KB(C8051F066/7)可在系统编程的 FLASH 存储器;

7. 4352(4K+256)字节的片内 RAM;

8. 可寻址 64KB 地址空间的外部数据存储器接口(C8051F060/2/4/6);

9. 5 个通用的 16 位定时器;

10. 具有 6 个捕捉/比较模块的可编程计数器/定时器阵列;

11. 片内看门狗定时器、VDD 监视器和温度传感器。

具有片内 VDD 监视器、看门狗定时器和时钟振荡器的 C8051F06x 系列器件是真正能独立工作的片上系统。所有模拟和数字外设均可由用户固件使能/禁止和配置。FLASH 存储器还具有在系统重新编程能力,可用于非易失性数据存储,并允许现场更新 8051 固件。片内 JTAG 调试电路允许使用安装在最终应用系统上的产品 MCU 进行非侵入式(不占用片内资源)、全速、在系统调试。该调试系统支持观察和修改存储器和寄存器,支持断点、观察点、单步及运行和停机命令。在使用 JTAG 调试时,所有的模拟和数字外设都可全功能运行。每个 MCU 都可在工业温度范围(−45℃到+85℃)工作,工作电压为 2.7V~3.6V。端口 I/O、/RST 和 JTAG 引脚都容许 5V 的输入信号电压。

根据以上对 C8051F06x 系列器件特性的描述,在系统设计中考虑到实际的要求,选用了 C8051F060。其引脚图(TQFP100),原理框图分别如图 8-43 和 8-44 所示,选择这款单片机

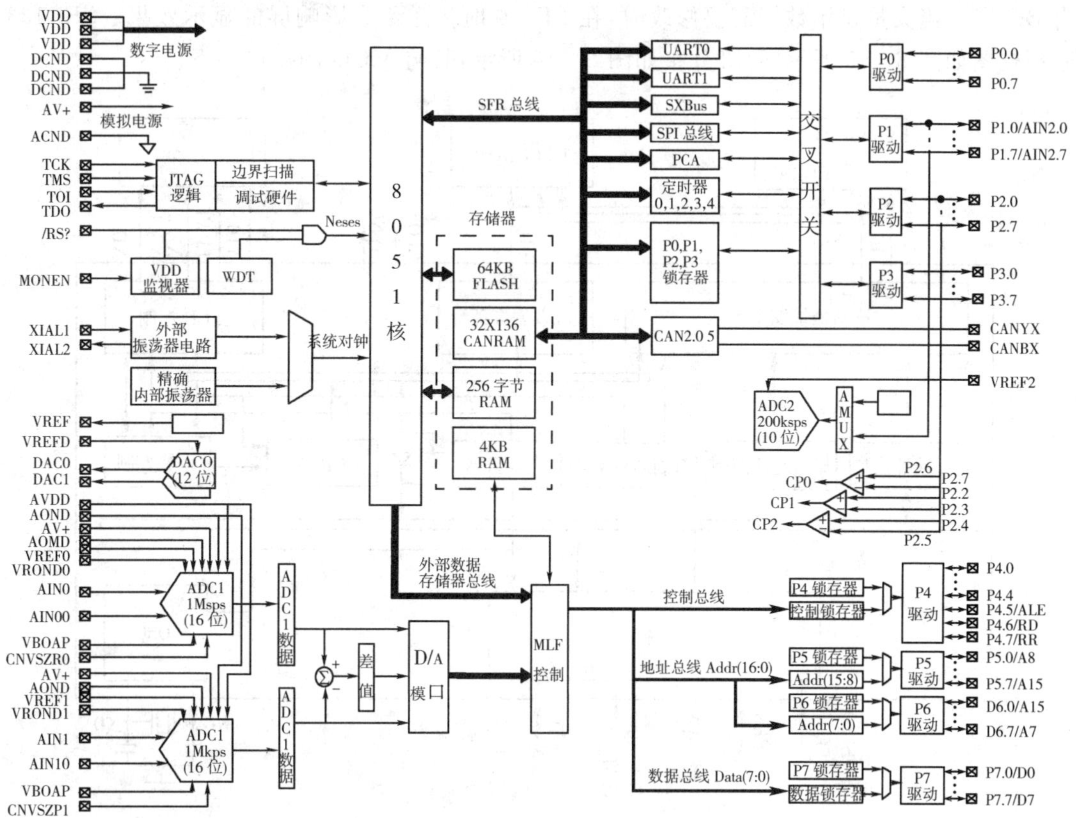

图 8-44　C8051F060 的原理框图

既可方便地实现对系统的控制，又能进行较大量的数据处理，尤其是能通过软件编程实现FFT。片内看门狗定时器、VDD监视器为软件运行稳定提供了保障，温度传感器为芯片的正确使用提供了依据，同时丰富的片内资源和高速的数据处理能力为系统的功能扩展奠定了基础。

2.6 显示部分的设计

采用LCD显示被测信号的相关内容，LCD显示具有显示内容清晰，显示界面美观，耗电量小等多种优点，设计中选择SED1335，其特点如下：

1. 有较强功能的I/O缓冲器；
2. 指令功能丰富；
3. 四位数据并行发送，最大驱动能力为640×256点阵；
4. 图形和文本方式混合显示。

SED1335接口部具有较强功能的I/O缓冲器，功能较强表现在MCU访问SED1335不需判断其“忙”，SED1335随时准备接收MPU的访问并在内部时序下及时地把MPU发来的指令、数据传输就位。SED1335接口部由指令输入缓冲器、数据输入缓冲器、数据输出缓冲器和标志寄存器组成。这些缓冲器通道的选择是由引脚A0和读/写操作信号联合控制。忙标志寄存器是一位只读寄存器，它仅有一位“忙”标志位BF。当BF=1表示SED1335正在向液晶显示模块传送有效显示数据。在传送完一行有效显示数据到下一行传送开始之间的间歇时间内BF=0。当大量显示数据需要修改时，在BF=0时传送不会影响屏的显示效果。SED1335原理框图如图8-45所示，管脚分布如图8-46所示，其与MCU的接口如下。

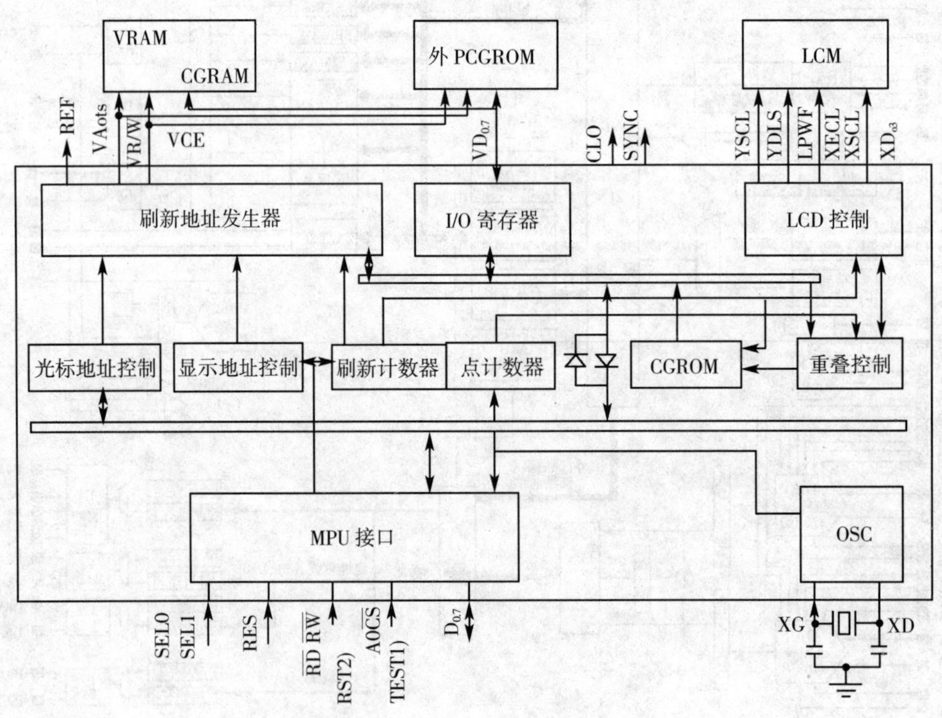

图8-45 SED-1335原理框图

(1)DB0-DB7：三态，数据总线，可直接挂在MCU数据总线上；

(2)CS:输入,片选信号、低有效。当 MCU 访问 SED1335 时,将其置低;

(3)A0:输入,I/O 缓冲器选择信号,A0=1 写指令代码和读数据,A0=0 时写数据参数和读忙标志;

(4)RD:输入,读操作信号;

(5)WR:输入,写操作信号;

(6)RES:输入,复位信号,低有效,当重新启动 SED1335 时也需用指令 SYSTEMSET。

SED1335 具有多层显示功能,它们之间为"或"的关系,设计显示的模式为:

第一层显示整个显示有效区及直角坐标;

第二层显示被测信号波形/频谱、波形类型、失真度大小;

第三层显示被测信号的电压有效值、频率。

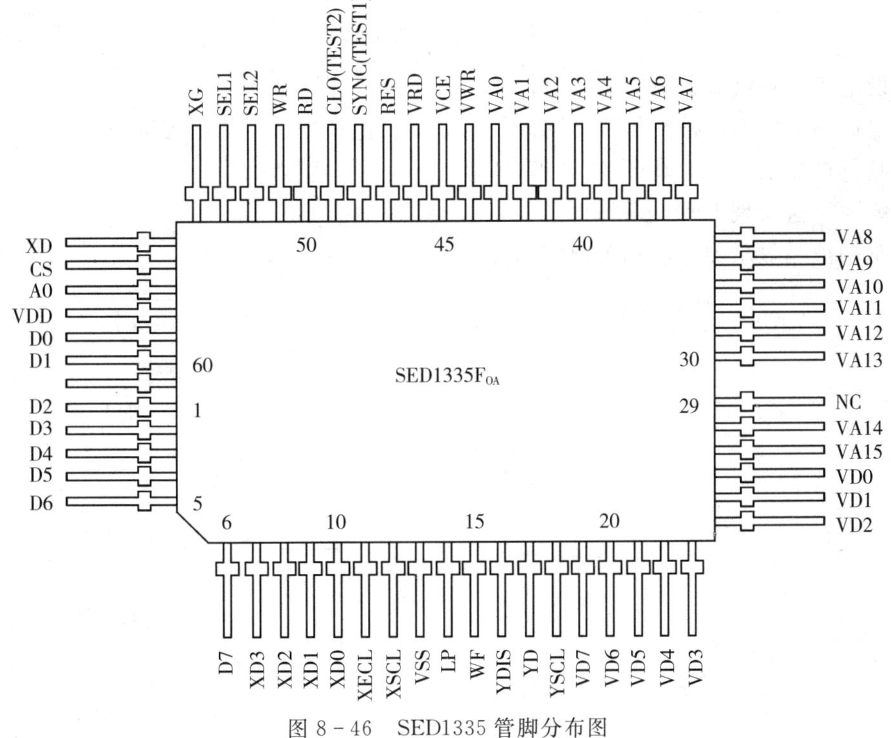

图 8-46　SED1335 管脚分布图

2.7　电源电路的设计

电源电路如图 8-47 所示,由于运放 OP27 的工作电压用±5V,MCU(C8051F060)的工作电压是 3.3V,可以通过 5V 电源进行稳压得到,其他芯片的工作电压均为 5V。为此选用 LM7805、LM7905 将电压稳压到+5V 和-5V。芯片的输入输出端与地之间连接大容量(3300uF)的滤波电容,靠近芯片的输入引脚加上适当的小容量(0.01uF)高频电容用以抑制芯片自激,输出引脚连接高频电容以减小高频噪声。

2. 软件设计

软件的编写全部采用 C 语言,在 KC51 环境下进行设计、仿真和在线下载。软件设计的关键之处在于对 RC 文氏电桥参数进行调整,查找被测信号的基波频率,进行 FFT 运算;对数据进行计算送液晶显示。软件实现的功能是：

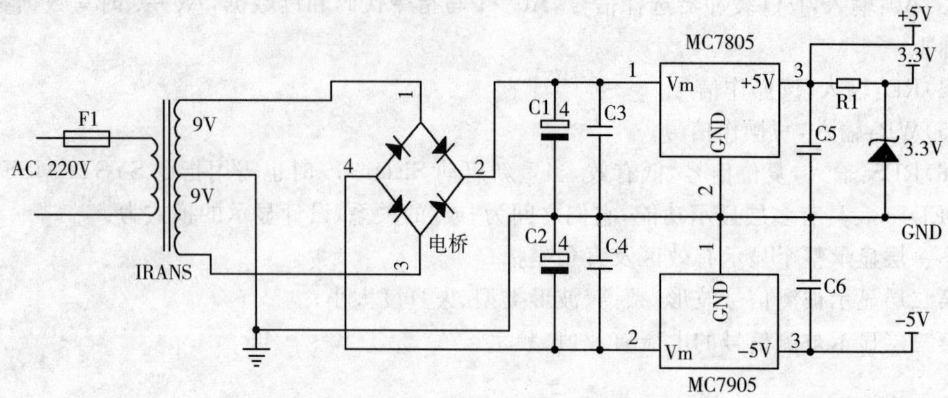

图 8-47　电源电路

(1)设定控制各级调整电路的信号；

(2)根据输入的不同被测信号自动改变有源文氏电桥滤波网络的参数，搜索基波频率；

(3)测量被测信号的失真度、有效值；

(4)编写算法实现 FFT 运算；

(5)驱动液晶显示器显示相关内容。

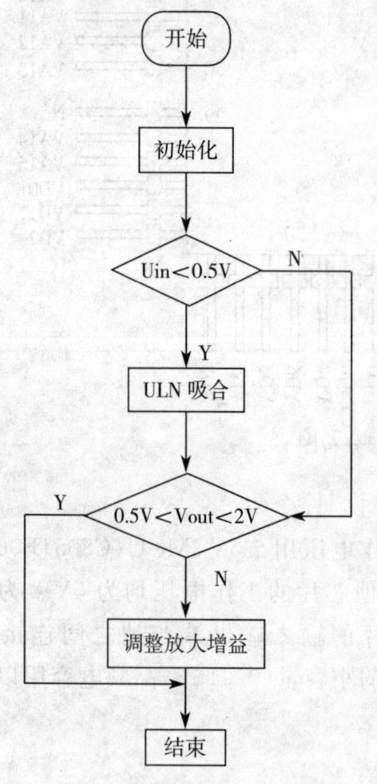

图 8-48　前级调整程序流程图

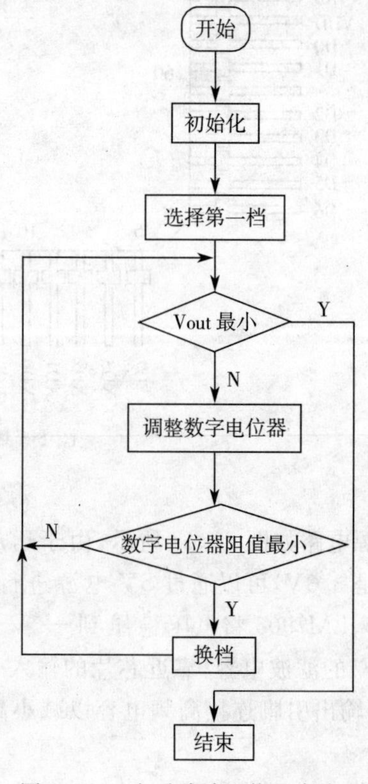

图 8-49　文氏陷波网络程序流程图

2.1　控制各级调整部分的程序设计

2.1.1　前级调整部分的程序设计

前级调整电路的程序设计的关键在于，能够自动根据被测信号的电压大小，来选取不同的通路及调整 AGC 的增益。MCU 的控制信号有三路：P1.0，P1.1，P1.2。P1.0 用于控制继电器的通断，P1.1，P1.2 则用于改变数字电位器 X9C103 的电阻。程序流程框图如图 8－48 所示。

2.1.2　后级调整部分的程序设计

后级调整电路主要是为测试失真度而设的，被测信号经前级调整和陷波以后，谐波分量很小，直接送 AD536A，不能准确地测出谐波成分的能量。其调整过程相同。

2.2　文氏陷波部分的程序设计

这一部分是程序设计的核心之一，其任务是自动搜索基波频率。程序设计的关键在于控制继电器和数字电位器 X9C103 实现自动调整文氏电桥桥臂上的电阻和电容，达到滤除基波的目的。为能提高整个搜索频率过程的效率，采用了三级联调的方法。程序流程图如图 8－49 所示。

2.3　FFT 的程序设计

充分利用 C8051F060 内的丰富资源，采用 C 语言来编写算法，实现 FFT，由此可以对被测信号进行谐波分析。

2.4　液晶显示的程序设计

液晶显示采用三级菜单显示。第一层显示被测信号的失真度大小、基波频率和室内温度；第二层显示被测信号的波形、电压有效值；第三层显示被测信号的频谱，用于对被测信号做谐波分析，以便确定信号的失真主要集中在哪次谐波上。

附录 1 MCS-51 指令表(按代码排列)

代码(B)	助记符格式	操作功能	字节数	机器周期
00	NOP	空操作	1	1
01	AJMP addr11	绝对转移,PC10～0←addr11 a10～a8＝000B	2	2
02	LJMP addr16	长转移,PC←addr16	3	2
03	RR A	A 循环右移,A7→A0 (A)	1	1
04	INC A	A←A＋1	1	1
05	INC direct	direct ←(direct)＋1	2	1
06,07	INC @Ri	(Ri)←(Ri)＋1	1	1
08～0F	INC Rn	Rn←Rn＋1	1	1
10	JBC bit,rel	若(bit)＝1, 则 PC←(PC＋3)＋rel,(bit) ←0 否则 PC←(PC＋3)	3	2
11	ACALL addr11	绝对调用子程序,PC10～0←ad-dr11,a10～a8＝000B	2	2
12	LCALL addr16	长调用子程序 PC←PC＋3 SP←SP＋1,(SP)←PCL SP←SP＋1,(SP)←PCH	3	2
13	RRC A	带进位位的 A 循环右移 Cy→A7→A0 (A)	1	1
14	DEC A	A←A－1	1	1
15	DEC direct	direct←(direct)－1	2	1
16,17	DEC @Ri	(Ri)←(Ri)－1	1	1
18～1F	DEC Rn	Rn←Rn－1	1	1
20	JB bit,rel	若(bit) ＝1,则 PC←(PC＋3)＋rel 否则 PC←(PC＋3)	3	2
21	AJMP addr11	绝对转移,PC10～0←addr11 a10～a8＝001B	2	2

(续表)

代码(B)	助记符格式	操作功能	字节数	机器周期
22	RET	子程序返回 PCH←(SP),SP←SP－1 PCL←(SP),SP←SP－1	1	2
23	RL　A	A循环左移, [A: A7 ← A0]	1	1
24	ADD　A,#data	A←A＋data	2	1
25	ADD　A,direct	A←A＋(direct)	2	1
26,27	ADD　A,@Ri	A←A＋(Ri)	1	1
28～2F	ADD　A,Rn	A←A＋Rn	1	1
30	JNB　bit,rel	若(bit)＝0,则PC←(PC＋3)＋rel 否则PC←(PC＋3)	3	2
31	ACALL　addr11	绝对调用子程序,PC10～0←addr11,a10～a8＝001B	2	2
32	RETI	子程序返回 PCH←(SP),SP←SP－1 PCL←(SP),SP←SP－1	1	2
33	RLC　A	带进位位的累加器循环左移 [Cy ← A: A7 ← A0]	1	1
34	ADDC　A,#data	A←A＋data＋Cy	2	1
35	ADDC　A,direct	A←A＋(direct)＋Cy	2	1
36,37	ADDC　A,@Ri	A←A＋(Ri)＋Cy	1	1
38～3F	ADDC　A,Rn	A←A＋Rn＋Cy	1	1
40	JC　rel	若Cy＝1,则PC←(PC＋2)＋rel 否则PC←(PC＋2)	2	2
41	AJMP　addr11	绝对转移,PC10～0←addr11 a10～a8＝010B	2	2
42	ORL　direct,A	(direct)←(direct)∨A	2	1
43	ORL　direct,#data	(direct)←(direct)∨data	3	2
44	ORL　A,#data	A←A∨data	2	1

（续表）

代码（B）	助记符格式	操作功能	字节数	机器周期
45	ORL A,direct	A←A∨(direct)	2	1
46,47	ORL A,@Ri	A←A∨(Ri)	1	1
48～4F	ORL A,Rn	A←A∨Rn	1	1
50	JNC rel	若 Cy ＝ 0,则 PC←(PC＋2)＋rel 否则 PC←(PC＋2)	2	2
51	ACALL addr11	绝对调用子程序,PC10～0←addr11,a10～a8＝010B	2	2
52	ANL direct,A	(direct)←(direct)∧A	2	1
53	ANL direct,＃data	(direct)←(direct)∧data	3	2
54	ANL A,＃data	A←A∧data	2	1
55	ANL A,direct	A←A∧(direct)	2	1
56,57	ANL A,@Ri	A←A∧(Ri)	1	1
58～5F	ANL A,Rn	A←A∧Rn	1	1
60	JZ rel	若(A)＝0,则 PC←(PC＋2)＋rel 若(A)≠0,则 PC←(PC＋2)	2	2
61	AJMP addr11	绝对转移,PC10～0←addr11 a10～a8＝011B	2	2
62	XRL direct,A	(direct)←(direct)⊕A	2	1
63	XRL direct,＃data	(direct)←(direct)⊕data	3	2
64	XRL A,＃data	A←A⊕data	2	1
65	XRL A,direct	A←A⊕(direct)	2	1
66,67	XRL A,@Ri	A←A⊕(Ri)	1	1
68～6F	XRL A,Rn	A←A⊕Rn	1	1
70	JNZ rel	若(A)≠0,则 PC←(PC＋2)＋rel 若(A)＝0,则 P C←(PC＋2)	2	2
71	ACALL addr11	绝对调用子程序,PC10～0←addr11,a10～a8＝011B	2	2
72	ORL C,bit	Cy←Cy∨(bit)	2	2
73	JMP @A＋DPTR	PC←A＋DPTR	1	2

(续表)

代码 (B)	助记符格式	操作功能	字节数	机器周期
74	MOV　A,#data	A←data	2	1
75	MOV　direct,#data	(direct)←data	3	2
76、77	MOV　@Ri,#data	(Ri)←data	2	1
78～7F	MOV　Rn,#data	Rn←data	2	1
80	SJMP　rel	PC←(PC+2)+rel	2	2
81	AJMP　addr11	绝对转移,PC10～0←addr11 a10～a8=100B	2	2
82	ANL　C,bit	Cy←Cy∧(bit)	2	2
83	MOVC　A,@A+PC	A←(A+PC)	1	2
84	DIV　AB	A←A/B的商 B←A/B的余数	1	4
85	MOV　direct1,direct2	(direct1)←(direct2)	3	2
86,87	MOV　direct,@Ri	(direct)←(Ri)	2	2
88～8F	MOV　direct,Rn	(direct)←Rn	2	2
90	MOV　DPTR,#data16	DPH←dataH,DPL←dataL	3	2
91	ACALL　addr11	绝对调用子程序,PC10～0←addr11,a10～a8=100B	2	2
92	MOV　bit,C	(bit)←Cy	2	2
93	MOVC　A,@A+DPTR	A←(A+DPTR)	1	2
94	SUBB　A,#data	A←A−data−Cy	2	1
95	SUBB　A,direct	A←A−(direct)−Cy	2	1
96,97	SUBB　A,@Ri	A←A−(Ri)−Cy	1	1
98～9F	SUBB　A,Rn	A←A−Rn−Cy	1	1
A0	ORL　C,/bit	Cy←Cy∨$(\overline{bit})$	2	2
A1	AJMP　addr11	绝对转移,PC10～0←addr11 a10～a8=101B	2	2
A2	MOV　C,bit	Cy←(bit)	2	1

（续表）

代码（B）	助记符格式	操作功能	字节数	机器周期
A3	INC DPTR	DPTR ←DPTR+1	1	2
A4	MUL AB	BA←A×B	1	4
A6,A7	MOV @Ri,direct	(Ri)←(direct)	2	2
A8～AF	MOV Rn,direct	Rn←(direct)	2	2
B0	ANL C,/bit	Cy←Cy∧$(\overline{bit})$	2	2
B1	ACALL addr11	绝对调用子程序，PC10～0←addr11 a10～a8=101B	2	2
B2	CPL bit	bit←$(\overline{bit})$	2	1
B3	CPL C	Cy←$\overline{Cy}$	1	1
B4	CJNE A,#data,rel	若 A≠data,PC←(PC+3)+rel 否则 PC←(PC+3)	3	2
B5	CJNE A,direct,rel	若 A≠(direct),PC←(PC+3)+rel 否则 PC←(PC+3)	3	2
B6、B7	CJNE @Ri,#data,rel	(Ri)≠data,PC←(PC+3)+rel 否则 PC←(PC+3)	3	2
B8～BF	CJNE Rn,#data,rel	Rn≠data,PC←(PC+3)+rel 否则 PC←(PC+3)	3	2
C0	PUSH direct	SP←SP+1,(SP)←(direct)	2	2
C1	AJMP addr11	绝对转移，PC10～0←addr11 a10～a8=110B	2	2
C2	CLR bit	bit←0	2	1
C3	CLR C	Cy←0	1	1
C4	SWAP A	$A_{7\sim4}$⇔$A_{3\sim0}$	1	1
C5	XCH A,direct	A⇔(direct)	2	1
C6,C7	XCH A,@Ri	A⇔(Ri)	1	1
C8～CF	XCH A,Rn	A⇔Rn	1	1
D0	POP direct	(direct)←(SP),SP←SP−1	2	2
D1	ACALL addr11	绝对调用子程序，PC10～0←addr11,a10～a8=110B	2	2
D2	SETB bit	bit←1	2	1

(续表)

代码 (B)	助记符格式	操作功能	字节数	机器周期
D3	SETB　C	Cy←1	1	1
D4	DA　A	BCD 码加法调整指令	1	1
D5	DJNZ　direct,rel	(direct)←(direct)－1 若(direct)≠0,PC←(PC＋3)＋rel 若 (direct)＝0,PC←(PC＋3)	3	2
D6,D7	XCHD　A,@Ri	$A_{3\sim0}$⇔$(Ri)_{3\sim0}$	1	1
D8～DF	DJNZ　Rn,rel	Rn←Rn－1 若 Rn≠0,则 PC←(PC＋3)＋rel 若 Rn＝0,则 PC←(PC＋3)	2	2
E0	MOVX　A,@DPTR	A←(DPTR)	1	2
E1	AJMP　addr11	绝对转移,PC10～0←addr11 a10～a8＝111B	2	2
E2,E3	MOVX　A,@Ri	A ←(Ri),片外 RAM 区	1	2
E4	CLR　A	A←0	1	1
E5	MOV　A,direct	A←(direct)	2	1
E6～E7	MOV　A,@Ri	A←(Ri)	1	1
E8～EF	MOV　A,Rn	A←Rn	1	1
F0	MOVX　@DPTR,A	(DPTR)←A	1	2
F1	ACALL　addr11	绝对调用子程序,PC10～0←ad- dr11 a10～a8＝111B	2	2
F2,F3	MOVX　@Ri,A	片外 RAM 区(Ri)←A	1	2
F4	CPL　A	A←按“位”取反 A	1	1
F5	MOV　direct,A	(direct)←A	2	1
F6,F7	MOV　@Ri,A	(Ri)←A	1	1
F8～FF	MOV　Rn,A	Rn←A	1	1

附录 2 MCS-51 指令表(按字母排列)

助记符格式	操作功能	对标志的影响				字节数	机器周期
		P	OV	AC	CY		
ACALL addr11	绝对调用子程序,PC10～0←addr11,a10～a8=000B	×	×	×	×	2	2
ADD A,Rn	A←A+Rn	√	√	√	√	1	1
ADD A,direct	A←A+(direct)	√	√	√	√	2	1
ADD A,@Ri	A←A+(Ri)	√	√	√	√	1	1
ADD A,#data	A←A+data	√	√	√	√	2	1
ADDC A,Rn	A←A+Rn+Cy	√	√	√	√	1	1
ADDC A,direct	A←A+(direct)+Cy	√	√	√	√	2	1
ADDC A,@Ri	A←A+(Ri)+Cy	√	√	√	√	1	1
ADDC A,#data	A←A+data+Cy	√	√	√	√	2	1
AJMP addr11	绝对转移,PC10～0←addr11 a10～a8=000B	×	×	×	×	2	2
ANL A,Rn	A←A∧Rn	√	×	×	×	1	1
ANL A,direct	A←A∧(direct)	√	×	×	×	2	1
ANL A,@Ri	A←A∧(Ri)	√	×	×	×	1	1
ANL A,#data	A←A∧data	√	×	×	×	2	1
ANL direct,A	(direct)←(direct)∧A	×	×	×	×	2	1
ANL direct,#data	(direct)←(direct)∧data	×	×	×	×	3	2
ANL C,bit	Cy←Cy∧(bit)	×	×	×	√	2	2
ANL C,/bit	Cy←Cy∧($\overline{bit}$)	×	×	×	√	2	2
CJNE A,direct,rel	若 A≠(direct)PC←(PC+3)+rel 否则 PC←(PC+3)	×	×	×	×	3	2
CJNE A,#data,rel	若 A≠data,PC←(PC+3)+rel 否则 PC←(PC+3)	×	×	×	×	3	2
CJNE Rn,#data,rel	Rn≠data,PC←(PC+3)+rel 否则 PC←(PC+3)	×	×	×	×	3	2

(续表)

助记符格式	操作功能	对标志的影响				字节数	机器周期
		P	OV	AC	CY		
CJNE　@Ri, # data,rel	(Ri)≠data,PC←(PC+3)+rel 否则 PC←(PC+3)	×	×	×	×	3	2
CLR　A	A←0	√	×	×	×	1	1
CLR　C	Cy←0	×	×	×	√	1	1
CLR　bit	bit←0	×	×	×		2	1
CPL　A	A←按"位"取反 A	×	×	×	×	1	1
CPL　C	Cy←$\overline{Cy}$	×	×	×	√	1	1
CPL　bit	bit←($\overline{bit}$)	×	×	×		2	1
DA　A	BCD 码加法调整指令	√	×	√	√	1	1
DEC　A	A ←A−1	√	×	×	×	1	1
DEC　Rn	Rn ←Rn−1	×	×	×	×	1	1
DEC　direct	direct ←(direct)−1	×	×	×	×	2	1
DEC　@Ri	(Ri)←(Ri)−1	×	×	×	×	1	1
DIV　AB	A←A/B 的商 B←A/B 的余数	√	√	×	0	1	4
DJNZ　Rn,rel	Rn←Rn−1,若 Rn≠0, 则 PC←(PC+3)+rel 若 Rn=0,则 PC←(PC+3)	×	×	×	×	2	2
DJNZ　direct,rel	(direct)←(direct)−1 若(direct)≠0,PC←(PC+3)+rel 若 (direct)=0,PC←(PC+3)	×	×	×	×	3	2
INC　A	A ←A+1	√	×	×	×	1	1
INC　Rn	Rn ←Rn+1	×	×	×	×	1	1
INC　direct	direct ←(direct)+1	×	×	×	×	2	1
INC　@Ri	(Ri)←(Ri)+1	×	×	×	×	1	1
INC　DPTR	DPTR ←DPTR+1	×	×	×	×	1	2
JB　bit,rel	若(bit) =1,则 PC←(PC+3)+rel 否则 PC←(PC+3)	×	×	×	×	3	2

（续表）

助记符格式	操作功能	对标志的影响				字节数	机器周期
		P	OV	AC	CY		
JBC bit,rel	若(bit)=1, 则 PC←(PC+3)+rel,(bit) ←0 否则 PC←(PC+3)	×	×	×	×	3	2
JC rel	若 Cy = 1 则 PC←(PC+2)+rel 否则 PC←(PC+2)	×	×	×	×	2	2
JMP @A+DPTR	PC←A+DPTR	×	×	×	×	1	2
JNB bit,rel	若(bit) =0,则 PC←(PC+3)+rel 否则 PC←(PC+3)	×	×	×	×	3	2
JNC rel	若 Cy = 0 则 PC←(PC+2)+rel 否则 PC←(PC+2)	×	×	×	×	2	2
JNZ rel	若(A)≠0,则 PC←(PC+2)+rel 若(A) = 0,则 P C←(PC+2)	×	×	×	×	2	2
JZ rel	若(A) = 0,则 PC←(PC+2)+rel 若(A)≠0,则 PC←(PC+2)	×	×	×	×	2	2
LCALL addr16	长调用子程序 PC←PC+3 SP←SP+1,(SP)←PCL SP←SP+1,(SP)←PCH	×	×	×	×	3	2
LJMP addr16	长转移,PC ←addr16	×	×	×	×	3	2
MOV A,Rn	A←Rn	√	×	×	×	1	1
MOV A,direct	A←(direct)	√	×	×	×	2	1
MOV A,@Ri	A←(Ri)	√	×	×	×	1	1
MOV A,#data	A←data	√	×	×	×	2	1
MOV Rn,A	Rn←A	×	×	×	×	1	1
MOV Rn,direct	Rn←(direct)	×	×	×	×	2	2
MOV Rn,#data	Rn←data	×	×	×	×	2	1
MOV direct,A	(direct)←A	×	×	×	×	2	1
MOV direct,Rn	(direct)←Rn	×	×	×	×	2	2
MOV direct1, direct2	(direct1)←(direct2)	×	×	×	×	3	2

(续表)

助记符格式	操作功能	对标志的影响				字节数	机器周期
		P	OV	AC	CY		
MOV direct,@Ri	(direct)←(Ri)	×	×	×	×	2	2
MOV direct,#data	(direct)←data	×	×	×	×	3	2
MOV @Ri,A	(Ri)←A	×	×	×	×	1	1
MOV @Ri,direct	(Ri)←(direct)	×	×	×	×	2	2
MOV @Ri,#data	(Ri)←data	×	×	×	×	2	1
MOV bit,C	(bit)←Cy	×	×	×	×	2	2
MOV C,bit	Cy←(bit)	×	×	×	√	2	1
MOV DPTR,#data16	DPH←dataH,DPL←dataL	×	×	×	×	3	2
MOVC A,@A+DPTR	A←(A+DPTR)	√	×	×	×	1	2
MOVC A,@A+PC	A←(A+PC)	√	×	×	×	1	2
MOVX A,@Ri	A←(Ri),片外 RAM 区	√	×	×	×	1	2
MOVX A,@DPTR	A←(DPTR)	√	×	×	×	1	2
MOVX @Ri,A	片外 RAM 区(Ri)←A	×	×	×	×	1	2
MOVX @DPTR,A	(DPTR)←A	×	×	×	×	1	2
MUL AB	BA←A×B	√	√	×	0	1	4
NOP	空操作	×	×	×	×	1	1
ORL A,Rn	A←A∨Rn	√	×	×	×	1	1
ORL A,direct	A←A∨(direct)	√	×	×	×	2	1
ORL A,@Ri	A←A∨(Ri)	√	×	×	×	1	1
ORL A,#data	A←A∨data	√	×	×	×	2	1
ORL direct,A	(direct)←(direct)∨A	×	×	×	×	2	1
ORL direct,#data	(direct)←(direct)∨data	×	×	×	×	3	2
ORL C,bit	Cy←Cy∨(bit)	×	×	×	√	2	2
ORL C,/bit	Cy←Cy∨($\overline{bit}$)	×	×	×	√	2	2
POP direct	(direct)←(SP),SP←SP−1	×	×	×	×	2	2
PUSH direct	SP←SP+1,(SP)←(direct)	×	×	×	×	2	2
RET	子程序返回 PCH←(SP),SP←SP−1 PCL←(SP),SP←SP−1	×	×	×	×	1	2

（续表）

助记符格式	操作功能	对标志的影响				字节数	机器周期
		P	OV	AC	CY		
RETI	子程序返回 PCH←(SP),SP←SP－1 PCL←(SP),SP←SP－1	×	×	×	×	1	2
RL A	A 循环左移，A7 ← A0 (A)	×	×	×	×	1	1
RLC A	带进位位的累加器循环左移 Cy ← A7 ← A0 (A)	√	×	×	√	1	1
RR A	A 循环右移，A7 → A0 (A)	×	×	×	×	1	1
RRC A	带进位位的 A 循环右移 Cy → A7 → A0 (A)	√	×	×	√	1	1
SETB bit	bit←1	×	×	×	×	2	1
SETB C	Cy←1	×	×	×	√	1	1
SJMP rel	PC←(PC＋2)＋rel	×	×	×	×	2	2
SUBB A,Rn	A←A－Rn－Cy	√	√	√	√	1	1
SUBB A,direct	A←A－(direct)－Cy	√	√	√	√	2	1
SUBB A,@Ri	A←A－(Ri)－Cy	√	√	√	√	1	1
SUBB A,#data	A←A－data－Cy	√	√	√	√	2	1
SWAP A	$A_{7\sim4}$⇔$A_{3\sim0}$	×	×	×	×	1	1
XCH A,Rn	A⇔Rn	√	×	×	×	1	1
XCH A,direct	A⇔(direct)	√	×	×	×	2	1
XCH A,@Ri	A⇔(Ri)	√	×	×	×	1	1
XCHD A,@Ri	$A_{3\sim0}$⇔$(Ri)_{3\sim0}$	√	×	×	×	1	1
XRL A,Rn	A←A ⊕ Rn	√	×	×	×	1	1
XRL A,direct	A←A ⊕(direct)	√	×	×	×	2	1
XRL A,@Ri	A←A ⊕(Ri)	√	×	×	×	1	1
XRL A,#data	A←A ⊕ data	√	×	×	×	2	1
XRL direct,A	(direct)←(direct)⊕ A	×	×	×	×	2	1
XRL direct,#data	(direct)←(direct)⊕ data	×	×	×	×	3	2

附录 3　悬挂运动控制系统程序清单

悬挂运动控制系统主程序

/说明:所有输入的坐标都倍十,经过数学处理使物体每走一步的步进为 0.1Cm 转化为加 1,
　　这样在程序中避免了使用浮点数的运算,使运算速度加快/

```
#include "c8051f000.h"
#include "ConfigF000.h"
#include "Delay.h"
#include "key_0.h"
#include "heb3.h"
#include "line.h"
#include "cirle.h"
#include "LCD320240.h"
#include"error.h"
#include"qi_zdian.h"
#include "serch.h"
#include "fk.h"
unsigned long int  x2=0,y2=0,x3,y3;
xdata unsigned long  int  x0q=0,y0q=0,x0z=0,y0z=0;
unsigned long int  r=25;
sbit led_1=P3^5;
bit bit1=0,bit2=0,bit3=0,bit4=0,bit5=0,bit6=0,bit7=0,bit8=0,bit9=0;
unsigned char data tabx[]={0x00,0x00,0x00,0x00,0x00};
unsigned char o,p,q;
xdata int  s1,s2;
void main()
{    unsigned char e;
     unsigned char xx,i=2,m=4,n=5;
     SYSCLK_Init ();
     WDT_Init();
     PORT_Init();
     REF0CN_Init();
     SYSCLK_CHANGE (02);
     initall() ;
     show_name();
     SYSCLK_Init ();
     led_1=1;
     do
```

```
{   xx=key_0();
    x2=0;y2=0;x3=0,y3=0;
    x0q=0;y0q=0;x0z=0;y0z=0;
    r=25;
    if(xx! =0xff)
    {
        if(xx<10)
        {
            if(bit5==0&&bit8==0)
            {
                SYSCLK_CHANGE (02);
                showShuoMing();
                SYSCLK_Init ();
            }
            if(bit4==0)
            {
                if (bit1==1&&m>1)            /控制 Y 的输入
                {    tabx[m]=xx;
                     m--;
                }
                else if(i>=1&&m>2)/控制 X 的输入
                {    tabx[i-1]=xx;
                     i--;
                }
                if(i==0&&bit2==0)/使输入的坐标与显示对应以及输入坐标的对应
                {
                     bit2=1;
                     e=tabx[0];
                     tabx[0]=tabx[1];
                     tabx[1]=e;
                }
                if(m==2&&bit3==0)
                {
                     bit3=1;
                     e=tabx[4];
                     tabx[4]=tabx[3];
                     tabx[3]=e;
                }
                if(m==1&&bit3==1&&bit9==0)
```

```
                {
                        bit9=1;
                        e=tabx[2];
                        tabx[2]=tabx[3];
                        tabx[3]=tabx[4];
                        tabx[4]=e;
                }
                if(bit5==0)
                {
                        SYSCLK_CHANGE (02);
                        showNUM(300+8,25,2,1);          /显示 2
                        showNUM(300+8,50,2,1);
                }
                else
                {       SYSCLK_CHANGE (02);
                        showNUM(300+8,25,0,1);          /显示 0
                        showNUM(300+8,50,0,1);
                }
                showNUM(300,25,11,1);                   /显示 X
                showNUM(300+16,25,10,1);
                if(tabx[0]! =0)showNUM(300+24+8,25,tabx[0],1);
                showNUM(300+32+8,25,tabx[1],1);
                showNUM(300,50,12,1);                   /显示 Y 轴
                showNUM(300+16,50,10,1);
                if(tabx[2]! =0)
                {
                        showNUM(300+24,50,tabx[2],1);
                        showNUM(300+32,50,tabx[3],1);
                }
                if(tabx[3]! =0)showNUM(300+32,50,tabx[3],1);
                showNUM(300+40,50,tabx[4],1);
                SYSCLK_Init ();
        }
}
if(xx==10)                                              /x,y 轴的分界点
{
    bit1=1;
}
if(xx==11)                                              /画自行设定的轨迹
```

```
    {
        led_1=0;
        showsetup();
        line(0,0,150,400);                          /定义为M形
        line(150,400,300,80);
        line(300,80,500,400);
        line(500,400,600,0);
        led_1=1;
    }
    if(xx==12)                                        /圆的标志键
    {
        bit5=1;
        SYSCLK_CHANGE (02);
        showyuan();
        showNUM(300,25,11,1);
        showNUM(300+8,25,0,1);
        showNUM(300+16,25,10,1);
        showNUM(300+8*5,25,0,1);
        showNUM(300,50,12,1);
        showNUM(300+8,50,0,1);
        showNUM(300+16,50,10,1);
        showNUM(300,75,13,1);
        showNUM(300+8*2,75,10,1);
        showNUM(300+8*4,75,2,1);
        showNUM(300+8*5,75,5,1);
        SYSCLK_Init ();
    }
    if(xx==13)                                        /寻迹的标志键
    {
        bit8=1;
        bit5=0;
        SYSCLK_CHANGE (02);
        showserch();
        SYSCLK_Init ();
    }
    if(xx==14)                                        /清除键
    {   led_1=1;
        tabx[0]=0x00;
        tabx[1]=0x00;
```

```
        tabx[2]=0x00;
        tabx[3]=0x00;
        tabx[4]=0x00;
        i=2;
        m=4;
        n=5;
        bit1=bit2=bit3=bit4=bit5=bit6=bit7=bit8=bit9=0;
        x0q=y0q=x0z=y0z=0;
        SYSCLK_CHANGE (02);
        initall() ;
        show_name();
        SYSCLK_Init ();
    }
    if(bit5==1)
    {
        bit8=0;
        x3=heb3(0,tabx[0], tabx[1]);
        y3=heb3(tabx[2],tabx[3],tabx[4]);
        qi_zdian(x3,y3,r);
        p=fk2(x0q);                                      /十位
        q=fk3(x0q) ;                                     /个位
        SYSCLK_CHANGE (02);
        showNUM(300,145,14,1);                           /显示 x
        showNUM(300+8*2,145,10,1);
        if(p! =0)showNUM(300+16+16,145,p,1);
        showNUM(300+24+16,145,q,1);
        SYSCLK_Init ();
        o=fk1(y0q);                                      /百位
        p=fk2(y0q);                                      /十位
        q=fk3(y0q);                                      /个位
        showNUM(300+40,50,tabx[4],1);
        SYSCLK_CHANGE (02);
        showNUM(300,175,15,1);                           /显示 y
        showNUM(300+8*2,175,10,1);
        if(o! =0)
        {
            showNUM(300+16+8,175,o,1);
            showNUM(300+24+8,175,p,1);
        }
```

```
        if(p! =0)showNUM(300+24+8,175,p,1);
        showNUM(300+32+8,175,q,1);
        SYSCLK_Init ();
    }
    if(xx==15)                                                  /确认键
    {   if(bit4==0)
        {   bit4=1;
            x3=heb3(0,tabx[0], tabx[1]);
            y3=heb3(tabx[2],tabx[3],tabx[4]);
            if(x3>80||y3>100)
              {
                    error();
              }
            else
            {
                led_1=0;
                if(bit5==0&&bit8==0)
                {
                    x3*=10;
                    y3*=10;
                    line(x2,y2,x3,y3);
                    x2=x3;
                    y2=y3;
                }
                if(bit8==1)
                {
                    SYSCLK_CHANGE (02);
                    showserching();
                    SYSCLK_Init ();
                    showserching();
                    x3*=10;
                    y3*=10;
                    serch(x3,y3);
                }
                if(bit5==1)
                {
                    qi_zdian(x3,y3,r);
                    x3*=10;
                    y3*=10;
```

```
                            r＊＝10;
                            cirle(x3,y3,r,x0q,y0q,x0z,y0z);
                        }
                        led_1＝1;
                    }
                }
            }
        }
    }while(1);
}
/算两边绳子距离子程序/
/说明:为了减小误差对所有的参数倍十,再在电机子程序中进行补偿/
#include "jvli.h"
#include "math.h"
#include "stdio.h"
extern xdata int  s1,s2;
void jvli(unsigned long int x,unsigned long int y)                  /算距离的子程序
{     unsigned long int z,w;
        z＝(150＋x)＊(150＋x)＋(1150－y)＊(1150－y);
        w＝(950－x)＊(950－x)＋(1150－y)＊(1150－y);     / x,y 为物体的位置
        s1＝10＊sqrt(z);                                 /左边绳子的距离
        s2＝10＊sqrt(w);                                 /右边绳子的距离
}
/控制电机运转子程序/
#include "dianji.h"
#include "math.h"
#include "Delay.h"
#include "dj_io.h"
void dianji(  short int s7, short int  s8)                         /控制左面的电机转动
{  float  bujing＝0.755;
   int n1,n2;
   if(s7<＝0)
   {     s7＝abs(s7),
         n1＝s7/bujing;
      for(;n1>＝0;n1－－)
      {
         dj0＝1;
         clkz＝0;
         Delay(1500);
```

```
            clkz=1;
            Delay(1500);
            Delay(3750);
          }
       }
    else
       {    n1=s7/bujing;
            for(;n1>=0;n1--)
          {
            dj0=0;
            clkz=0;
            Delay(1500);
            clkz=1;
            Delay(1500);
            Delay(3750);
          }
       }
       if(s8<=0)                                        /控制右面的电机转动
    {     s8=abs(s8),
          n2=s8/bujing;
          for(;n2>=0;n2--)
          {
            dj1=0;
            clky=0;
            Delay(1500);
            clky=1;
            Delay(1500);
            Delay(3750);
          }

       }
    else
       {    n2=s8/bujing;
            for(;n2>=0;n2--)
          {
            dj1=1;
            clky=0;
            Delay(1500);
            clky=1;
```

```
        Delay(1500);
        Delay(3750);
      }
    }
  }

/直线子程序/
 #include "line.h"
 #include "ConfigF000.h"
 #include "jvli.h"
 #include "LCD320240.h"
 #include "dianji.h"
 #include "fk.h"
 extern xdata int s1,s2;                                        /左边长度,
 void line(unsigned long int x0, unsigned long int y0,unsigned  long int x1,unsigned
 long int y1)
 {     short int  fm;                                           /判断X,Y的走向
       short int s5,s6;                                         /吊绳差值
       unsigned long int  s00,s01;                              /上一状态绳子的长度
       unsigned long int x8,y8;                                 /保存起始点的坐标
       unsigned char i,j,k;                                     /HEX转十进制后的百十个位
       x8=x0;
       y8=y0;
       if(x1>x0&&y1>y0||x1==x0&&y1>y0||x1>x0||y1==y0)
       {
            do
            {
                  fm=(y0-y8)*(x1-x8)-(y1-y8)*(x0-x8);        /直线方程
                  jvli(x0,y0);                                /计算距离
                  s00=s1;
                  s01=s2;
                  if(fm>=0)
                  {
                        x0+=1;
                        j=fk2(x0);                            /十位
                        k=fk3(x0);                            /个位
                        SYSCLK_CHANGE (02);
                        showNUM(300,145,14,1);                /显示x
                        showNUM(300+8*2,145,10,1);
```

```
            showNUM(300+16+16,145,j,1);
            showNUM(300+24+16,145,k,1);
            WriteD(40+x0/5,(1000-y0)/5);
            SYSCLK_Init ();
            jvli(x0,y0);
            s5=s1-s00;
            s6=s2-s01;
            dianji( s5,s6);
        }
        else
        {
            y0+=1;
            i=fk1(y0);                                     /百位
            j=fk2(y0);                                     /十位
            k=fk3(y0);                                     /个位
            SYSCLK_CHANGE (02);
            showNUM(300,175,15,1);                         /显示 y
            showNUM(300+8*2,175,10,1);
            if(i! =0)
            {
                showNUM(300+16+8,175,i,1);
                showNUM(300+24+8,175,j,1);
            }
            if(j! =0)showNUM(300+24+8,175,j,1);
            showNUM(300+32+8,175,k,1);
            WriteD(40+x0/5,(1000-y0)/5);
            SYSCLK_Init ();
            jvli(x0,y0);
            s6=s2-s01;
            s5=s1-s00;
            dianji( s5,s6);
        }
    }while(! (x0==x1&&y0==y1));///
}

/x1>x0,y1<y0 的情况/
    if(x1>x0&&y1<y0)
    {
        do
```

```
{
    fm=(y0-y8)*(x1-x8)-(y1-y8)*(x0-x8);
    jvli(x0,y0);
    s00=s1;
    s01=s2;
    if(fm<=0)
{
    x0+=1;
    j=fk2(x0);                                  /十位
    k=fk3(x0);                                  /个位
    SYSCLK_CHANGE (02);
    showNUM(300,145,14,1);                      /显示 x
    showNUM(300+8*2,145,10,1);
    showNUM(300+16+16,145,j,1);
    showNUM(300+24+16,145,k,1);
    WriteD(40+x0/5,(1000-y0)/5);
    SYSCLK_Init ();
    jvli(x0,y0);
    s5=s1-s00;
    s6=s2-s01;
    dianji( s5,s6);
}
else
{
    y0-=1;
    i=fk1(y0);                                  /百位
    j=fk2(y0);                                  /十位
    k=fk3(y0);                                  /个位
    SYSCLK_CHANGE (02);
    showNUM(300,175,15,1);                      /显示 y
    showNUM(300+8*2,175,10,1);
    showNUM(300+16+8,175,i,1);
    showNUM(300+24+8,175,j,1);
    showNUM(300+32+8,175,k,1);
    WriteD(40+x0/5,(1000-y0)/5);
    SYSCLK_Init ();
    jvli(x0,y0);
    s5=s1-s00;
    s6=s2-s01;
```

```
            dianji( s5,s6);
        }
    }while(! (x0==x1&&y0==y1));
}

/x1<x0,y1>y0 的情况/
    if(x1<x0&&y1>y0)
    {
        do
        {
            fm=(y0-y8)*(x1-x8)-(y1-y8)*(x0-x8);
            jvli(x0,y0);
            s00=s1;
            s01=s2;
            if(fm<=0)
            {
                x0-=1;
                j=fk2(x0);                                    /十位
                k=fk3(x0);                                    /个位
                SYSCLK_CHANGE (02);
                showNUM(300,145,14,1);                        /显示 x
                showNUM(300+8*2,145,10,1);
                showNUM(300+16+16,145,j,1);
                showNUM(300+24+16,145,k,1);
                WriteD(40+x0/5,(1000-y0)/5);
                SYSCLK_Init ();
                jvli(x0,y0);
                s5=s1-s00;
                s6=s2-s01;
                dianji( s5,s6);
            }
            else
            {
                y0+=1;
                i=fk1(y0);                                    /百位
                j=fk2(y0);                                    /十位
                k=fk3(y0);                                    /个位
                SYSCLK_CHANGE (02);
                showNUM(300,175,15,1);                        /显示 y
```

```
                showNUM(300+8*2,175,10,1);
                showNUM(300+16+8,175,i,1);
                showNUM(300+24+8,175,j,1);
                showNUM(300+32+8,175,k,1);
                WriteD(40+x0/5,(1000-y0)/5);
                SYSCLK_Init ();
                jvli(x0,y0);
                s5=s1-s00;
                s6=s2-s01;
                dianji( s5,s6);
            }
        }while(! (x0==x1&&y0==y1));
    }
/x1<x0,y1<y0 的情况/
    if(x1<x0&&y1<y0||x1<x0&&y1==y0||x1==x0&&y1<y0)
    {
        do
        {
            fm=x1*y0-y1*x0;
            fm=(y0-y8)*(x1-x8)-(y1-y8)*(x0-x8);
            jvli(x0,y0);
            s00=s1;
            s01=s2;
            if(fm>=0)
            {
                x0-=1;
                j=fk2(x0);
                k=fk3(x0);
                SYSCLK_CHANGE (02);
                showNUM(300,145,14,1);
                showNUM(300+8*2,145,10,1);
                showNUM(300+16+16,145,j,1);
                showNUM(300+24+16,145,k,1);
                WriteD(40+x0/5,(1000-y0)/5);
                SYSCLK_Init ();
                jvli(x0,y0);
                s5=s1-s00;
                s6=s2-s01;
                dianji( s5,s6);
```

```
            }
            else
            {
                y0-=1;
                i=fk1(y0);
                j=fk2(y0);
                k=fk3(y0);
                SYSCLK_CHANGE (02);
                showNUM(300,175,15,1);
                showNUM(300+8*2,175,10,1);
                showNUM(300+16+8,175,i,1);
                showNUM(300+24+8,175,j,1);
                showNUM(300+32+8,175,k,1);
                WriteD(40+x0/5,(1000-y0)/5);
                SYSCLK_Init ();
                jvli(x0,y0);
                s5=s1-s00;
                s6=s2-s01;
                dianji( s5,s6);
            }
        } while(! (x0==x1&&y0==y1));///
    }
}
/圆的子程序/
#include"cirle.h"
#include "ConfigF000.h"
#include"math.h"
#include"stdio.h"
#include"jvli.h"
#include"dianji.h"
#include "LCD320240.h"
#include"fk.h"
extern xdata int  s1,s2;
void cirle( unsigned long int x0,unsigned long int  y0,unsigned long int  r,unsigned
long int xq,unsigned long int yq,unsigned long int xz,unsigned long int yz)
{   int  s00,s01;
    int  s5,s6;
    int fm;
    unsigned char i,j,k;
```

```
    do
    {
/左上方 1/4 圆/
        if(xq<=x0&&yq>=y0&&x0>0)
        {
            fm=(xq-x0)*(xq-x0)+(yq-y0)*(yq-y0)-r*r;
            jvli(xq,yq);
            s00=s1;
            s01=s2;
            if(fm>=0)
            {
                xq+=1;
                j=fk2(xq);                                   /十位
                k=fk3(xq);                                   /个位
                SYSCLK_CHANGE (02);
                showNUM(300,145,14,1);                       /显示 x
                showNUM(300+8*2,145,10,1);
                showNUM(300+16+16,145,j,1);
                showNUM(300+24+16,145,k,1);
                WriteD(40+xq/5,(1000-yq)/5);
                SYSCLK_Init ();
                jvli(xq,yq);
                s5=s1-s00;
                s6=s2-s01;
                dianji(s5,s6);
            }
            else if(fm<0)
            {
                yq+=1;
                i=fk1(yq);                                   /百位
                j=fk2(yq);                                   /十位
                k=fk3(yq);                                   /个位
                SYSCLK_CHANGE (02);
                showNUM(300,175,15,1);                       /显示 y
                showNUM(300+8*2,175,10,1);
                showNUM(300+16+8,175,i,1);
                showNUM(300+24+8,175,j,1);
                showNUM(300+32+8,175,k,1);
                WriteD(40+xq/5,(1000-yq)/5);
```

```
            SYSCLK_Init ();
            jvli(xq,yq);
            s5=s1-s00;
            s6=s2-s01;
            dianji(s5,s6);
        }
    }
/右上方 1/4 圆/
    if(xq >x0&&yq>y0)
    {
        fm=(xq-x0)*(xq-x0)+(yq-y0)*(yq-y0)-r*r;
        jvli(xq,yq);
        s00=s1;
        s01=s2;
        if(fm<=0)
        {
            xq+=1;
            j=fk2(xq);
            k=fk3(xq);
            SYSCLK_CHANGE (02);
            showNUM(300,145,14,1);
            showNUM(300+8*2,145,10,1);
            showNUM(300+16+16,145,j,1);
            showNUM(300+24+16,145,k,1);
            WriteD(40+xq/5,(1000-yq)/5);
            SYSCLK_Init ();;
            jvli(xq,yq);
            s5=s1-s00;
            s6=s2-s01;
            dianji(s5,s6);
        }
        else
        {
            yq-=1;
            i=fk1(yq);
            j=fk2(yq);
            k=fk3(yq) ;
            SYSCLK_CHANGE (02);
            showNUM(300,175,15,1);
```

```
            showNUM(300+8*2,175,10,1);
            showNUM(300+16+8,175,i,1);
            showNUM(300+24+8,175,j,1);
            showNUM(300+32+8,175,k,1);
            WriteD(40+xq/5,(1000-yq)/5);
            SYSCLK_Init ();
            jvli(xq,yq);
            s5=s1-s00;
            s6=s2-s01;
            dianji(s5,s6);
        }
    }
/右下方 1/4 圆/
    if(xq >=x0&&yq<=y0&&y0>0)
    {
        fm=(xq-x0)*(xq-x0)+(yq-y0)*(yq-y0)-r*r;
        jvli(xq,yq);
        s00=s1;
        s01=s2;
        if(fm>0)
        {
            xq-=1;
            j=fk2(xq);
            k=fk3(xq);
            SYSCLK_CHANGE (02);
            showNUM(300,145,14,1);
            showNUM(300+8*2,145,10,1);
            showNUM(300+16+16,145,j,1);
            showNUM(300+24+16,145,k,1);
            WriteD(40+xq/5,(1000-yq)/5);
            SYSCLK_Init ();
            jvli(xq,yq);
            s5=s1-s00;
            s6=s2-s01;
            dianji(s5,s6);
        }
        else
        {
            yq-=1;
```

```
            i=fk1(yq);
            j=fk2(yq);
            k=fk3(yq);
            SYSCLK_CHANGE (02);
            showNUM(300,175,15,1);
            showNUM(300+8*2,175,10,1);
            showNUM(300+16+8,175,i,1);
            showNUM(300+24+8,175,j,1);
            showNUM(300+32+8,175,k,1);
            WriteD(40+xq/5,(1000-yq)/5);
            SYSCLK_Init ();
            jvli(xq,yq);
            s5=s1-s00;
            s6=s2-s01;
            dianji(s5,s6);
        }
    }
/左下方 1/4 圆/
    if((xq <x0)&&(yq<y0)&&(x0>0)&&(y0>0))
    {
        fm=(xq-x0)*(xq-x0)+(yq-y0)*(yq-y0)-r*r;
        jvli(xq,yq);
        s00=s1;
        s01=s2;
        if(fm<=0)
        {
            xq-=1;
            j=fk2(xq);
            k=fk3(xq);
            SYSCLK_CHANGE (02);
            showNUM(300,145,14,1);
            showNUM(300+8*2,145,10,1);
            showNUM(300+16+16,145,j,1);
            showNUM(300+24+16,145,k,1);
            WriteD(40+xq/5,(1000-yq)/5);
            SYSCLK_Init ();
            jvli(xq,yq);
            s5=s1-s00;
            s6=s2-s01;
```

```
                dianji(s5,s6);
            }
            else
            {
                yq+=1;
                i=fk1(yq);
                j=fk2(yq);
                k=fk3(yq);
                SYSCLK_CHANGE (02);
                showNUM(300,175,15,1);
                showNUM(300+8*2,175,10,1);
                showNUM(300+16+8,175,i,1);
                showNUM(300+24+8,175,j,1);
                showNUM(300+32+8,175,k,1);
                WriteD(40+xq/5,(1000-yq)/5);
                SYSCLK_Init ();
                jvli(xq,yq);
                s5=s1-s00;
                s6=s2-s01;
                dianji(s5,s6);
            }
        }
    }while(! (xq==xz&&yq==yz));
}
```

/寻迹子程序/

```
#include "c8051f000.h"
#include "ConfigF000.h"
#include "serch.h"
#include "dianji.h"
#include "jvli.h"
#include "LCD320240.h"
#define  state  P0
sbit a=P0^0;
sbit b=P0^1;
sbit c=P0^2;
sbit d=P0^3;
sbit e=P0^4;
extern xdata  unsigned long int x2,y2;
extern xdata int  s1,s2;
```

```
void serch(unsigned long int x0,unsigned long int  y0)
{
    bit bitup=0,bitright=0,bitdown=0,bitleft=0;
    unsigned long int s00,s01;
    int s5,s6;
do
    {
        jvli(x0,y0);
        s00=s1;
        s01=s2;
        if(bitup==0&&bitdown==0)
        {
            if(a==1)
            {bitup=1;}
            if(c==1)
            {bitdown=1;}
        }
        if(bitleft==0&&bitright==0)
        {
            if(b==1)
            {bitright=1;}
            if(d==1)
            {bitleft=1;}
        }
        if(bitup==1)
        {
            if(a==1){y0+=1;}
            y0+=1;
            jvli(x0,y0);
            s5=s1-s00;
            s6=s2-s01;
            s00=s1;
            s01=s2;
            dianji(s5,s6);
            if(e==0)
            {
                y0+=18;
                jvli(x0,y0);
                s5=s1-s00;
```

```
            s6=s2-s01;
            s00=s1;
            s01=s2;
            dianji(s5,s6);
        if(a==0)
            {
                y0-=2;
                jvli(x0,y0);
                s5=s1-s00;
                s6=s2-s01;
                s00=s1;
                s01=s2;
                dianji(s5,s6);
                bitup=0;
            }
        }
    }
    if(bitright==1)
    {
        if(b==1){x0+=1;}
        x0+=1;
        jvli(x0,y0);
        s5=s1-s00;
        s6=s2-s01;
        s00=s1;
        s01=s2;
        dianji(s5,s6);
        if(e==0)
        {
            x0+=18;
            s5=s1-s00;
            s6=s2-s01;
            s00=s1;
            s01=s2;
            dianji(s5,s6);
            if(b==0)
            {       x0-=2;
                    jvli(x0,y0);
                    s5=s1-s00;
```

```
                    s6=s2-s01;
                    s00=s1;
                    s01=s2;
                    dianji(s5,s6);
                    bitright=0;
            }
        }
    }
    if(bitdown==1)
    {
        if(c==1){y0-=1;}
        y0-=1;
        jvli(x0,y0);
        s5=s1-s00;
        s6=s2-s01;
        s00=s1;
        s01=s2;
        dianji(s5,s6);
        if(e==0)
        {
            y0-=18;
            jvli(x0,y0);
            s5=s1-s00;
            s6=s2-s01;
            s00=s1;
            s01=s2;
            dianji(s5,s6);
        if(c==0)
            {
                y0+=2;
                jvli(x0,y0);
                s5=s1-s00;
                s6=s2-s01;
                s00=s1;
                s01=s2;
                dianji(s5,s6);
                bitdown=0;
            }
        }
```

```
        }
        if(bitleft==1)
        {
            if(d==1){x0-=1;}
            x0-=1;
            jvli(x0,y0);
            s5=s1-s00;
            s6=s2-s01;
            s00=s1;
            s01=s2;
            dianji(s5,s6);
            if(e==0)
            {
                x0-=18;
                jvli(x0,y0);
                s5=s1-s00;
                s6=s2-s01;
                s00=s1;
                s01=s2;
                dianji(s5,s6);
            if(d==0)
                {
                    x0+=2;
                    jvli(x0,y0);
                    s5=s1-s00;
                    s6=s2-s01;
                    s00=s1;
                    s01=s2;
                    dianji(s5,s6);
                    bitleft=0;
                }
            }
        }
    }while(! (bitup||bitdown||bitleft||bitright)==0);

    SYSCLK_CHANGE (02);
    showendserch();
    SYSCLK_Init ();
}
```

附录 4 失真度仪部分程序清单

```
#include "SZD_Aanalg.h"
#include "c8051f_io.h"
#include "configf000.h"
#include "ChipSource.h"
#include "Delay.h"
#include "math.h"
//#include "DataChang.h"

void Init_QianJi()
{
        R_init(1);                      /初始化 AGC 数字电位器
        ChangeSwitch(0,0,0,0);          /初始化文氏电桥电容档位
        r_clk(1,2,120);                 /初始化文氏桥数字电位器
}

void F_TestRMS()
{
        ClearMatrix(Disp_Data,128);
      ADC0_Init (0x05,0x01,0x00);       /ADBUSY=1 溢出启动 ADC 转换
                                        / 转换数据左对齐
                                        / 通道选择:温度传感器
        Start_ADC0();                   / 程控增益为 1 倍
        while(TestRMS==0){}
        TestRMS=0;
Delay(2500);
}
                                        /J1:阻值向上(下)增减
                                        /J2:选择所操作电位器
                                        /J3:连续发送脉冲数
void r_clk(bit j1,unsigned char j2,unsigned char j3)
{
        unsigned i;
        if(j2==1)
        {
            updw1=j1;
            Delay(50);
```

```
                for(i=0;i<j3;i++)
                {
                    inc1=1;Delay(50);
                    inc1=0;Delay(50);
                }
            }
            else if(j2==2)
            {
                updw2=j1;
                Delay(50);
                for(i=0;i<j3;i++)
                {
                    inc2=1;Delay(50);
                    inc2=0;Delay(50);
                }
            }
            else if(j2==3)
            {
                updw3=j1;
                Delay(50);
                for(i=0;i<j3;i++)
                {
                    inc3=1;Delay(100);
                    inc3=0;Delay(100);
                }
            }
}
void R_init(unsigned char t )
{
            unsigned char i;
            for(i=0;i<32;i++)
            {
            r_clk(0,t,1);
            Delay(50);
            }
            r_clk(1,t,1);
}
unsigned char AGC()
{
```

```
unsigned char i=1;
              bit sta=0;
              int j;
              ADC0_Init (0x05,0x02,0x00);/定时器3溢出启动ADC转换
                                          /转换数据左对齐
                                          /通道选择:温度传感?
              Start_ADC0();

              do
              {       /用在电路中的不同部分,其值要经过计算改变
              if(AD_Full==1)              /调节AGC增益
                {
                   j = FindMAX(Disp_Data,64);
                   if(j>170)
                   {
                      r_clk(0,1,1);
                      i--;
                   }
                   else if (150<j&j<170) sta=1;
/确定前级调整信号输出电压范围
              else
              {
                   r_clk(1,1,1);
                   i++;
                   if(i==32)
                   {
                      R_init(0);
                   }
                }
        ADC0_Init (0x05,0x02,0x00);               /定时器3溢出启动ADC转换
                                                  /转换数据左对齐
                                                  /通道选择:温度传感器
                AD_Full = 0;
                AD_NUM = 0x00;
                Start_ADC0();
              }

           }while (sta==0);
           return i;
```

```
}


/*测量输入信号的基波频率*/
void TestFreq()
{
        Timer0_init(0x11,0X3c,0Xaf);/定时器0定时25ms;
        Timer1_init(0x11,0x00,0x00);
        TongBu=0;
        jishu=480;
        Frequence=0;
        CP0_Init(0xc4);
        TR0=1;                      /启动定时器0;1s时间开始计时;
        while(jishu!=0)             /到比较器0中断服务子程序;
        {
        if(CP_State==1){TR1=0;}     /此方法测频率无效,换一种方法
          else {}
        }
        CP0_Init(0x00);             /禁止比较器0
        TR0=0;                      /禁止定时器0
        TR1=0;                      /禁止定时器1
}


/*选择不同的电容来控制挡位*/
说明:a1,a2,a3,a4进行不同组合来选档。
void ChangeSwitch(bit a1,bit a2,bit a3,bit a4)
{
        c0=a1;
        Delay(100);
        c1=a2;
        Delay(100);
        c2=a3;
        Delay(100);
        c3=a4;
        Delay(100);
}
```

```
/*说明:f_zhi,被测信号的基频频
        c_zhi,被测信号的基频频率在某一频率段的电容值*/
unsigned char CalculateR(long f_zhi,float c_zhi)
{
        unsigned char R_num;
        R_num=((100000000/(2*3.1415*c_zhi*f_zhi))-980)/101;
        return R_num;
}


/*反推出陷波电路的电阻和电容值*/
void XianBo()
{
        unsigned char R_zhi1=0,R_zhi2=00,R_zhi3=0,R_zhi4=0,R_zhi5=0;
        r_clk(1,2,120);
        Frequence=100*Frequence;
        if(980<=Frequence&Frequence<10800)
        {  ChangeSwitch(0,0,0,0);
           if(Frequence==980){}
           else
           {   R_zhi1=CalculateR(Frequence,1.47);
               r_clk(0,2,(101-R_zhi1));
           }
        }
       else if(10800<=Frequence&Frequence<33800)
       { ChangeSwitch(1,0,0,0);
         R_zhi2=CalculateR(Frequence,0.47);
         r_clk(0,2,(101-R_zhi2));
       }
       else if(33800<=Frequence&Frequence<338000)
       { ChangeSwitch(1,1,1,0);
         if(Frequence==3380){}
         else
         {   R_zhi3=CalculateR(Frequence,0.047);
             r_clk(0,2,(101-R_zhi3));
         }
       }
      else if(338000<=Frequence&Frequence<3380000)
      { ChangeSwitch(1,1,0,1);
        if(Frequence==33800){}
```

```
        else
        {   R_zhi4=CalculateR(Frequence,0.0047);
            r_clk(0,2,(101-R_zhi4));
        }
    }
    else if(3380000<=Frequence&&Frequence<33800000)
    { ChangeSwitch(1,1,0,0);
        if(Frequence==338000){}
        else
        {   R_zhi5=CalculateR(Frequence,0.00047);
            r_clk(0,2,(101-R_zhi5));
        }
    }
}

/*计算失真度*/
unsigned int CalculateShzd()
{
        long shuju1,shuju2;
        long Shzd;
        conj1=0;                    //测未经陷波信号
        DelayLong(20);
        AGC();                      //对信号进行AGC调理
        F_TestRMS();                //测调理好后的信号总有效值
        shuju1=V_RMS;
        Delay(5000);
        TestFreq();                 //测信号基频频率
        Frequence=Frequence-1;
        XianBo();                   //对模拟信号进行基频陷波处理
        conj1=1;
        DelayLong(50);
        F_TestRMS();
        shuju2=V_RMS;
        Shzd=10000*shuju2/shuju1;
        if(Shzd>3000)
        {
            Shzd=Shzd*10000/sqrt(100000000-Shzd*Shzd);
        }
```

```
            return    Shzd;
}


/*计算被测信号的 RMS 值
说明:int x[],整形数组;unsigned char n,用以确定一个周期内的所采集的点数。*/
float TestRms1(int x[],unsigned char n)
{               unsigned char i;float y=0;
                ADC0_Init (0x05,0x03,0x00);          /选择 ADC0 的通道为 3
                Start_ADC0();
                for(i=0;i<=n;i++)
                {   y=x[i]*x[i]+y;                   /对 N 个点的电压平方值求和
                }
                y=(1/n)*sqrt(y);
                return y;                            /根据公式求出 RMS 值
}
```

参 考 文 献

[1]何立民．单片机应用系统设计．北京:北京航空航天大学出版社,1990
[2]胡汉才．单片机原理及其接口技术．北京:清华大学出版社,1996
[3]李广弟．单片机基础．北京:北京航空航天大学出版社,2001
[4]李华．MCS-51 系列单片机实用接口技术．北京:北京航空航天大学出版社,1993
[5]张毅刚等．新编 MCS-51 系列单片机应用设计．哈尔滨:哈尔滨工业大学出版社,2003
[6]陈汝全等．单片机实用技术．北京:电子工业出版社,1992
[7]赵依军等．单片微机接口技术．北京:人民邮电出版社,1989
[8]蔡美琴等．MCS-51 系列单片机系统及其应用．北京:高等教育出版社,2005
[9]何立民．单片机应用技术总编．北京:北京航空航天大学出版社,1998
[10]王毅．单片机器件应用手册．北京:人民邮电出版社,1995
[11]李朝青．单片机学习指导．北京:北京航空航天大学出版社,2005
[12] 李朝青．单片机原理及接口技术．北京:北京航空航天大学出版社,1999
[13]余永权．ATMEL 89 系列单片机应用技术．北京:北京航空航天大学出版社,2002
[14]余永权．Flash 单片机原理及应用．北京:电子工业大学出版社,1997
[15]张迎新等．单片机初级教程．北京:北京航空航天大学出版社,2001
[16]张俊谟等．单片机教程习题与解答．北京:北京航空航天大学出版社,2003